Revit+ Navisworks
项目实践

李 鑫 刘 齐 ◎编著

北京大学出版社
PEKING UNIVERSITY PRESS

内容简介

本书以 Revit+Navisworks 为软件平台,以项目需求为指引,将软件功能和真实案例进行融合以用于实际。

本书以一个完整的工程项目为主线,结合大量的可操作性实例,全面而深入地阐述了 Revit 2024 从基础建模到模型应用的全过程 BIM 应用。包括规划体量、创建各类建筑图元构件、效果图渲染、后期虚拟漫游、模型校审、碰撞检查、动画模拟、施工模拟等由 BIM 设计到施工的全部过程。全书共有 13 章,前 7 章分别介绍各个版块的建模命令;第 8 章介绍了基于 Revit 的渲染工作;第 9~13 章详细描述了 Navisworks 在项目中如何实现模型校审、碰撞检查、施工模拟等一系列工作。讲解清晰,实例丰富,避免了枯燥的理论,使读者可以有效地掌握软件技术,从而应用实际项目。

本书结构清晰,案例操作步骤详细,语言通俗易懂。所有案例均为实际工程案例,更加贴合实际工作需要,且都具有相当高的技术含量,实用性强,便于读者学以致用。

图书在版编目(CIP)数据

Revit+Navisworks 项目实践 / 李鑫,刘齐编著. 北京:北京大学出版社,2025.5. -- ISBN 978-7-301-36041-5

I. TU201.4

中国国家版本馆 CIP 数据核字第 20256UZ411 号

书　　　名	Revit+Navisworks 项目实践	
	Revit+Navisworks XIANGMU SHIJIAN	
著作责任者	李鑫　刘齐　编著	
责任编辑	刘云	
标准书号	ISBN 978-7-301-36041-5	
出版发行	北京大学出版社	
地　　　址	北京市海淀区成府路205号　100871	
网　　　址	http://www.pup.cn　新浪微博:@北京大学出版社	
电子邮箱	编辑部 pup7@pup.cn　总编室 zpup@pup.cn	
电　　　话	邮购部 010-62752015　发行部 010-62750672　编辑部 010-62570390	
印　刷　者	北京宏伟双华印刷有限公司	
经　销　者	新华书店	
	787毫米×1092毫米　16开本　29.25印张　595千字	
	2025年5月第1版　2025年5月第1次印刷	
印　　　数	1-3000册	
定　　　价	119.00 元	

未经许可,不得以任何方式复制或抄袭本书之部分或全部内容。

版权所有,侵权必究

举报电话:010-62752024　电子邮箱:fd@pup.cn

图书如有印装质量问题,请与出版部联系,电话:010-62756370

前 言
PREFACE

  经历长达两年的奋战后,本书终于和读者见面了。在编写本书的过程中,我们充分考虑了读者在实际工作中所遇到的场景。为了满足读者更深层次的学习需求,本书以一个已实际完工的项目为基础,结合项目的真实需求,从工程师的视角为大家详细讲解项目中每一个环节的实施细节,使得读者能身临其境地感受作为项目参与方的一员,是如何顺利地开展项目并顺利交付的。在项目实施过程中难免会遇到很多的困难,书中充分考虑到这一点,将笔者多年的一线项目实施经验毫无保留地分享给大家。

  课程以 Revit+Navisworks 软件为操作平台,采用已完工的实际项目案例,全面系统地介绍了 BIM 在工程建设领域的应用。为了使这本书的内容更加丰富、专业,所有参编人员将多年来积累的项目实施经验进行了总结和优选,并沉淀于各个章节当中。

  随着 AI 时代的到来,新的 BIM 技术或软件会不断涌现,对于很多从业者来说,如何学习并驾驭这些新技术是一个很大的难题。当然,除了用合理有效的方法去掌握最新技术或潮流,更重要的是对创意、经验和平台的整合。本书除了讲解新的技术,更多的还是希望能够和大家分享经验和创意,实现从技术到创意的蜕变。

  本书由李鑫和刘齐共同编著。同时感谢所有为本书提供素材的朋友,感谢他们为本书出版所做的努力。写书如做人,我们竭尽所能地去完善图书的每一个案例和章节,但由于编写时间和精力有限,书中难免会有不妥之处,恳请广大读者批评指正。

  我们精准定位,为本书赋予了全新的生命力,也非常荣幸能把多年积累的知识和经验分享给各位读者,我们相信这将是一本让读者为之兴奋的图书。最后,非常感谢您选用本书,也衷心希望这本书能让您有所收获,谢谢!

编 者

>   温馨提示:本书所涉及的资源已上传至百度网盘,供读者下载。请读者关注封底的"博雅读书社"微信公众号,找到"资源下载"栏目,输入本书77页的资源下载码,根据提示获取。

01 第一篇 Revit 篇

第1章 认识 Revit

1.1 Revit 第一课　010
- 1.1.1　Revit 是什么 / 010
- 1.1.2　Revit 与 BIM 的关系 / 011

1.2 开启 Revit 之旅　013
- 1.2.1　认识一下 Revit / 013
- 1.2.2　必知专业术语 / 021
- 1.2.3　Revit 支持的文件类型 / 024

本章小结　024

第2章 标高、轴网与参照平面

2.1 标高　025
- 2.1.1　动手练：创建标高 / 025
- 2.1.2　动手练：编辑标高 / 027
- 2.1.3　标高属性 / 031

案例实战：绘制项目标高　033

2.2 轴网　037
- 2.2.1　动手练：创建轴网 / 037
- 2.2.2　动手练：编辑轴网 / 037
- 2.2.3　轴网属性 / 039

案例实战：绘制项目轴网　040

2.3 参照线与参照平面　045
- 2.3.1　动手练：创建参照平面 / 046
- 2.3.2　动手练：创建参照线 / 048
- 2.3.3　参照平面与参照线的区别 / 049

本章小结　052

第3章 结构柱与墙体

3.1 结构柱　053
- 3.1.1　动手练：创建结构柱 / 053
- 3.1.2　动手练：编辑结构柱 / 056
- 3.1.3　结构柱属性 / 057

案例实战：绘制结构柱　059

3.2 墙体　066
- 3.2.1　动手练：创建普通墙体 / 066
- 3.2.2　动手练：编辑普通墙体 / 067
- 3.2.3　墙体属性 / 070

案例实战：绘制外墙及内墙　071

- 3.2.4　动手练：绘制幕墙并分割 / 081
- 3.2.5　动手练：设置幕墙嵌板 / 083
- 3.2.6　动手练：添加幕墙横梃与竖梃 / 085
- 3.2.7　动手练：参数化修改幕墙 / 087

本章小结　089

第4章 楼板、楼梯与屋面

4.1 楼板　090
- 4.1.1　动手练：创建楼板 / 090
- 4.1.2　动手练：编辑楼板 / 092
- 4.1.3　楼板属性 / 094

案例实战：绘制楼板　095

4.2 楼梯　099
- 4.2.1　动手练：创建楼梯 / 100
- 4.2.2　楼梯属性 / 104

案例实战：绘制楼梯   107

4.3 屋面   113

    4.3.1 动手练：创建屋顶 / 114

    4.3.2 屋顶属性 / 118

案例实战：绘制屋面   120

本章小结   123

第5章 台阶、坡道与散水

5.1 台阶   124

案例实战：绘制台阶   125

5.2 坡道   131

    5.2.1 创建坡道的方式 / 131

    5.2.2 坡道属性 / 131

案例实战：绘制无障碍坡道   133

5.3 散水   137

案例实战：绘制室外散水   137

本章小结   139

第6章 门窗与洞口

6.1 门窗   140

    6.1.1 动手练：放置门窗 / 141

    6.1.2 门窗属性 / 142

案例实战：创建双扇地弹玻璃门族   144

案例实战：创建双扇推拉窗族   148

案例实战：创建固定窗族   154

案例实战：放置项目门窗   160

6.2 洞口   171

    6.2.1 洞口类型 / 171

    6.2.2 动手练：创建面洞口 / 171

    6.2.3 动手练：创建竖井洞口 / 172

    6.2.4 动手练：创建墙洞口 / 174

    6.2.5 动手练：创建垂直洞口 / 175

    6.2.6 动手练：创建老虎窗洞口 / 176

案例实战：创建楼梯间洞口   178

本章小结   179

第7章 场地及其他构件

7.1 构件   181

    7.1.1 构件的分类 / 181

    7.1.2 动手练：放置构件 / 182

案例实战：绘制混凝土雨篷   182

案例实战：布置家具   190

案例实战：布置卫浴装置   194

案例实战：布置电梯与电梯门   199

7.2 场地   203

    7.2.1 动手练：场地建模 / 203

    7.2.2 动手练：修改场地 / 210

案例实战：创建地形与道路   214

本章小结   218

第8章 材质与渲染

8.1 材质   219

    8.1.1 材质库 / 220

    8.1.2 材质的属性 / 220

案例实战：创建并赋予材质   223

8.2 图像渲染   239

    8.2.1 本地渲染 / 239

    8.2.2 云渲染 / 240

案例实战：室内外效果图渲染   240

本章小结   247

02 第二篇 Navisworks 篇

第 9 章 认识 Navisworks

9.1 Navisworks 简介　250

9.2 开启你的 Navisworks 之旅　252
　9.2.1　认识一下 Navisworks / 252
　9.2.2　软件界面介绍 / 253

9.3 Navisworks 软件的交互性　259

案例实战：Revit 与 Navisworks 联动　260

本章小结　264

第 10 章 Navisworks 的基础操作

10.1 文件管理　265
　10.1.1　动手练：打开文件 / 266
　10.1.2　动手练：附加文件 / 267
　10.1.3　动手练：合并文件 / 267
　10.1.4　动手练：删除文件 / 268
　10.1.5　动手练：发布文件 / 269

10.2 模型浏览　270
　10.2.1　常规浏览工具 / 270
　10.2.2　仿真浏览工具 / 275
　10.2.3　动手练：室内空间漫游 / 276

10.3 模型选择与修改　279
　10.3.1　动手练：选择对象 / 280
　10.3.2　动手练：查找对象 / 290
　10.3.3　创建和使用对象集 / 292

案例实战：创建选择集　292
　10.3.4　动手练：比较对象 / 294
　10.3.5　动手练：查看对象特性 / 295
　10.3.6　动手练：编辑快捷特性 / 296

10.4 项目工具　299
　10.4.1　动手练：对象观察 / 299
　10.4.2　动手练：对象变换 / 306
　10.4.3　动手练：更改对象外观 / 308
　10.4.4　动手练：重置对象 / 310

10.5 控制模型外观　312
　10.5.1　动手练：控制模型外观 / 312
　10.5.2　动手练：控制照明 / 314
　10.5.3　动手练：选择背景效果 / 317
　10.5.4　动手练：调整图元的显示 / 320
　10.5.5　动手练：控制对象的渲染 / 321

本章小结　326

第 11 章 模型审阅

11.1 创建和修改视点　328
　11.1.1　视点概述 / 328
　11.1.2　动手练：视点保存与编辑 / 328
　11.1.3　动手练：视点整理与查看 / 332
　11.1.4　动手练：共享视点 / 334

案例实战：保存空间视点　335

11.2 剖分工具　339
　11.2.1　动手练：启用和使用剖面 / 339
　11.2.2　动手练：自定义剖面对齐 / 340
　11.2.3　动手练：移动和旋转剖面 / 342
　11.2.4　动手练：链接剖面 / 344

11.3 审阅功能介绍　345
　11.3.1　动手练：测量工具 / 345
　11.3.2　动手练：注释、红线批注和标记 / 352

案例实战：批注项目问题点　357

本章小结　360

第 12 章 动画制作与编辑

12.1 对象动画 362
- 12.1.1 动手练：创建对象动画 / 362
- 12.1.2 Animator 工具概述 / 363
- 12.1.3 动手练：编辑动画场景 / 371
- 12.1.4 动手练：添加基于当前选择的动画集 / 373
- 12.1.5 动手练：捕捉关键帧 / 375

案例实战：制作门开启动画 376

案例实战：制作结构柱生长动画 380
- 12.1.6 动手练：编辑相机动画 / 383
- 12.1.7 剖面动画 / 384

案例实战：制作建筑生长动画 384

12.2 视点动画 387
- 12.2.1 实时创建视点动画 / 387

案例实战：录制室内漫游动画 388
- 12.2.2 逐帧创建动画 / 390

案例实战：制作建筑环视动画 390
- 12.2.3 编辑视点动画 / 393

案例实战：动画剪辑 393

12.3 交互动画 395
- 12.3.1 Scripter 窗口 / 395
- 12.3.2 动手练：使用动画脚本 / 399
- 12.3.3 动手练：使用事件 / 400
- 12.3.4 动手练：使用操作 / 402
- 12.3.5 动手练：启用脚本 / 403

案例实战：制作热点交互动画 403

12.4 动画导出 406
- 12.4.1 动手练：导出动画 / 406
- 12.4.2 导出动画参数介绍 / 407

案例实战：导出视频文件 408

本章小结 412

第 13 章 碰撞检测与施工模拟

13.1 碰撞检测工具的概述 413

13.2 使用碰撞检测工具 414
- 13.2.1 动手练：碰撞检测流程 / 414
- 13.2.2 动手练：查看碰撞结果 / 418
- 13.2.3 动手练：管理碰撞结果 / 421
- 13.2.4 动手练：审阅碰撞结果 / 425
- 13.2.5 动手练：生成碰撞报告 / 430

案例实战：检测门窗碰撞 432

13.3 4D 模拟工作流程 435
- 13.3.1 TimeLiner 工具概述 / 435
- 13.3.2 动手练：制作 4D 模拟流程 / 435

13.4 TimeLiner 任务 438
- 13.4.1 动手练：创建任务 / 438
- 13.4.2 动手练：编辑任务 / 441
- 13.4.3 动手练：任务与模型链接 / 443
- 13.4.4 验证进度计划 / 447

案例实战：创建 4D 模拟动画 448

13.5 链接外部数据 451
- 13.5.1 支持多种进度安排软件 / 452
- 13.5.2 动手练：添加和管理数据源 / 452
- 13.5.3 导出 TimeLiner 进度 / 455

13.6 添加动画与脚本 456
- 13.6.1 向整个进度中添加动画 / 456

案例实战：创建并添加旋转动画 456
- 13.6.2 向任务中添加动画 / 458

案例实战：添加对象动画模拟建筑生长 458
- 13.6.3 向任务中添加脚本 / 460

13.7 配置模拟 461
- 13.7.1 动手练：模拟外观 / 462
- 13.7.2 模拟播放 / 464

案例实战：调整模拟显示及播放效果 464
- 13.7.3 导出模拟 / 466

案例实战：导出施工进度模拟动画 466

本章小结 468

第一篇
Revit 篇

本书中采用的实战教学案例为某学校图书馆项目，位于 XX 市 XX 街 88 号，建设单位为 XX。建筑面积为 5792m^2，占地面积为 1160m^2。定位为二类建筑，使用年限为 50 年，防火等级为二级。建筑主体为 5 层，层高均为 3.9m，建筑总高度 20.5m。

根据项目实际需求，需要完成 BIM（建筑信息模型）建模、建筑效果表现、三维图审、碰撞检查、施工方案模拟等工作。基于上述的要求，将采用 Revit+Navisworks 组合的方式完成以上任务。其中，Revit 负责完成 BIM 建模、建筑效果表现工作，而 Navisworks 则负责完成三维图审、碰撞检查、施工方案模拟工作。本篇内容将重点介绍 Revit 软件的功能及特点，以帮助大家更好地完成后续的学习任务。

Revit 是由 Autodesk 公司开发的一款建筑信息模型软件，它广泛应用于建筑设计、结构工程、机电工程及施工管理等多个领域。Revit 以其强大的建模能力、丰富的构件库和高度的参数化设计而受到专业人士的青睐。

主要特点：

- **参数化建模**：Revit 允许用户通过参数化的方式创建和修改模型，这意味着模型的任何部分都可以根据参数的变化而自动更新。
- **多专业协同**：支持建筑、结构和 MEP 等不同专业的协同工作，可极大提高设计效率。
- **构件库**：拥有大量的标准构件和材料库，用户可以根据需要选择和定制。
- **细节设计**：可以进行精细的三维建模，包括复杂的建筑细节和结构构件。
- **文档生成**：能够自动生成施工图纸和明细表，减少人工绘图的工作量。
- **分析与模拟**：支持结构分析、能耗分析等多种模拟功能，帮助优化设计方案。
- **云服务集成**：与 Autodesk 的云服务（如 BIM 360 Glue 等）集成，支持项目团队的远程协作和数据共享。

使用场景：

- **概念设计**：在项目的早期阶段，使用 Revit 进行概念设计和方案比较。
- **详细设计**：在设计深化阶段，进行详细的建筑和结构设计，包括墙体、楼板、屋顶等。
- **施工文档**：生成施工图纸和相关文档，包括平面图、立面图、剖面图等。
- **施工管理**：在施工阶段，利用 Revit 进行项目管理和施工协调。
- **设施管理**：项目完成后，可用于建筑的运营和维护管理。

　　Revit 是 BIM 技术的核心工具之一，它通过提供一个共享的、集中的模型环境，帮助项目团队在整个建筑生命周期中实现更高效的工作流程。

第1章 认识 Revit

01

对于一个新手而言，最重要的不是机械地学习软件操作，而是懂得如何利用软件高效地完成项目。所以本章内容将着重讲解 Revit 的角色定位及基本操作，同时还将分享一些实用的经验与技巧。

| 学习要点 |

- Revit 与 BIM 的关系
- Revit 的功能特点
- Revit 基础知识

| 效果展示 |

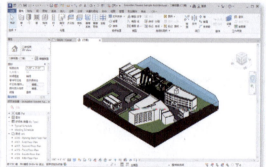

1.1 Revit 第一课

为了更好地学习 Revit，首先要对这款软件有充分的了解，接下来让我们一起来了解 Revit 软件吧。

1.1.1 Revit 是什么

1. Revit 简介

Revit 系列软件是由全球领先的数字化设计软件供应商 Autodesk 公司开发，专为建筑设计行业精心打造的三维参数化设计软件平台。目前，以 Revit 技术平台为基础推出的专业版模块包括以下三个核心设计工具。

◎ Revit Architecture（建筑模块）：专注于建筑设计领域，提供全面的建筑设计功能和工具，帮助建筑师轻松实现创意构思，从初步设计到施工图阶段，都能提供精确、高效的支持。

◎ Revit Structure（结构模块）：专为结构工程师设计，集成了先进的结构分析和设计工具，能够处理复杂的结构体系，确保结构设计的准确性和安全性。同时，该模块还支持与建筑模块的协同工作，实现建筑设计与结构设计的无缝对接。

◎ Revit MEP（机械、电气、管道模块）：专为设备、电气和给排水等专业领域打造，提供了全面的设计、分析和文档管理工具。该模块支持各专业之间的协同设计，确保设备、电气和给排水系统的合理布局和高效运行。

这三个专业设计工具模块既相互独立又紧密协作，共同构成了 Revit 系列软件的强大生态系统，为建筑设计行业的专业人士提供了全面、高效、协同的设计解决方案。

在 Revit 模型中，所有的图纸、二维视图、三维视图及明细表都是同一个基本建筑模型数据库的信息表现形式。在图纸视图和明细表视图中操作时，Revit 将收集有关建筑项目的信息，并在项目的其他所有表现形式中协调该信息。Revit 参数化修改引擎可自动协调在任何位置（模型视图、图纸、明细表、剖面和平面中）进行的修改。

2. Revit 历史

Revit 最早是一家名为 Revit Technology Corporation 的公司于 1997 年开发的三维参数化建筑设计软件。2002 年，美国 Autodesk 公司以 2 亿美元收购了 Revit Technology Corporation，从此 Revit 正式成为 Autodesk 三维解决方案产品线中的一部分。经过数年的不断开发和完善，Revit 已经成为全球知名的三维参数化 BIM 设计平台。

1.1.2 Revit 与 BIM 的关系

1. BIM 简介

BIM（Building Information Modeling，建筑信息模型，或简称为 BIM 模型）是一种在建筑行业中广泛应用的流程和技术，由 Autodesk（欧特克）公司提出，旨在将建筑项目的所有信息纳入一个三维的数字化模型中。这个模型不是静态的，而是随着建筑生命周期的不断发展而逐步演进，从前期规划到详细设计、施工图设计、建造和运营维护等各个阶段的信息都可以不断集成到模型中，因此，可以说 BIM 模型就是真实建筑物在电脑中的数字化记录。当设计、施工、运营等各方人员需要获取建筑信息时，如需要图纸、材料统计、施工进度等，都可以从该模型中快速提取出来。BIM 是由三维 CAD 技术发展而来的，但它的目标比 CAD 更为高远。如果说 CAD 是为了提高建筑师的绘图效率，BIM 则致力于改善建筑项目全生命周期的性能表现和信息整合。

所以说，BIM 是以三维数字技术为基础，集成了建筑工程项目各种相关信息，可以为设计和施工提供相互协调、内部保持一致且可进行运算的信息。也就是说，BIM 是通过计算机建立三维模型，并在模型中存储了设计师所需要表达的所有信息，同时，这些信息全部根据模型自动生成，并与模型实时关联。

2. Revit 对 BIM 的意义

BIM 是一种基于智能三维模型的流程，能够为建筑和基础设施项目提供更深入的洞见，从而更快速经济地创建和管理项目，并减少项目对环境的影响。面向建筑生命周期的 Autodesk BIM 解决方案以 Autodesk Revit 软件产品创建的智能模型为核心，还有一套强大的补充解决方案用以扩大 BIM 的效用，其中包括：项目虚拟可视化和模拟软件，AutoCAD 文档和专业制图软件，以及数据管理和协作。

在 2002 年 2 月收购 Revit 技术公司之后，Autodesk 随即提出了 BIM 这一术语，旨在区别 Revit 模型和较为传统的 3D 几何图形。当时，Autodesk 是将"建筑信息模型"用作战略愿景的衡量标准，旨在让客户及合作伙伴积极参与交流对话，共同探讨如何利用技术来支持乃至加速建筑行业采取更具效率和效能的流程，同时也是为了将这种技术与市场上较为常见的 3D 绘图工具相区别。

由此可见，Revit 是 BIM 概念的一个基础技术支撑和理论支撑。Revit 为 BIM 这种理念的实践和部署提供了工具和方法，成为 BIM 在全球工程建设行业内迅速传播并得以推广的重要因素之一。

3. Revit 的应用

经过近 10 年的发展，BIM 已在全球范围内得到迅速应用。在北美和欧洲，大部分建筑设计及施工企业已经将 BIM 技术应用于广泛的工程项目建设过程中，普及率较高；而国内一部分技术水平领先的建筑设计企业，也已经开始在应用 BIM 进行设计技术革新方面有所突破，取得了一定的成果。

在北美及欧洲，通过麦格劳 - 希尔公司最近的几项市场统计数据可以看到，Revit 在其设计、施工及业主运营领域内的发展基本进入了一个比较成熟的时期，同时具有以下特点。

◎ 美国与欧洲国家中 Revit 的应用普及率较高，Revit 用户的应用经验丰富，使用年限较长。

◎ 从应用领域上看，欧美已经将 Revit 应用在建筑工程的设计阶段、施工阶段，甚至建成后的维护和管理阶段。

◎ 美国的施工企业对 Revit 的普及速度和比率已经超过了设计企业。

在中国，Revit 的应用也在被有力地推进着，尤其是在民用建筑行业，促进着我国建筑工程技术的更新换代。Revit 于 2004 年进入国内市场，早期，在一些技术领先的设计企业得以应用和实施，逐渐发展到一些施工企业和业主单位，同时 Revit 的应用也从传统的建筑行业扩展到了水电行业、工厂行业甚至交通行业。基本上，Revit 的应用程度实时地反映出了国内工程建设行业 BIM 的普及度。总结国内的 BIM 及 Revit 应用特点如下。

◎ 在国内建筑市场，BIM 理念已经被广为接受，Revit 逐渐被应用，工程项目对 BIM 和 Revit 的需求逐渐旺盛，尤其是复杂、大型项目。

◎ 基于 Revit 的工程项目生态系统还不完善，基于 Revit 的插件、工具还不够完善、充足。

◎ 国内 Revit 的应用仍然以设计企业为主，部分业主和施工单位也逐步参与。

◎ 国内应用 Revit 的人员，使用年限较短，经验还不够丰富，熟悉 Revit API 的人才匮乏。

1.2 开启 Revit 之旅

近几年，随着建筑业的飞速发展，各种新技术不断地展现在我们面前，Revit 成了目前国内市场占有率最高、应用范围最广的 BIM 建模软件。

Revit 并不是一款常规的建模软件，而是针对于不同专业领域，开发的专业设计、建模软件。在常规的三维视图建模软件中，提供的建模工具基本为点、线、面这类几何形体，而在 Revit 这种建筑工具中，转换为了需要使用的专业工具，如墙、柱、楼板、楼梯等。

准备好了吗？接下来，我们将正式开始 Revit 的学习之旅。

1.2.1 认识一下 Revit

本次教学我们采用的是 Revit 2024。在安装好 Revit 2024 之后，可以通过双击桌面上的快捷图标 R 来启动 Revit 2024，或者在 Windows 开始菜单中找到 Revit 2024 程序并单击来启动，如图 1-1 所示。

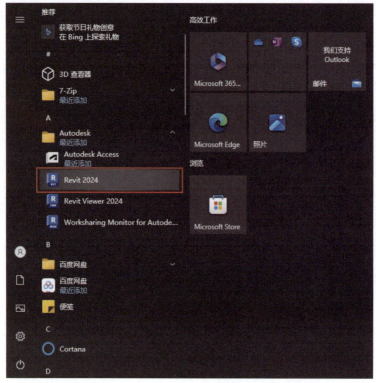

图 1-1

当打开 Revit 2024 之后会出现 Revit 主界面，界面中集成了一些较为常用的功能按钮，能够打开、新建模型文件和族文件，在右侧还会显示最近所打开的项目文件和族文件，如图 1-2 所示。

图 1-2

首先，我们单击"建筑样例项目"打开一个项目文件，开始认识一下 Revit 的项目界面。Revit 2024 和 Autodesk 系列其他软件界面基本相同，不同之处在于功能区域分布可能略有差异。Revit 2024 的工作界面如图 1-3 所示。

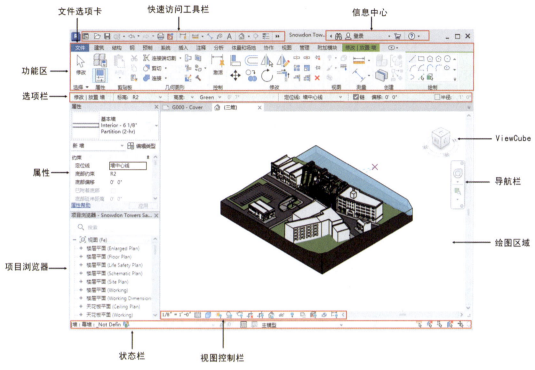

图 1-3

1. "文件"选项卡

选择"文件"选项卡，可以打开文件下拉菜单。Revit 与 Autodesk 的其他软件一样，其中包含有"新建"、"打开"、"保存"和"导出"等基本命令。在右侧默认会显示最近使用的文档，选择文档可快速调用。如果想将某个文件一直显示在"最近使用的文档"中，可以单击其文件名称右侧的图钉图标 将其锁定，如图 1-4 所示。这样就可以使锁定的文件一直显示在列表中，而不会被其他新打开的文件替换掉。

图 1-4

2. 快速访问工具栏

快速访问工具栏默认放置了一些常用的命令和按钮，如图 1-5 所示。

图 1-5

3. 信息中心

对于初学者而言，"信息中心"是一个非常重要的部分，在检索框中可以直接输入所遇到的软件问题，如图 1-6 所示。根据输入的关键字，Revit 将会检索出相应的内容。个人用户也可以通过申请的 Autodesk 账户，登录到自己的云平台。单击 Autodesk App store 按钮 可以登录到 Autodesk 官方的 App 网站，网站内有不同系列软件的插件供用户下载。

图 1-6

4. 功能区

软件功能区显示当前选项卡所关联的命令和按钮，如图 1-7 所示。例如，右侧的下拉按钮共提供了 3 种显示方式，分别是"最小化为选项卡"、"最小化为面板标题"和"最小化为面板按钮"。当选择"最小化为选项卡"时，可最大化绘图区域增加模型显示面积。单击功能区中按钮 可对不同显示方式进行切换，也可单击右侧的下拉三角按钮直接选择。

图 1-7

5. 选项栏

选项栏位于功能区下方，如图 1-8 所示。选项栏根据当前工具或选定的图元显示条件工具。要将选项栏移动至 Revit 窗口的底部（状态栏上方），可以在选项栏上右击，然后在弹出的快捷菜单中选择"固定在底部"命令。

图 1-8

6. ViewCube

单击快速访问工具栏中的"默认三维视图"按钮 ，可打开三维视图。在绘图区域的右上角可以看到 ViewCube 工具。通过 ViewCube 可以对视图进行自由旋转、切换不同方向等操作，单击"主视图"按钮还可将视图恢复到原始状态，如图 1-9 所示。

图 1-9

7. 导航栏

导航栏用于访问导航工具,包括"全导航控制盘"和"区域放大"等工具,单击各工具的下拉按钮,可以打开更多的导航工具,如图 1-10 所示。

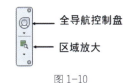

图 1-10

8. 属性

Revit 默认将"属性"面板显示在界面左侧,可用来查看和修改 Revit 中定义图元属性的参数,例如,"三维视图"的"属性"面板如图 1-11 所示。

图 1-11

疑难解答:如何显示"属性"面板

在软件操作过程中,可能不小心关掉了"属性"面板,但后续的很多操作还需要用到它,这时就需要将它重新显示出来。显示"属性"面板的方法有三种。

(1)选择"修改"选项卡,在功能区中单击"属性"按钮,如图 1-12 所示。

图 1-12

（2）选择"视图"选项卡，单击"用户界面"按钮，在弹出的下拉菜单中选中"属性"复选框，如图1-13所示。

（3）在绘图区域空白处右击，然后在弹出的快捷菜单中选择"属性"命令，如图1-14所示。

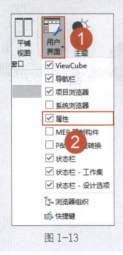
图1-13

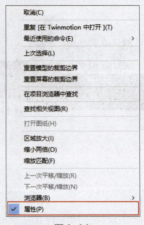
图1-14

◆ **类型选择器**：用于显示当前选择的族类型，并提供一个可从中选择其他类型的下拉列表。例如"基本墙"，在"类型选择器"中会显示当前的墙类型为"常规–200mm"，在下拉列表中会显示出所有类型的墙，如图1-15所示。通过"类型选择器"可指定或替换图元类型。

提 示

如果图元类型众多，可以通过关键字检索的方式快速定位需要的图元类型，以免盲目寻找浪费时间。

◆ **属性过滤器**：用于显示当前选择图元的类别及数量，如图1-16所示。在选择多个图元的情况下，会默认显示为通用名称及所选图元的数量，如图1-17所示。

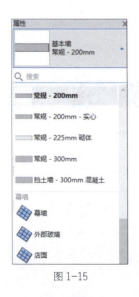
图1-15

图1-16

图1-17

◆ **实例属性**：用于显示视图参数信息和图元属性参数信息。切换到某个视图当中，会显示当前视图的相关参数信息，如图 1-18 所示。如果在当前视图选择图元，将会显示所选图元的参数信息，如图 1-19 所示。

图 1-18

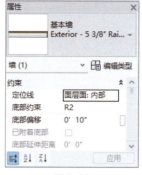
图 1-19

◆ 类型属性：用于显示当前视图或所选图元的类型参数，如图 1-20 所示。进入"类型属性"对话框共有两种操作方法。

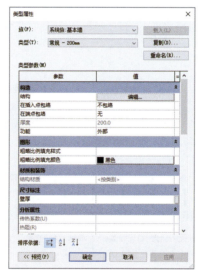
图 1-20

◎ 选择图元，在"文件"选项卡下单击"编辑类型"按钮，如图 1-21 所示。
◎ 单击"属性"面板中的"编辑类型"按钮，如图 1-22 所示。

图 1-21

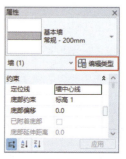
图 1-22

9. 项目浏览器

项目浏览器用于显示当前项目中所有视图、明细表、图纸、族、组、链接的 Revit 模型和其他部分的结构树。展开折叠的各分支时，将显示下一层项目。选择某视图并右击，在弹出的快捷菜单中即可选择相关命令，对该视图进行复制、删除、重命名和查找等操作，如图 1-23 所示。

> **提示**
>
> 如果项目浏览器的层级过多，不易查找，可以通过关键字检索的方式快速定位需要打开的视图或者族等内容。

图 1-23

10. 视图控制栏

视图控制栏位于 Revit 窗口的底部和状态栏上方，可以快速访问影响绘图区域的功能，如图 1-24 所示。

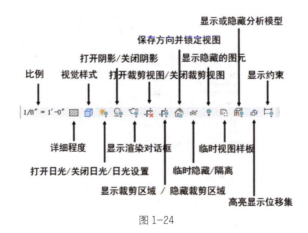

图 1-24

视图控制栏工具介绍

- 比例：视图比例是在图纸中用于表示对象的比例系统。
- 详细程度：可根据视图比例设置新建视图的详细程度，提供粗略、中等、精细三种模式。
- 视觉样式：可以为项目视图指定许多不同的图形样式。
- 打开日光 / 关闭日光 / 日光设置：打开或关闭日光路径，并进行设置。
- 打开阴影 / 关闭阴影：打开或关闭模型中阴影的显示。
- 显示渲染对话框（仅 3D 视图显示该按钮）：用于图形渲染方面的参数设置。
- 打开裁剪视图 / 关闭裁剪视图：控制是否应用视图裁剪。

- 显示裁剪区域 / 隐藏裁剪区域：显示或隐藏裁剪区域范围框。
- 保存方向并锁定视图（仅 3D 视图显示该按钮）：将三维视图锁定，以在视图中标记图元并添加注释记号。
- 临时隐藏 / 隔离：将视图中的个别图元暂时性地独立显示或隐藏。
- 显示隐藏的图元：临时查看隐藏图元或将其取消隐藏。
- 临时视图样板：在当前视图应用临时视图样板或进行设置。
- 显示或隐藏分析模型：在任何视图中显示或隐藏结构分析模型。
- 高亮显示位移集：将位移后的图元在视图中高亮显示。
- 显示约束：在视图中显示所有构件之间的约束关系。

11. 状态栏

状态栏位于 Revit 软件界面的最底部，由 5 个模块组成，如图 1-25 所示。

图 1-25

◆ 操作提示：对操作进行提示。

◆ 工作集：提供对工作共享项目的"工作集"对话框的快速访问。

◆ 设计选项：提供对"设计选项"对话框的快速访问。设计完某个项目的大部分内容后，使用设计选项可开发项目的备选设计方案。例如，可使用设计选项根据项目范围中的修改进行调整、查阅其他设计，便于用户演示变化部分。

◆ 选择控制：提供多种控制选择的方式，可自由开关。

◆ 过滤器：显示选择的图元数并优化在视图中选择的图元类别。

1.2.2 必知专业术语

经过前面的内容的学习，相信大家已经对 Revit 有了基本的了解。但是要想用好 Revit，还必须了解一些在 Revit 当中的专业术语，只有这样才能更好地完成接下来的学习任务。

1. 项目与项目样板

在 Revit 当中所创建的三维模型、设计图纸和明细表等信息，都被存储在后缀为 .rvt 的文件当中，这个文件被称为项目文件。项目文件的组织架构，如图 1-26 所示。

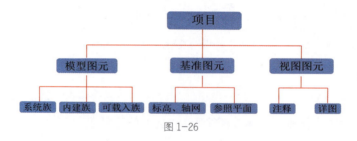

图 1-26

Revit 分为三种图元,分别是模型图元、基准图元与视图图元。

◆ **模型图元**:代表建筑的实际三维几何图形,如墙、柱、楼板、门窗等。Revit 可按照类别、族和类型对图元进行分级,如图 1-27 所示。

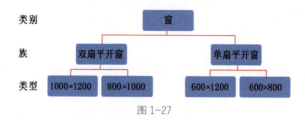

图 1-27

◆ **视图图元**:用于在视图中进行标注、注释及二维修饰的图元,如尺寸标注、标记和二维详图。

◆ **基准图元**:对构件进行空间定位的图元,如轴网、标高和参照平面。

在建立项目文件之前,需要有项目样板来做基础。项目样板的功能相当于 AutoCAD 当中的 .dwt 文件。其中会定义好相关的一些参数,比如,度量单位、尺寸标注样式和线型设置等。在不同的样板当中,所包含的内容也不相同。例如,绘制建筑模型时,就需要选择建筑样板。在项目样板当中会默认提供一些门、窗、家具等族库,方便在实际建立模型时快速调用,从而节省大量时间。Revit 还支持自定义样板,可以根据专业及项目需求有针对性地制作样板,方便开展日后的设计工作。

2. 族

族是组成项目的构件,同时也是参数信息的载体。族根据参数的不同,对图元进行分类。例如,"餐桌"作为一个族可以创建不同的类型,需要分别设置不同的参数。Revit 当中一共包含以下 3 种族。

◆ **可载入族**:指可以单独创建、编辑并载入项目中的族文件。使用族样板在项目外创建的 RFA 文件,可以载入项目中,具有高度可自定义的特征,因此可载入族是用户最经常创建和修改的族。

◆ **系统族**:指已经在项目中预定义并只能在项目中进行创建和修改的族类型(如墙、楼板、天花板等)。它们不能作为外部文件载入或创建,但可以在项目和样板之间复制粘贴或者传递系统族类型。

◆ **内建族**：指在当前项目中新建的族，它与之前介绍的"可载入族"不同，"内建族"只能存储在当前的项目文件里，不能单独存成 RFA 文件，也不能用在别的项目文件中。

族可以有多个类型，类型用于表示同一族的不同参数值。例如，打开系统自带门族"双扇平开格栅门 2.rfa"，其"类型"包含"1400×2100mm""1500×2100mm""1600×2100mm"三种类型，如图 1-28 所示。

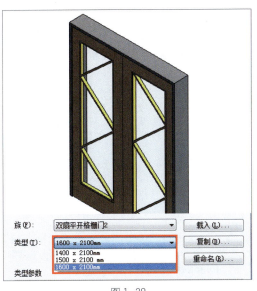

图 1-28

例如，在"双面嵌板格栅门 2"族中，不同的类型对应了门的不同尺寸，如图 1-29 与图 1-30 所示。

图 1-29

图 1-30

1.2.3　Revit 支持的文件类型

完成一个项目可能需要用到多款软件，不同的软件所生成的文件格式各不相同，了解软件支持的格式有利于在实际应用过程中互相导入/导出。

1. Revit 基本文件格式

◆ RTE 格式：代表 Revit 的项目样板文件，包含项目单位、标注样式、文字样式、线型、线宽、线样式和导入/导出设置等内容。为规范设计和避免重复设置，可对 Revit 自带的项目样板文件根据用户自身的需求、内部标准先行设置，并保存成项目样板文件，便于用户新建项目文件时选用。

◆ RVT 格式：代表 Revit 生成的项目文件，包含项目所有的建筑模型、注释、视图和图纸等项目内容。通常基于项目样板文件（RTE 文件）创建项目文件，编辑完成后保存为 RVT 文件，作为设计所用的项目文件。

◆ RFT 格式：代表 Revit 的族样板文件，即创建 Revit 可载入族的样板文件。创建不同类别的族要选择不同的族样板文件。

◆ RFA 格式：代表 Revit 中的族文件，即 Revit 可载入族的文件格式。用户可以根据项目需要创建自己的常用族文件，以便随时在项目中调用。

2. 支持的其他文件格式

在进行项目设计和管理时，用户经常会使用多种设计、管理工具来实现自己的目标，为了实现多软件环境的协同工作，Revit 提供了导入、链接和导出工具，可以支持 CAD、DWF、IFC 和 gbXML 等多种文件格式，可以根据需要进行选择性的导入和导出，如图 1-31 所示。

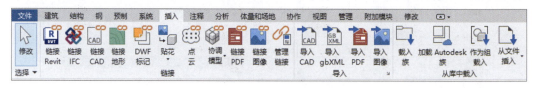

图 1-31

本章小结 ▶▶▶

本章主要介绍了 BIM 的基本概念，以及 Revit 软件的基本知识。通过本章的学习，能够对 Revit 软件界面有清晰的认识，同时，能够对项目中的应用定位有清晰的了解。最重要的是要掌握软件的基础知识，只有将这些基础知识牢牢掌握，才能让后续的学习更轻松。

第2章 标高、轴网与参照平面 | 02

通过前面的学习，我们初步掌握了 Revit 使用的基础知识，本章将进入正式建模阶段。在开始创建模型前，必须先确定好标高和轴网信息，才可以继续完成其他构件的创建。对于需要辅助定位的构件，还需要用到参照平面。

学习要点

- 标高的创建与编辑
- 轴网的创建与编辑
- 参照线与参照平面

效果展示

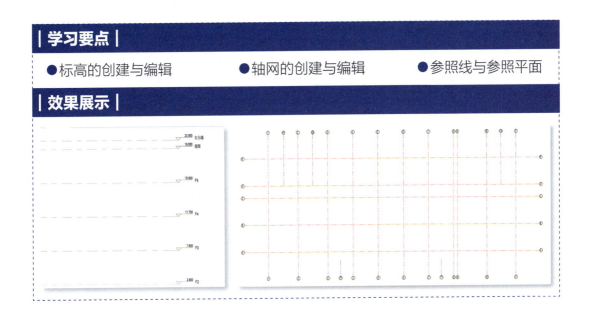

2.1 标高

在 Revit 当中创建标高与轴网的时候，一定要注意先创建标高再创建轴网。这样轴网便会直接显示在各个标高平面当中。如果把顺序弄反了，就需要额外花些时间来进行调整了。

2.1.1 动手练：创建标高

使用"标高"工具，可定义垂直高度或建筑内的楼层标高，可为每个已知楼层或其他建筑参照（如第二层、墙顶或基础底端）创建标高。要添加标高，必须处于剖面视图或立面视图中。添加标高时，可以创建一个关联的平面视图。

（1）打开要添加标高的剖面视图或立面视图，切换至"建筑"选项卡（或"结构"选项卡），单击"标高"按钮（快捷键为"LL"），如图 2-1 所示。将鼠标指针放置在绘图区域内，单击确定标高位置，然后沿水平方向移动鼠标指针即可绘制标高线，如图 2-2 所示。

图 2-1

图 2-2

（2）在选项栏中，默认情况下"创建平面视图"复选框处于选中状态，如图 2-3 所示。因此，所创建的每个标高都是一个楼层，并且关联楼层平面视图和天花板投影平面视图。

图 2-3

（3）如果在选项栏中单击"平面视图类型"，则会打开"平面视图类型"对话框，可在其中选择指定的视图类型，如图 2-4 所示。如果取消选中"创建平面视图"复选框，则认为标高是非楼层的标高或参照标高，并且不创建关联的平面视图。对于墙及其他以标高为主体的图元，可以将参照标高用作自己的墙顶定位标高或墙底定位标高。

（4）当绘制标高线时，标高线的头和尾可以相互对齐。选择与其他标高线对齐的标高线时，将会出现一个锁以显示对齐，如图 2-5 所示。如果水平移动标高线，则对齐的全部标高线会随之移动。

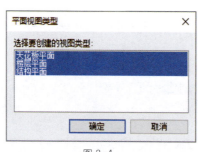

图 2-4

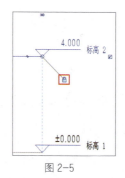

图 2-5

2.1.2 动手练:编辑标高

标高创建完成后,需要做一些适当的修改,才能符合项目与出图要求,如标头样式、标高线型图案等。下面讲解编辑标高内容。

1. 修改标高类型

在放置标高前可以修改标高类型,在绘制完成后也可以对标高类型进行修改。

切换至立面视图或剖面视图,在绘图区域选中标高线,在类型选择器中,选择其他标高类型,如图 2-6 所示。

2. 在立面视图中编辑标高线

(1)调整标高线的尺寸。

选中标高线,单击蓝色的尺寸操纵柄,向左或向右拖曳鼠标指针,即可调整标高线的尺寸,如图 2-7 所示。

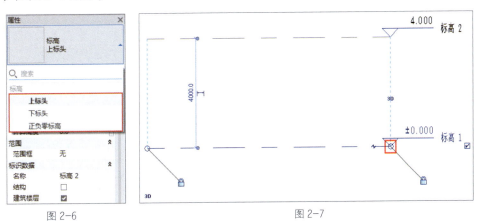

图 2-6　　　　　　　　　　图 2-7

(2)升高或降低标高。

选中标高线,并单击与其相关的尺寸标注值,然后输入新的尺寸标注值,如图 2-8 所示。

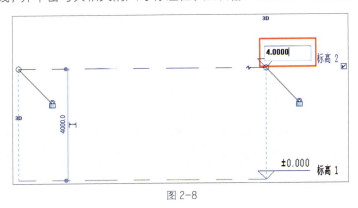

图 2-8

（3）重新标注标高。

选中标高线，然后单击标签框，即可输入新的标高标签，如图 2-9 所示。

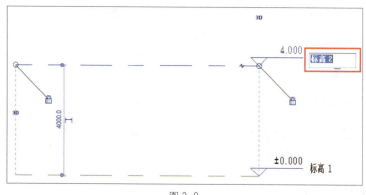

图 2-9

3. 移动标高

选中标高线，在该标高线与其直接相邻的上下标高线之间，将显示临时的尺寸标注。若要上下移动选定的标高，则需单击临时尺寸标注值，输入新值并按"Enter"键确认即可，如图 2-10 所示。

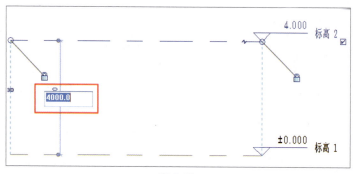

图 2-10

如果要移动多条标高线，先选中要移动的多条标高线，将鼠标指针放置在其中一条标高线上，按住鼠标左键进行上下拖曳即可，如图 2-11 所示。

图 2-11

4. 使标高线从其编号处偏移

绘制一条标高线，或选择一条现有标高线，然后选中并拖曳编号附近的控制柄，可以调整该标高线的长度。单击"添加弯头"图标，如图 2-12 所示。将控制柄拖曳到正确的位置后，即可将标头从标高线上移开，如图 2-13 所示。

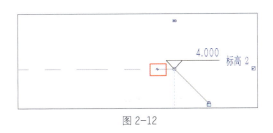
图 2-12

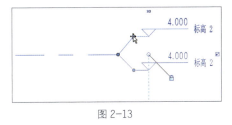
图 2-13

> **提 示**
>
> 当标头移动偏离标高线时,其效果仅在本视图中显示,而不影响其他视图。通过拖曳编号创建的线段为实线。拖曳控制柄时,鼠标指针在类似相邻标高线的点处捕捉,当线段形成直线时,鼠标指针也会进行捕捉。

5. 自定义标高

打开显示标高线的视图,选中一条现有的标高线,切换至"修改|标高"选项卡,单击"属性"面板中的"编辑类型"按钮,打开"类型属性"对话框。在"类型属性"对话框中,可以对标高线的"线宽""颜色""符号"等参数进行修改,如图 2-14 所示。修改"符号"及"颜色"参数后的效果,如图 2-15 所示。

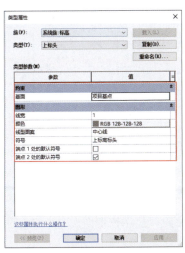

图 2-14

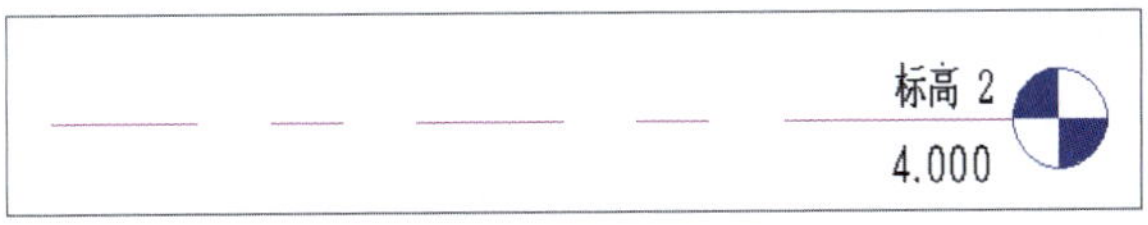

图 2-15

6. 显示和隐藏标高标头

对于标高标头,可以控制其是否在标高的端点显示。在视图中可以对单个轴线执行该操作,也可以通过修改类型属性来对某个特定类型的所有轴线执行该操作。

(1)显示或隐藏单个标高标头。

打开立面视图,选中一条标高线,Revit 会在标高标头附近显示一个复选框,如图 2-16

所示。取消选中该复选框可以隐藏标头，选中该复选框可以显示标头。重复此步骤可以显示或隐藏该轴线另一端点上的标头。

图 2-16

（2）使用类型属性显示或隐藏标高标头。

打开立面视图，选中一条标高线，在打开的"类型属性"对话框中，选中"端点 1 处的默认符号"和"端点 2 处的默认符号"右侧的复选框，如图 2-17 所示。这样，视图中标高的两个端点就都会显示标头，如图 2-18 所示。如果只选择端点 1，则标头会显示在左侧端点；如果只选择端点 2，则标头会显示在右侧端点。

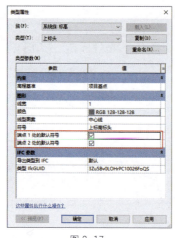

图 2-17

图 2-18

7. 切换标高 2D/3D 属性

标高线绘制完成后，会在相关立面及剖面视图中显示标高，在任何一个视图中修改标高，都会影响其他视图。但在某些情况下，如出施工图纸的时候，可能立面视图与剖面视图要求的标高线长度不一，如果修改立面视图中的标高线长度，也会直接显示在剖面视图当中。为避免这种情况的发生，软件提供了 2D 方式调整。

方法 1：选择标高后单击 3D 字样，如图 2-19 所示；标高将切换成 2D 属性，如图 2-20 所示。此时，拖曳标头延长标高线的长度后，其他视图不会受到任何影响。

图 2-19

图 2-20

方法2：软件还提供批量转换2D属性的功能。打开当前视图范围框，选择标高并拖曳标高标头至视图范围框内。此时，所有的标高都变成了2D属性，如图2-21所示。再次将标高拖曳至初始位置，将标高批量转换成2D属性的操作就完成了。

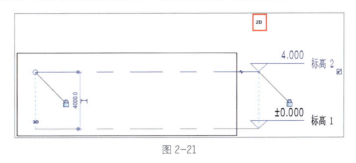

图 2-21

提示

通过第一种方法将3D属性转换为2D属性的标高，再次单击2D字样还可以重新转换为3D属性。但如果使用第二种方法，则2D图标是灰色显示的，无法单击。在这种情况下，需要将标高标头拖曳至范围框内，然后拖曳3D控制柄使其与2D控制柄重合，即可恢复3D属性状态，如图2-22和图2-23所示。注意：此过程无法批量处理，需逐个更改。

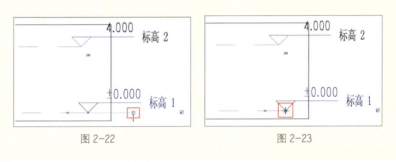

图 2-22　　　　　　　　　图 2-23

2.1.3 标高属性

标高图元共有两种属性，分别是实例属性与类型属性。通过修改实例属性可以指定标高的高程、计算高度和名称等。而修改类型属性则可以指定标高的线宽、颜色、线型图案等。

1. 标高实例属性

若要修改实例属性，可在"属性"面板内选中图元并修改其属性，如图2-24所示。对实例属性的修改，只会影响当前选中的图元。

◆ **标高**：标高线段距离项目±0位置的垂直高度。

◆ **上方楼层**：与"建筑楼层"参数结合使用，此参数指示该标高的下一个建筑楼层。

◆ 计算高度：在计算房间周长、面积和体积时，要使用的标高之上的距离。

◆ 名称：标高的标签，可以为该属性指定任何所需的标签或名称。

◆ 结构：将标高标识为主要结构（如钢顶部）。

◆ 建筑楼层：指示标高对应于模型中的功能楼层或楼板，与其他标高（如平台和保护墙）相对。

2. 标高类型属性

在打开的"类型属性"对话框中可以修改标高的类型属性，如"基面"和"线宽"等，如图2-25所示。若要修改类型属性，可先选中一个图元，然后单击"属性"面板中的"编辑类型"按钮。对类型属性的更改，将应用于项目中所有相同类型及名称的图元。

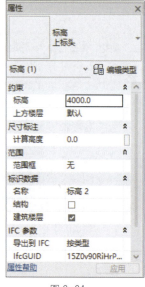

图 2-24

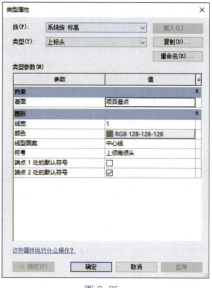

图 2-25

◆ 基面：如果将"基面"设置为"项目基点"，则在某一标高上报告的高程基于项目原点；如果将"基面"设置为"测量点"，则报告的高程基于固定测量点。

◆ 线宽：设置标高类型的线宽，使用"线宽"工具可以修改线宽编号。

◆ 颜色：设置标高线的颜色，可以从Revit定义的颜色列表中选择颜色或自定义颜色。

◆ 线型图案：设置标高线的线型图案，线型图案可以为实线或虚线和圆点的组合。可以从Revit定义的值的列表中选择线型图案，也可以自定义线型图案。

◆ 符号：控制标高标头的显示样式。

◆ 端点1处的默认符号：默认情况下，在标高线的左端点放置编号。选中标高线时，标高编号旁边将显示复选框；取消选中该复选框可以隐藏编号，再次选中则可以显示编号。

◆ 端点2处的默认符号：默认情况下，在标高线的右端点放置编号。

案例实战：绘制项目标高

素材文件	无
成果文件	成果文件\第 2 章\绘制项目标高 .rvt
技术掌握	绘制与编辑标高的方法

创建 Revit 模型的第一步，从新建 Revit 项目开始。和 Autodesk 的其他软件一样，创建新项目之前，都可以选择一个之前建立好的项目样板，作为新项目的初始环境。

（1）打开 Revit 软件，在主界面中单击"新建"按钮，如图 2-26 所示。

（2）在弹出的对话框中，在"样板文件"下选择"建筑样板"，然后单击"确定"按钮，如图 2-25 所示。

图 2-26

图 2-27

（3）等待片刻后便可以进入新建的 Revit 项目当中，如图 2-28 所示。

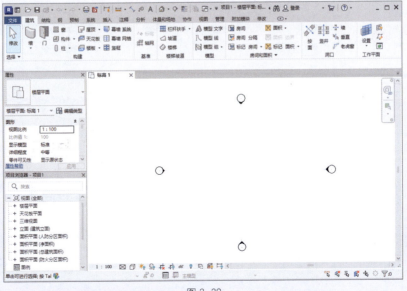

图 2-28

（4）在"项目浏览器"中展开"立面（建筑立面）"，选择"东"立面并双击，进入该立面，然后选中"标高1"线段，单击"复制"按钮或使用快捷键"CC"进行复制。向下移动鼠标指针，然后输入数值"450"，如图2-29所示。

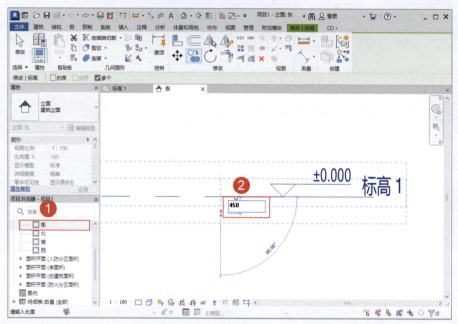

图2-29

（5）按"Enter"键确认生成标高，保持标高为选中状态，然后在"属性"面板中将标头类型修改为"标高下标头"，如图2-30所示。

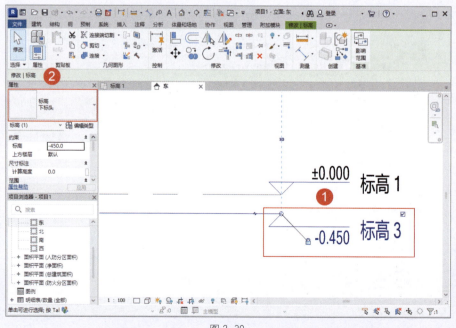

图2-30

(6)选中"标高 2",然后单击标高数值,将其修改为"3.9000",按"Enter"键确认,如图 2-31 所示。

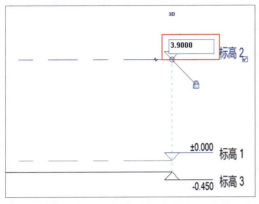

图 2-31

> **提示**
>
> 在 Revit 中输入的数值单位都默认为毫米,而标高标头处显示的标高数值单位默认为米。

(7)选中"标高 3",然后使用阵列工具的快捷键"AR",向上移动光标进行阵列,输入阵列间距为"3900",然后按"Enter"键确认,如图 2-32 所示。

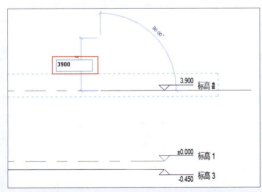

图 2-32

(8)然后输入阵列数量"5",继续按"Enter"键确认,如图 2-33 所示。

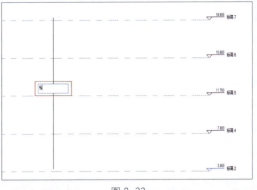

图 2-33

(9)选中"标高 7",继续向上进行复制,输入距离为"1000",然后按"Enter"键确认,生成 20.500 标高,如图 2-34 所示。

图 2-34

(10)选中"标高 3",然后在标高名称位置处单击,修改标高名称为"室外地坪",按"Enter"键确认,如图 2-35 所示。

图 2-35

(11)选中"标高 1",修改标高名称为"F1",在弹出的"确认标高重命名"对话框中,单击"是"按钮,如图 2-36 所示。

图 2-36

（12）选中"标高2""标高4""标高5""标高6""标高7""标高8"，然后单击"解组"按钮，或者使用快捷键"UG"将其解组，如图 2-37 所示。

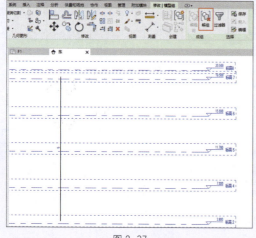

图 2-37

（13）然后将这些标高名称从下到上，依次修改为 F2、F3、F4、F5、屋面、女儿墙，如图 2-38 所示。

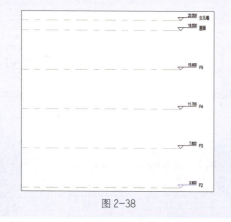

图 2-38

（14）进入"视图"选项卡，单击"平面视图"按钮，然后在下拉菜单中选择"楼层平面"，如图 2-39 所示。

图 2-39

（15）在弹出的对话框中，按住键盘上的"Shift"键，依次选中"F3""F4""F5""屋面"标高，然后单击"确定"按钮，如图 2-40 所示。

图 2-40

（16）在"项目浏览器"中打开"楼层平面"卷展栏，可以看到已经生成了和刚刚所选择的标高对应的楼层平面，如图 2-41 所示。

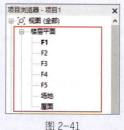

图 2-41

2.2 轴网

Revit 中的轴网具有三维属性，它与标高共同构成了模型中的三维网格定位体系。下面讲解如何创建轴网。

2.2.1 动手练：创建轴网

绘制第一根轴线时，起始编号默认为"1"。继续绘制时会按照顺序依次进行排号。如果需要改变命名方式，可以更改轴号名称。例如，修改为"A"，则继续绘制轴线时，会按照"A、B、C"的排号方式进行排序。

（1）切换至"建筑"选项卡（或"结构"选项卡），单击"轴网"按钮（快捷键为"GR"），如图 2-42 所示。

（2）在绘图区域单击确定起始点，当轴线达到需要的长度时，再次单击即可完成一段轴线的绘制。Revit 会自动为每个轴线编号，如图 2-43 所示。也可以使用字母作为轴线的值，如果将第一个轴线编号修改为字母，则后续所有的轴线都将进行相应的更新。

图 2-42

图 2-43

> **提示**
>
> 在绘制轴线时，可以让各轴线的头部和尾部相互对齐。如果轴线是对齐的，则在选择线时会出现一个锁指明对齐；如果移动轴网范围，则所有对齐的轴线都会随之移动。

2.2.2 动手练：编辑轴网

轴网创建完成后，通常需要进行一些适当的设置与修改，下面介绍如何修改轴网。

1. 修改轴网类型

修改轴网类型的方法与标高相同，都可以在放置前或放置后进行修改。切换到平面视图，在绘图区域中选中轴线，在类型选择器中选择其他轴网类型，如图 2-44 所示。

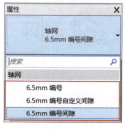

图 2-44

2. 更改轴网值

通过轴网标题或"属性"面板中的参数都可以直接更改轴网值。选中轴网标题，然后单击轴网标题栏中的值，输入新值（可以输入数字或字母）即可，如图 2-45 所示。选中轴网线，也可以在"属性"面板上输入其他的"名称"属性值，如图 2-46 所示。

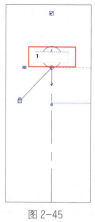
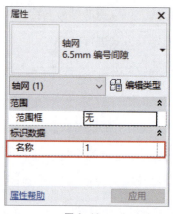

图 2-45　　　　　　　　　　图 2-46

3. 使轴线从其编号偏移

绘制轴线或选中现有的轴线，在靠近编号的线端有拖曳控制柄。若要调整轴线的大小，可选中并移动靠近编号的端点，从而拖曳控制柄。单击"添加弯头"图标，如图 2-47 所示。然后将图标拖曳至合适的位置，使编号从轴线中移开，如图 2-48 所示。

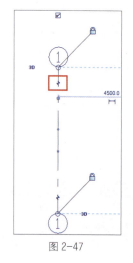
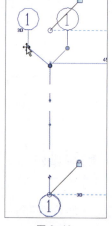

图 2-47　　　　　　　　　　图 2-48

> **提示**
>
> 将编号移动偏离轴线时,其效果仅在本视图中显示。通过拖曳编号创建的线段为实线,且不能改变样式。拖曳控制柄时,鼠标指针在类似相邻轴网的点处捕捉。当线段形成直线时,鼠标指针也会进行捕捉。

2.2.3 轴网属性

与标高图元相同,轴网的属性参数也有实例属性和类型属性两种。实例属性可以更改单个轴线的属性,如名称或范围框,如图 2-49 所示。而类型属性则可以更改轴线的符号、轴网末段颜色、轴网末段宽度等。

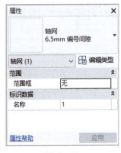

图 2-49

1. 轴网实例属性参数

- **名称**:轴线编号的值。可以是数字或字母,第一个实例默认为 1。
- **范围框**:应用于轴网的范围框。

2. 轴网类型属性参数

在"类型属性"对话框中可以修改轴线,如轴线中段或用于轴线端点的符号,如图 2-50 所示。此外,对类型属性的更改将应用于项目中的所有实例。

图 2-50

- **符号**:用于轴线端点的符号。该符号可以显示轴网号(轴网标头 – 圆),可以显示轴网标识但不显示编号(轴网标头 – 无编号),也可以显示无轴网编号或轴网号(无)。
- **轴线中段**:在轴线中显示的轴线中段的类型。可以选择"无"、"连续"或"自定义"。
- **轴线末段宽度**:表示连续轴线的线宽,在"轴线中段"参数为"无"或"自定义"的情况下,表示轴线末段的线宽。
- **轴线末段颜色**:表示连续轴线的线颜色,在"轴线中段"参数为"无"或"自定义"的情况下,表示轴线末段的线颜色。
- **轴线末段填充图案**:表示连续轴线的线样式,在"轴线中段"参数为"无"或"自定义"的情况下,表示轴线末段的填充样式。
- **轴线末段长度**:在"轴线中段"参数为"无"或"自定义"的情况下,表示轴线末段的长度(图纸空间)。

◆ **平面视图轴号端点 1（默认）**：在平面视图中，于轴线的起点处显示编号的默认设置（在绘制轴线时，编号在其起点处显示）。如果需要，可以显示或隐藏视图中各轴线的编号。

◆ **平面视图轴号端点 2（默认）**：在平面视图中，于轴线的终点处显示编号的默认设置（在绘制轴线时，编号显示在其终点处）。如果需要，可以显示或隐藏视图中各轴线的编号。

◆ **非平面视图符号（默认）**：在非平面视图的项目视图（如立面视图和剖面视图）中，轴线上显示编号的默认位置为"顶"、"底"、"两者"（顶和底）或"无"。如果需要，可以显示或隐藏视图中各轴线的编号。

案例实战：绘制项目轴网

素材文件	素材文件\第 2 章\2-1.rvt
成果文件	成果文件\第 2 章\绘制项目轴网 .rvt
技术掌握	绘制与编辑轴网的方法

常规造型的建筑一般采用一套固定的轴网体系，所以使用首层平面作为参照即可即可。

（1）打开"素材文件\第 2 章\2-1.rvt"文件，进入 F1 楼层平面。然后在"插入"选项卡中，单击"链接 CAD"按钮，如图 2-51 所示。

图 2-51

（2）在弹出的"链接 CAD 格式"对话框中，选择"素材文件\第 2 章\首层平面图"。然后选择"自动 – 原点到内部原点"的定位方式，最后单击"打开"按钮，如图 2-52 所示。

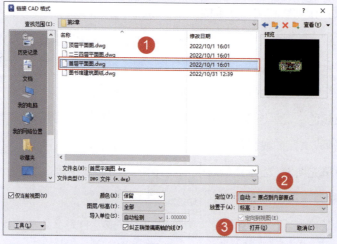

图 2-52

(3)导入图纸后,分别将东、南、西、北四个方向的立面符号移动至图纸四周,如图 2-53 所示。

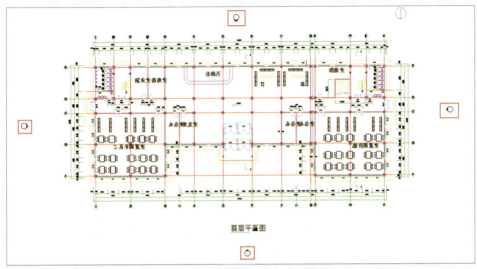

图 2-53

(4)切换到"建筑"选项卡,然后单击"轴网"按钮,如图 2-54 所示。

图 2-54

(5)选择"拾取线"的方式,然后按照从左到右的顺序,在 CAD 图纸中依次拾取编号为 1~11 的轴线段,如图 2-55 所示。

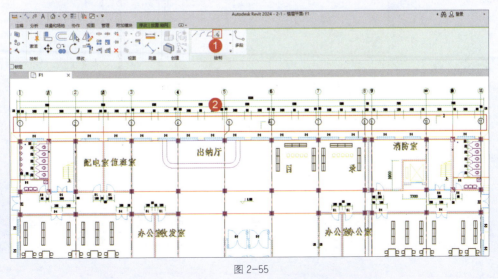

图 2-55

（6）再次拾取编号为 1~11 的轴线之间的附加轴线，然后选择 1 和 2 之间的轴线，单击轴号修改为"1/1"，如图 2-56 所示。按照同样的方法完成其他附加轴线的轴号修改，如图 2-57 所示。

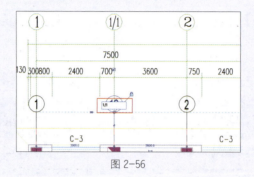

图 2-56

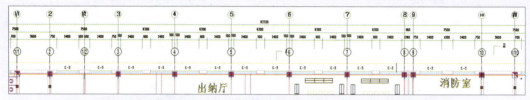

图 2-57

（7）继续使用拾取线的方式绘制水平方向的轴线，首先拾取 CAD 底图最下方的水平轴线生成 Revit 轴线，然后修改轴号为"A"，如图 2-58 所示。按照从下到上的顺序继续完成其他轴线的绘制，如图 2-59 所示。

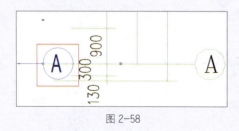

图 2-58

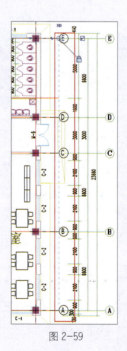

图 2-59

（8）选中任意轴线，在"属性"面板中单击"编辑类型"按钮，如图 2-60 所示。

（9）在打开的"类型属性"对话框中，修改"轴线中段"为"连续"，"轴线末段颜色"为红色，选中"平面视图轴号端点 1（默认）"复选框，然后单击"确定"按钮，如图 2-61 所示。

图 2-60

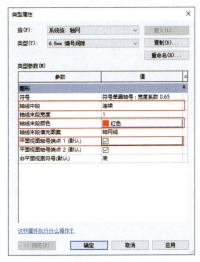

图 2-61

（10）选择 A 轴线，然后拖动轴线标头的控制点（圆圈）到合适的位置，与 CAD 底图对齐，如图 2-62 所示。然后按照同样的方法继续拖动其他方向的轴线标头。

（11）选择"1/1"轴，然后取消选中另外一端的轴线标头复选框，此时轴线标头就会自动隐藏，如图 2-63 所示。按照相同的方法继续隐藏其他附加轴线的轴线标头。

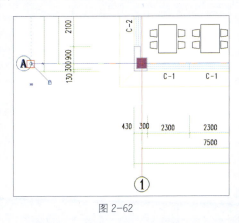

图 2-62

图 2-63

（12）当所有工作全部完成后，查看轴线最终显示状态，如图 2-64 所示。

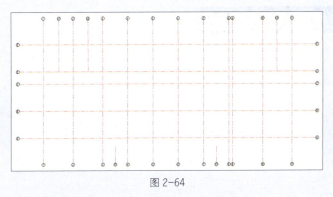

图 2-64

（13）选中所有轴线，在"修改|轴网"选项卡中单击"影响范围"按钮，如图 2-65 所示。在弹出的对话框中选中 F2~F5 及屋面等楼层平面，最后单击"确定"按钮，如图 2-66 所示。

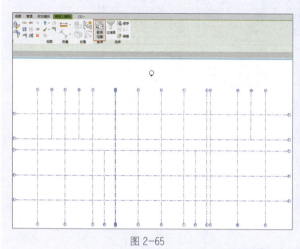

图 2-65

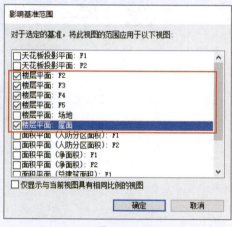

图 2-66

（14）打开其他楼层平面，可以看到轴线的显示状态和 F1 楼层平面保持一致，如图 2-67 所示。

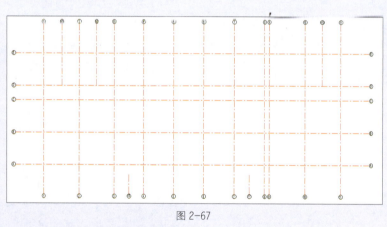

图 2-67

技术拓展：控制轴网显示范围

通常情况下，创建模型都要先建立标高，然后建立轴网。这样可以保证创建的轴网能够显示在每一层平面视图中。如果按照相反的步骤操作，则轴网不会出现在新建标高所关联的视图中。发生这种情况后，也可以手动进行调整，让轴网重新显示在新建视图中。

（1）新建项目文件，在平面视图中绘制轴网，如图 2-68 所示。

（2）切换到立面视图中，新建两条标高（标高 3 和标高 4），如图 2-69 所示。

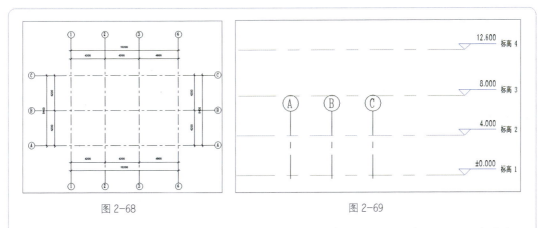

图 2-68　　　　　　　　　　　　　图 2-69

（3）切换至新建标高平面，此时会发现其中并没有显示轴网。在立面视图中选中任意轴线，向上拖曳轴网编号下方的小圆圈，直至与标高 4 发生交叉，如图 2-70 所示。按照同样的方法，在其他立面视图中，也将轴线 1~4 拖曳至与标高 4 交叉，在标高 4 平面中重新显示轴网。

（4）如果不想让单根轴线显示在某个平面视图中，可以在选择该轴线后单击🔒图标，将其解锁，从而实现单独拖曳。只有该轴线与其标高交叉时，才会在此标高平面显示该轴线，如图 2-71 所示。

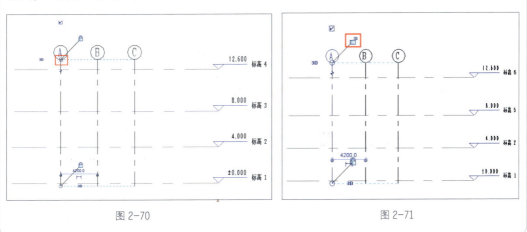

图 2-70　　　　　　　　　　　　　图 2-71

2.3　参照线与参照平面

在 Revit 中，参照线和参照平面是制作族时常用的工具。参照线主要用于控制角度的参数变化，而参照平面主要用于控制平面的相对变化。通常，我们需要将模型实体锁定到参照平面上，由参照平面驱动实体进行参数变化。这样的设置使得族的设计更加灵活和方便。由于在项目环境中只能创建参照平面而无法创建参照线，所以后续操作均在族环境中完成。

2.3.1 动手练：创建参照平面

参照平面有两种创建方式，一种是手动绘制，另外一种是拾取创建。但无论哪种创建方式，都只能创建平面，而不能创建曲面。

（1）打开 Revit 软件，然后在"族"面板中单击"新建"按钮，新建一个族文件，如图 2-72 所示。

（2）在弹出的"新族 - 选择样板文件"对话框中，选择"公制常规模型"族样板，然后单击"打开"按钮，如图 2-73 所示。

图 2-72

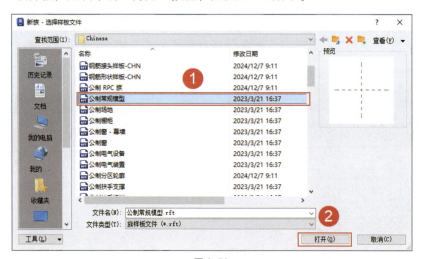

图 2-73

（3）进入族环境中之后，切换至"创建"选项卡，单击"参照平面"按钮，如图 2-74 所示。

图 2-74

（4）单击"线"或者"拾取线"工具按钮，然后在视图中创建参照平面，如图 2-75 所示。

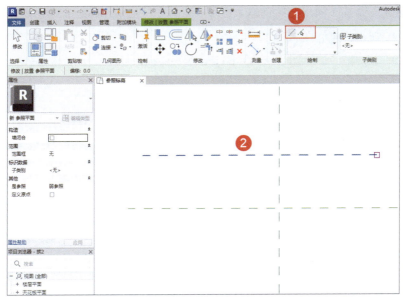

图 2-75

（5）参照平面创建完成后，如果需要将其设置为当前视图所使用的工作平面，可以切换到"创建"选项卡，单击"设置"下拉按钮，在下拉菜单中选择"拾取平面"，如图 2-76 所示。

图 2-76

（6）拾取刚刚绘制的参照平面，在弹出的"转到视图"对话框中选择"三维视图：视图 1"，然后单击"打开视图"按钮，如图 2-77 所示。

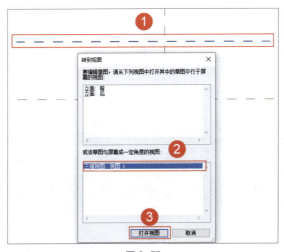

图 2-77

（7）进入三维视图后，在"创建"选项卡中单击"显示"按钮，即可看到参照平面的实际空间位置，如图 2-78 所示。

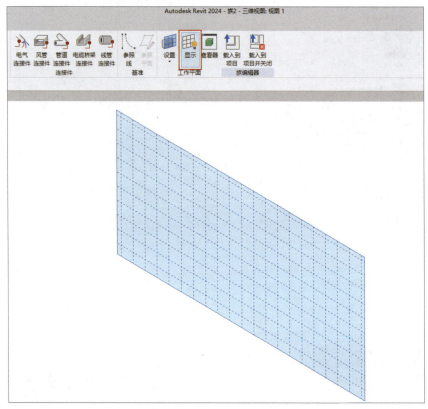

图 2-78

2.3.2 动手练：创建参照线

创建参照线与创建参照平面的方法大致相同，但也有不同。参照平面在所创建的视图中显示为线段，而在三维视图则显示为一个面。参照线不论是什么视图均显示为实体线段。

（1）新建一个族，进入族环境中之后，切换至"创建"选项卡，单击"参照线"按钮，如图 2-79 所示。

图 2-79

（2）在功能区选择任意一种绘制方式，然后在视图中绘制参照线，如图 2-80 所示。

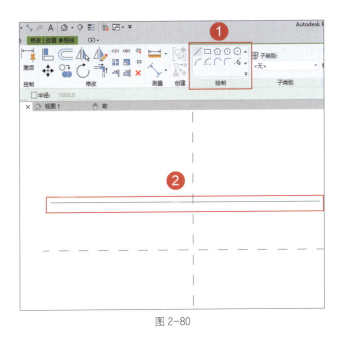

图 2-80

（3）打开三维视图，会发现默认参照平面不会显示，而参照线则是以实体线段的形式显示在视图中，如图 2-81 所示。

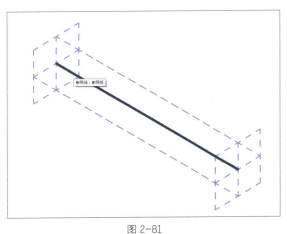

图 2-81

2.3.3 参照平面与参照线的区别

参数驱动对 Revit 来说十分重要，是其优势所在。而参照线和参照平面就是添加参数的关键辅助，那么这两者有什么区别呢？

1. 范围大小不同

参照平面的范围是无穷大的，就像无限扩展的剖面线，如图 2-82 所示。并且，参照平面不仅是无限大的平面，也是垂直内外的一个剖面。在任意标高处绘制参照平面，其余标高都能看到。在三维视图中查看，参照平面就是贯穿上下的一整个面，如图 2-83 所示。

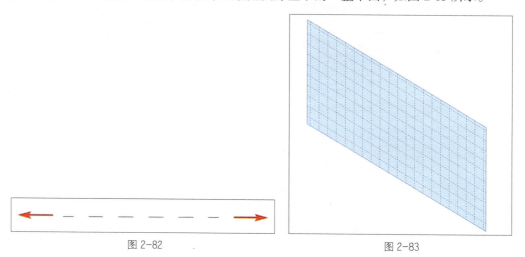

图 2-82　　　　　　　　　　　　　　图 2-83

而在三维视图中看参照线，它就是固定长度的一条线段，在某一标高上绘制。除非在其余标高处设置了更大的视图范围，否则就看不见，如图 2-84 所示。

参照线比参照平面多了两个端点，是参照线的具体起点和终点。这相当于参照线多了四个参照平面，分别是水平面、竖直面，以及以该线为法线的头、尾两个平面，如图 2-85 所示。

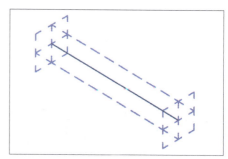

图 2-84

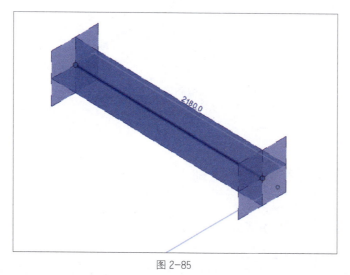

图 2-85

2. 在三维视图中的可见性

由于参照线是一根实体线，因此在三维视图中仍然可见，但也只是可见而已，并不是一根管子，不具有体积。参照平面在三维视图中一般不可见，只是纯辅助虚线。但也有例外，比如，在画概念体量时，参照平面就在三维视图中可见。

3. 线型不同

参照线的线型为实线，参照平面的线型为虚线，如图 2-86 所示。这其实很好理解，也让我们更容易在 Revit 中区分二者。

图 2-86

4. 作用不同

参照平面一般用于辅助定位，在设置参照平面时，可以在"工作平面"对话框中选中"拾取一个平面"单选按钮，然后在右侧下拉列表中选择某个参照面，如图 2-87 所示。参照平面主要用于设置工作平面、选定某个名称的参照平面等。

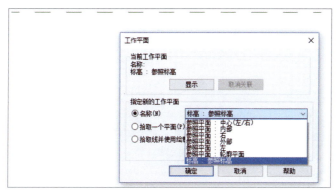

图 2-87

参照平面的另一种常见用处是添加带标签的尺寸标注，从而进行参数驱动，即尺寸参变，如图 2-88 所示。

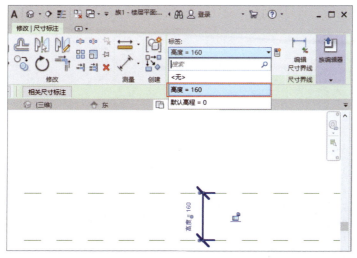

图 2-88

参照线则用来控制角度的参数变化。例如，参照线可以用来控制腹杆桁架的角度，指定带有门打开方向实例的门的旋转角度，或设置弯头内的角度限制条件等。

本章小结 ▶▶▶

本章主要介绍了使用 Revit 绘制标高、轴网、参照平面和参照线的方法。标高、轴网是一个项目中不可缺少的组成部分，而参照平面则能够在项目制作过程中起到非常重要的辅助作用，既能作为定位线来用，也可作为隐形的约束条件。灵活地掌握各个工具的使用方法及特点，可以为后面的学习打好基础。

第 3 章 结构柱与墙体 | 03

本章将要学习如何创建结构柱和墙体。结构柱和墙体都属于模型图元,而标高和轴网都属于注释图元。模型图元和注释图元最大的区别在于,模型图元可以在三维空间中显示,而注释图元只能在 2D 视图中显示。同时,模型图元的控制参数也会更多,关于图元参数的设置,在练习中应多加注意。

学习要点

- 绘制结构柱
- 绘制墙体
- 结构柱与墙体的参数设置

效果展示

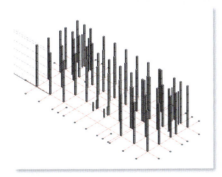
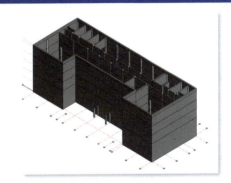

3.1 结构柱

在建筑设计的过程中,都需要排布柱网,包括结构柱和建筑柱。其中,结构柱应由结构工程师在经过专业计算后,确定截面尺寸;而建筑柱不参与承重,主要起装饰的目的,因此由建筑师确定外观,并进行摆放。

在 Revit 中,这两种柱的属性截然不同,下面主要介绍结构柱的内容。

3.1.1 动手练:创建结构柱

创建结构柱的方式大致有两种,一种是逐个手动放置,还有一种则是利用现有轴网对结构柱进行批量放置。除了可以放置普通的垂直方向的结构柱，还可以放置倾斜的结构柱。

（1）切换到"建筑"或"结构"选项卡，单击"柱"按钮，如图 3-1 所示。

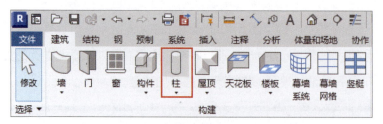

图 3-1

（2）在"属性"面板中选择需要的结构柱类型，然后在工具选项栏中设置结构柱的放置方式及所到达的标高，最后在视图中合适的位置单击完成结构柱的放置，如图 3-2 所示。

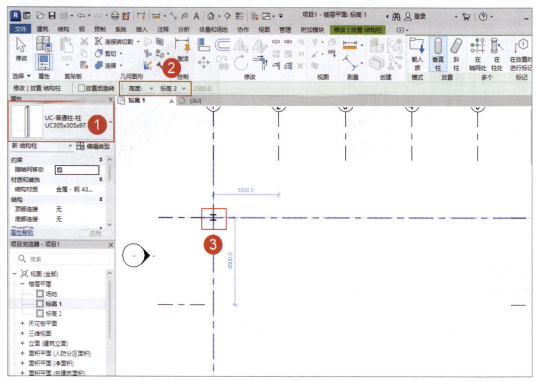

图 3-2

（3）如果需要放置斜柱，在"属性"面板中选择需要的结构柱类型，然后单击"斜柱"按钮，接着在工具选项栏中设置第一次单击和第二次单击的标高，最后在视图中合适的位置依次单击完成结构柱的放置，如图 3-3 所示。

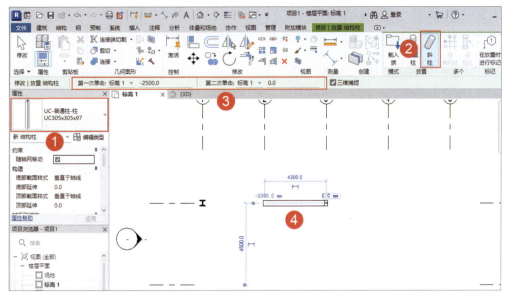

图 3-3

（4）如果需要批量放置结构柱，可以单击"在轴网处"或"在柱处"按钮，如图 3-4 所示。

图 3-4

（5）在"属性"面板中选择需要的结构柱类型，框选轴线或建筑柱，然后单击"完成"按钮，如图 3-5 所示。

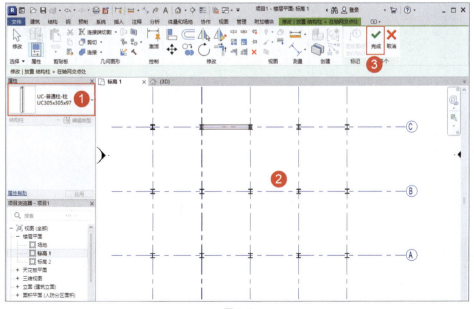

图 3-5

3.1.2 动手练：编辑结构柱

（1）选中放置好的结构柱，可以在"属性"面板中的类型选择器中替换结构柱的类型，如图 3-6 所示。

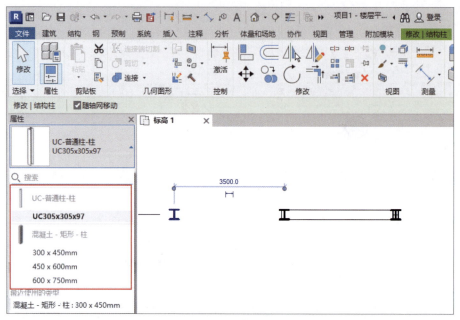

图 3-6

（2）还可以在"属性"面板中修改结构柱的"底部标高"和"底部偏移"等参数，如图 3-7 所示。

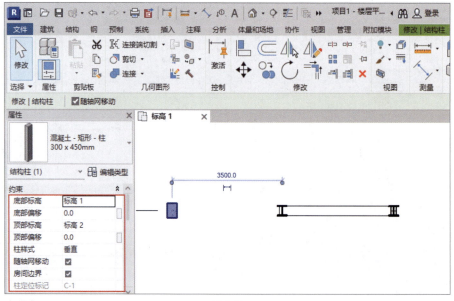

图 3-7

（3）在"属性"面板单击"编辑类型"按钮，可以打开"类型属性"对话框。在其中可以修改结构柱的 b 边和 h 边的参数，如图 3-8 所示。不同类型结构柱的属性参数会有不同的差异。

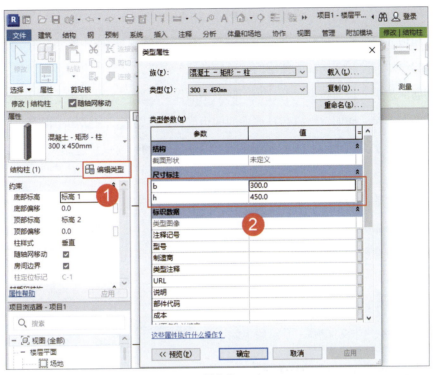

图 3-8

3.1.3 结构柱属性

在结构柱的实例属性中，可以更改结构柱的"底部标高"和"顶部标高"等参数，在类型属性中则可以更改结构的宽度、深度等参数。

1. 结构柱实例属性

在结构柱的实例属性中，可以更改标高约束、结构、阶段化数据等内容，如图 3-9 所示。

◆ **柱定位标记**：项目轴网上的垂直柱的坐标位置。

◆ **底部标高**：柱底部标高的限制。

◆ **底部偏移**：从柱底部标高到柱底部的偏移。

图 3-9

- ◆ 顶部标高：柱顶部标高的限制。
- ◆ 顶部偏移：从柱顶部标高到柱顶部的偏移。
- ◆ 柱样式：包括"垂直""倾斜–端点控制""倾斜–角度控制"3个选项。
- ◆ 随轴网移动：结构柱限制条件为轴网。
- ◆ 房间边界：结构柱限制条件为房间边界。
- ◆ 结构材质：控制结构柱所使用的材料信息及外观样式。
- ◆ 钢筋保护层–顶面：设置与柱顶面间的钢筋保护层距离，只适用于混凝土柱。
- ◆ 钢筋保护层–底面：设置与柱底面间的钢筋保护层距离，只适用于混凝土柱。
- ◆ 钢筋保护层–其他面：设置从柱到其他图元面间的钢筋保护层距离，只适用于混凝土柱。
- ◆ 体积：所选柱的体积，该值为只读类型。
- ◆ 注释：添加用户注释。
- ◆ 标记：为柱所创建的标签，可以用于施工标记；对项目中的每个图元来说，该值都必须是唯一的。
- ◆ 创建的阶段：指明在哪一个阶段创建了柱构件。
- ◆ 拆除的阶段：指明在哪一个阶段拆除了柱构件。

> **技术拓展**：柱端点的截面样式
>
> 柱末端未附着到图元时，柱端点的截面样式指柱末端的显示方式，如图3-10所示。
>
>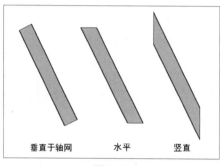
>
> 图3-10

2. 结构柱类型属性

选择混凝土结构柱，然后单击"属性"面板中的"编辑类型"按钮，会弹出"类型属性"对话框。在"类型属性"对话框中，可以更改混凝土结构柱截面的宽度、深度、标识数据和其他属性，如图3-11所示。

图 3-11

- ◆ b：设置柱的宽度。
- ◆ h：设置柱的深度。

案例实战：绘制结构柱

素材文件	素材文件\第 3 章\3-1.rvt
成果文件	成果文件\第 3 章\绘制结构柱.rvt
技术掌握	绘制与编辑结构柱的方法

经过对 CAD 图纸的仔细查阅，可以得知本项目中柱截面尺寸有三种，分别是 600mm×600mm、400mm×400mm、250mm×250mm，所以我们需要先创建这三种族类型。

（1）打开"素材文件\第 3 章\3-1.rvt"文件，进入 F1 楼层平面。在"建筑"选项卡中单击"柱"按钮，如图 3-12 所示。

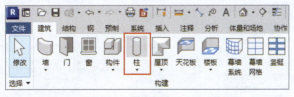

图 3-12

（2）因为样板中没有矩形混凝土柱，所以需要单击"载入族"按钮载入新的族，如图 3-13 所示。

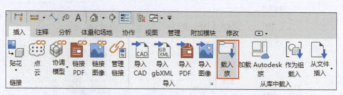

图 3-13

（3）在弹出的对话框中，进入"结构\柱\混凝土"文件夹，选择"混凝土-矩形-柱"，然后单击"打开"按钮，如图 3-14 所示。

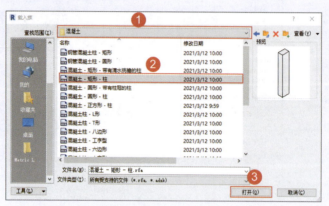

图 3-14

（4）在成功将族载入项目中之后，在"属性"面板中单击"编辑类型"按钮，如图 3-15 所示。

（5）在打开的"类型属性"对话框中，单击"复制"按钮，在弹出的"名称"对话框中输入名称为"1F_Z_600x600"，最后单击"确定"按钮，如图 3-16 所示。因为在建筑图纸中并没有体现柱编号，所以在命名时就不需要考虑柱编号的问题。

图 3-15

图 3-16

（6）接着在类型参数面板中，修改 b 和 h 的参数均为 600，如图 3-17 所示。按照同样的方法再次创建"1F_Z_250x250"和"1F_Z_400x400"两种柱类型，分别如图 3-18 和图 3-19 所示。最后单击"确定"按钮。

图 3-17　　　　　　　图 3-18　　　　　　　图 3-19

（7）在"属性"面板中选择"1F_Z_600x600"柱类型，然后在工具选项栏设置柱的放置方式为"高度"，到达标高为"F2"，接着单击"在轴网处"按钮，如图 3-20 所示。

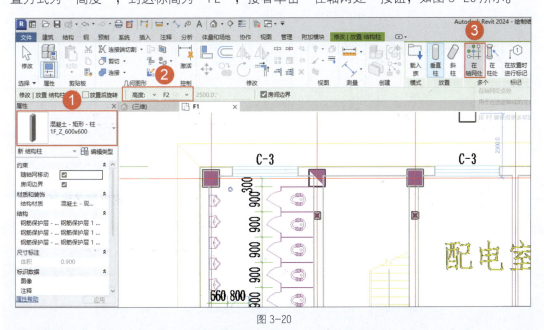

图 3-20

（8）框选视图中所有的轴线，然后单击"完成"按钮，如图 3-21 所示。

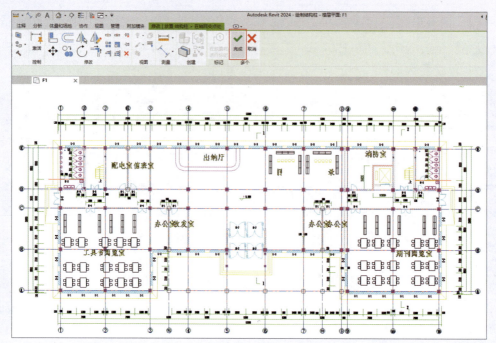

图 3-21

(9) 选中链接的 CAD 平面，然后在工具选项栏中将"背景"调整为"前景"，如图 3-22 所示。根据 CAD 平面删除掉多余的结构柱，如图 3-23 所示。

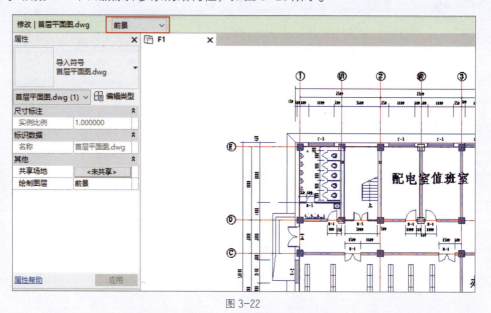

图 3-22

(10) 再次在"建筑"选项卡中单击"柱"按钮，然后选择"1F_Z_400x400"柱类型，依次在门厅的位置单击放置，如图 3-24 所示。然后选择"1F_Z_250x250"柱类型，在楼梯间的位置放置，如图 3-25 所示。

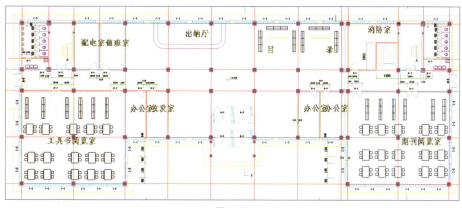

图 3-23

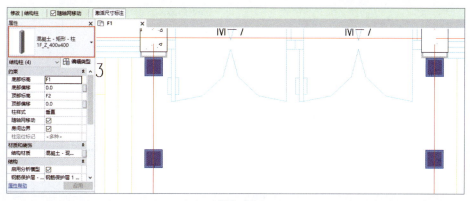

图 3-24

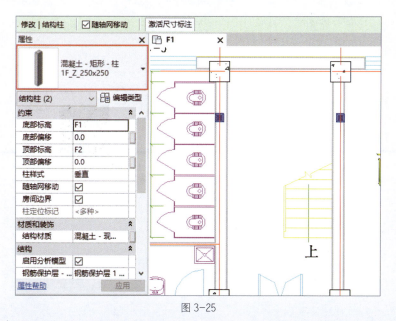

图 3-25

（11）二层的结构柱布置和一层的基本一致，所以可以直接将一层布置好的结构柱复制到二层来使用。框选一层所有的结构柱，然后单击"复制到剪贴板"按钮，如图 3-26 所示。

图 3-26

（12）接着单击"粘贴"下拉按钮，然后在下拉菜单中单击"与选定的标高对齐"按钮，如图 3-27 所示。

（13）在弹出的对话框中选择 F2 标高，然后单击"确定"按钮，如图 3-28 所示。

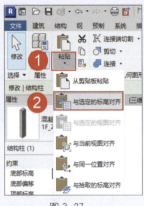   

　　　图 3-27　　　　　　　　　　　　图 3-28

（14）打开二层平面，切换到"插入"选项卡，单击"链接 CAD"按钮。在弹出的对话框中选择"二三四层平面图"，然后选中"仅当前视图"复选框，最后单击"打开"按钮，如图 3-29 所示。

图 3-29

（15）如果链接的 CAD 平面和 Revit 轴网存在距离偏差的话，可以使用对齐工具进行对齐。然后根据 CAD 平面将多余的结构柱删除掉，如图 3-30 所示。

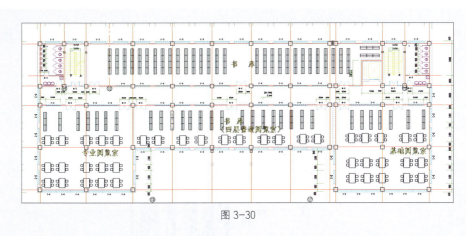

图 3-30

（16）因为二至四层是标准层，所以直接选中二层平面所有的结构柱，并单击"复制到剪贴板"按钮。接着单击"粘贴"下拉按钮，在下拉菜单中单击"与选定的标高对齐"按钮，如图 3-31 所示。

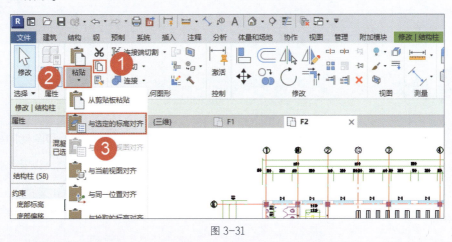

图 3-31

（17）在弹出的对话框中选择"F3""F4""F5"标高，然后单击"确定"按钮，如图 3-32 所示。

（18）打开 F5 楼层平面，然后链接"顶层平面图"CAD 平面，按照 CAD 平面的结构柱布置情况，删除掉楼梯间位置的梯柱，如图 3-33 所示。

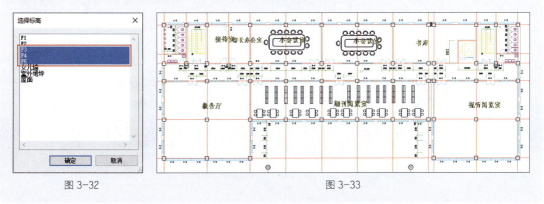

图 3-32　　　　　　图 3-33

（19）至此全部楼层的结构柱都已经创建完成，切换到三维视图查看最终完成效果，如图 3-34 所示。

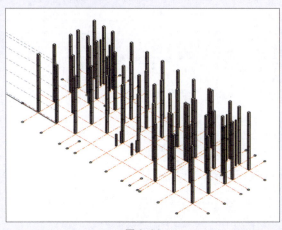

图 3-34

3.2 墙体

在建筑信息模型中，墙是预定义系统族类型的实例，具有功能、组合和厚度的标准变化形式。通过修改墙的类型属性，可以添加或删除层，将层分割为多个区域，以及修改层的厚度或指定材质。在图纸中放置墙体后，可以添加墙饰条或分隔缝，编辑墙的轮廓，以及插入主体构件（如门和窗）等。

3.2.1　动手练：创建普通墙体

在创建墙体之前，需要我们对墙体的结构形式进行设置。例如，需要修改结构层的厚度，添加保温层、抗裂防护层与饰面层等，还可以在墙体形式中添加墙饰条、分隔缝等内容。

（1）切换到"建筑"选项卡，单击"墙"按钮，如图 3-35 所示。

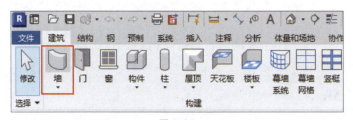

图 3-35

（2）在"属性"面板中选择需要的墙体类型，然后在工具选项栏设置墙体的"标高"和"定位线"等参数，接着选择墙体的绘制方式，默认为直线，最后在视图中以顺时针方向依次单击完成墙体的绘制，如图3-36所示。绘制墙体时，可以通过输入数值的方式精确控制墙体的长度。

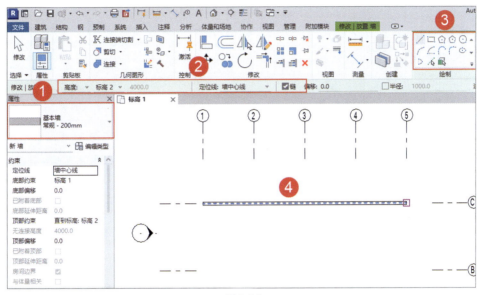

图 3-36

> **提示**
>
> 绘制墙体时尽量以顺时针方向进行绘制，如果以相反方向进行绘制的话，会导致法线方向翻转（内墙面变成外墙面）。通常情况下，翻转箭头所在的一侧为墙体的外侧，如果需要翻转方向，可以单击此箭头或按键盘上的空格键，如图3-37所示。

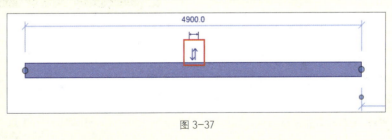

图 3-37

3.2.2 动手练：编辑普通墙体

（1）选中绘制好的墙体，可以在"属性"面板中设置墙体的"定位线"和"底部约束"等参数，如图3-38所示。

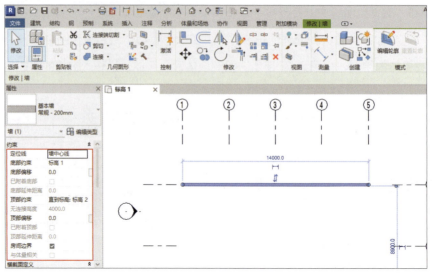

图 3-38

（2）在"属性"面板中单击"编辑类型"按钮，打开"类型属性"对话框，如图 3-39 所示。在其中可以设置墙体的填充样式、填充颜色等，最重要的是单击"结构"参数右侧的"编辑"按钮，可以打开"编辑部件"对话框。

（3）在"编辑部件"对话框中可以设置结构层的厚度，还可以插入新的结构层并设置其厚度、材质等参数，如图 3-40 所示。

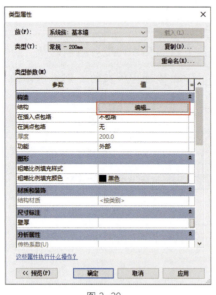

图 3-39

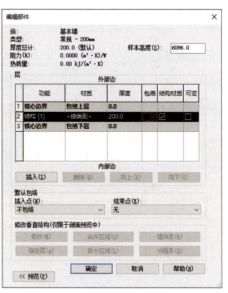

图 3-40

（4）在"编辑部件"对话框单击"预览"按钮，设置视图类型为"剖面：修改类型属性"，此时可以对分隔条、墙饰条、拆分区域等进行操作，所有操作完成后，单击"确定"按钮，如图 3-41 所示。

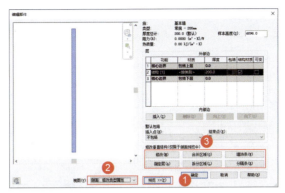

图 3-41

（5）如果想要编辑墙体的形状，还可以在"修改|墙"选项卡中单击"编辑轮廓"按钮，如图 3-42 所示。

（6）此时会弹出"转到视图"对话框，选择任意一个视图，然后单击"打开视图"按钮，如图 3-43 所示。

图 3-42

图 3-43

（7）在打开的视图中可以随意编辑墙体的轮廓，编辑完成后单击"完成编辑模式"按钮，如图 3-44 所示。

（8）编辑完成后，墙体的三维视图效果如图 3-45 所示。

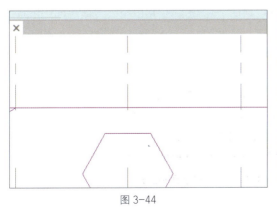

图 3-44

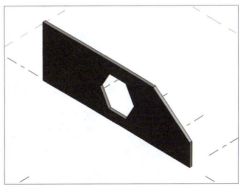

图 3-45

3.2.3 墙体属性

1. 墙体结构

Revit 中的墙包含多个垂直层或区域，墙在类型参数中定义了墙的每个层的位置、功能、厚度和材质。Revit 预设了 6 种层的功能，分别为"面层 1[4]""保温层 / 空气层 [3]""涂膜层""结构 [1]""面层 2[5]"和"衬底 [2]"。"[]"内的数字代表优先级，由此可见"结构 [1]"层具有最高优先级，"面层 2[5]"则为最低优先级。Revit 会首先连接优先级较高的层，然后再连接优先级较低的层，如图 3-46 所示。

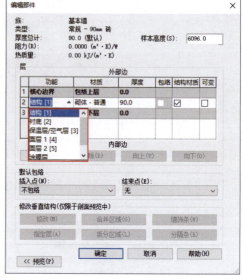

图 3-46

预设层参数介绍

- 面层 1[4]：通常是外层。
- 保温层 / 空气层 [3]：隔绝并防止空气渗透。
- 涂膜层：通常是用于防止水蒸气渗透的薄膜，厚度通常为 0。
- 结构 [1]：支撑其余墙、楼板或屋顶的层。
- 面层 2[5]：通常是内层。
- 衬底 [2]：通常是指墙体表面的基础层。

2. 墙的定位线

墙的定位线在墙体绘图中用于确定墙体在绘图区域内的具体位置，它指示了墙体的哪一个平面将作为绘制墙体的基准线。

墙的定位方式共有 6 种，包括"墙中心线"（默认）、"核心层中心线"、"面层面：外部"、"面层面：内部"、"核心面：外部"和"核心面：内部"，如图 3-47 所示。墙的核心指其主结构层，在非复合的砖墙中，"墙中心线"和"核心层中心线"会重合。

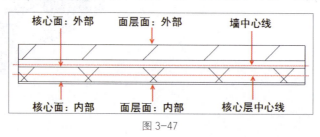

图 3-47

案例实战：绘制外墙及内墙

素材文件	素材文件 \ 第 3 章 \3-2.rvt
成果文件	成果文件 \ 第 3 章 \ 绘制外墙及内墙 .rvt
技术掌握	绘制与编辑普通墙体的方法

外墙的墙厚统一为370mm，而内墙的厚度有三种，分别是370mm、240mm 和 120mm。370mm 厚的墙体主要用于楼梯间位置，而 240mm 厚的墙体用于普通房间隔墙，120mm 厚的墙体用于卫生间隔墙。

（1）打开"素材文件 \ 第 3 章 \3-2.rvt"文件，进入 F1 楼层平面。在"建筑"选项卡中单击"墙"按钮，如图 3-48 所示。

图 3-48

（2）在"属性"面板中选择默认墙体类型，然后单击"编辑类型"按钮，如图 3-49 所示。

（3）我们先创建 370mm 厚的外墙。在"类型属性"对话框中，单击"复制"按钮，在弹出"名称"对话框中输入墙体名称为"1F_WQ_370"，然后单击"确定"按钮，如图 3-50 所示。

图 3-49

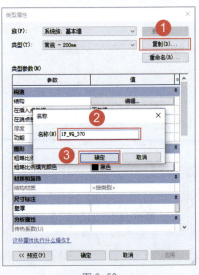

图 3-50

（4）选择刚刚创建好的墙体类型，然后单击"编辑"按钮，如图 3-51 所示。设置墙体的结构层厚度为"370"，最后单击"确定"按钮，如图 3-52 所示。

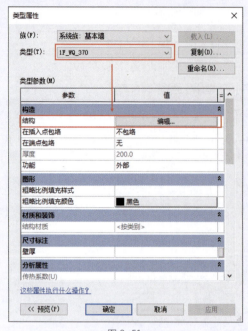

图 3-51

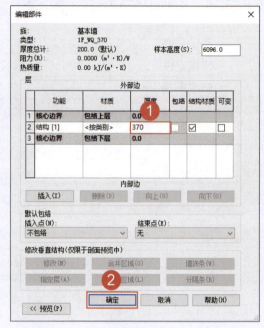

图 3-52

（5）创建370mm厚的内墙。在"类型属性"对话框中，单击"复制"按钮，在弹出的"名称"对话框中输入墙体名称为"1F_NQ_370"，然后单击"确定"按钮，如图3-53所示。

（6）创建240mm厚的内墙。在"类型属性"对话框中，单击"复制"按钮，在弹出的"名称"对话框中输入墙体名称为"1F_NQ_240"，然后单击"确定"按钮，如图3-54所示。

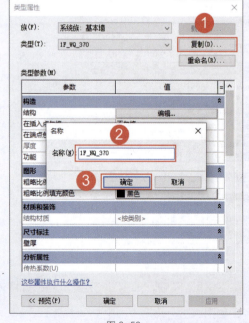

图 3-53

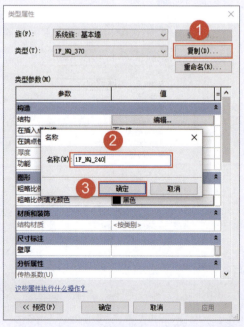

图 3-54

(7)选择刚刚创建好的墙体类型,在"类型属性"对话框中单击"结构"右侧的"编辑"按钮,在弹出的"编辑部件"对话框中设置墙体的结构层厚度为"240",最后单击"确定"按钮,如图3-55所示。

(8)最后创建120mm厚的内墙。在"类型属性"对话框中,单击"复制"按钮,在弹出的"名称"对话框中输入墙体名称为"1F_NQ_120",然后单击"确定"按钮,如图3-56所示。选择刚刚创建好的墙体类型,然后在"类型属性"对话框中单击"编辑"按钮,在弹出的"编辑部件"对话框中设置墙体的结构层厚度为"120",最后

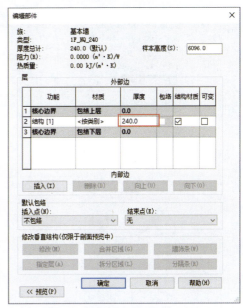

图 3-55

单击"确定"按钮,关闭所有对话框,如图3-57所示。至此,所有的墙体类型都已经创建成功。

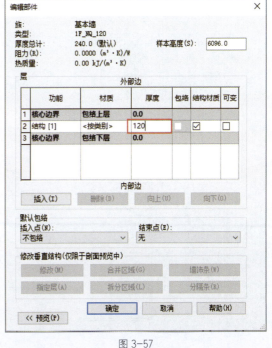

图 3-56　　　　　　　　　　　　　图 3-57

(9)在"建筑"选项卡单击"墙"按钮,然后选择墙体类型为"1F_WQ_370",接着设置底部约束为"室外地坪",顶部约束为"直到标高:F2"。在工具选项栏中设置"定位线"为"面层面:外部",最后选择绘制方式为直线,如图3-58所示。

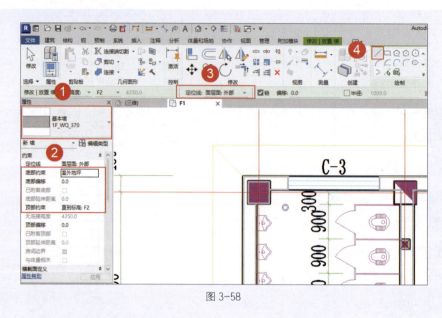

图 3-58

（10）从左上角位置开始沿着外墙面以顺时针方向绘制墙体，如图 3-59 所示。遇到伸缩缝的地方要断开，然后沿着新起点继续绘制直到完成整体外墙的绘制，如图 3-60 所示。

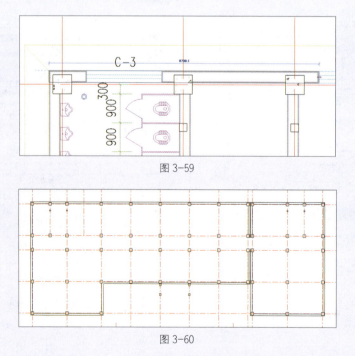

图 3-59

图 3-60

（11）外墙绘制完成后，开始绘制内墙。选择墙体类型为"1F_NQ_370"，设置"底部约束"为"F1"，"定位线"为"墙中心线"，如图 3-61 所示。以顺时针方向绘制两个楼梯间的墙体，如图 3-62 所示。

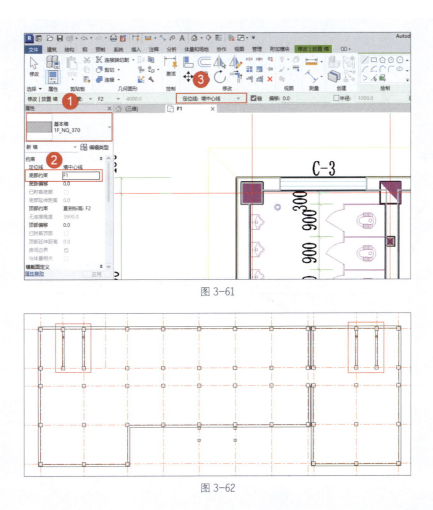

图 3-61

图 3-62

（12）选择墙体类型为"1F_NQ_120"，设置顶部约束为"直到标高：F2"，然后以顺时针方向绘制卫生间隔墙，如图 3-63 所示。

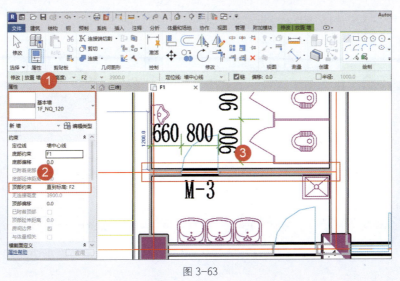

图 3-63

（13）选择墙体类型为"1F_NQ_240"，设置顶部约束为"直到标高：F2"，然后以顺时针方向绘制其他房间的墙体，最终完成效果如图3-64所示。

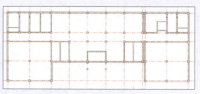

图 3-64

（14）由于一层平面的外墙和内墙布置情况与二层的基本相同，所以可以框选一层所有图元，然后单击"过滤器"按钮，如图3-65所示。

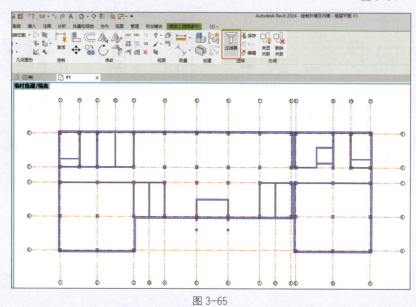

图 3-65

（15）在弹出的"过滤器"对话框中，只选中"墙"复选框，然后单击"确定"按钮，如图3-66所示。

（16）保持墙体的选中状态，然后单击"复制到剪贴板"按钮，接着单击"粘贴"下拉按钮，在下拉菜单中选择"与选定的标高对齐"，如图3-67所示。

图 3-66

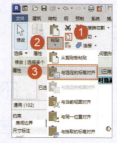

图 3-67

（17）在弹出的对话框中选择"F2"，然后单击"确定"按钮，如图3-68所示。

（18）进入F2楼层平面，保持墙体为选中状态，然后在"属性"面板中将底部偏移设置为0，如图3-69所示。

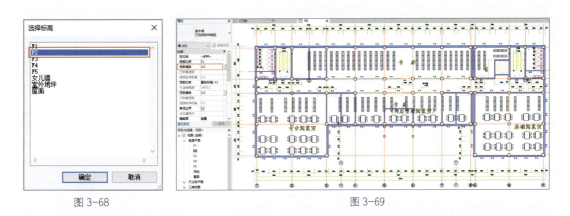

图 3-68　　　　　　　　　　　　　　　图 3-69

（19）按照 F2 楼层平面的房间布置进行内墙的绘制和修改，如图 3-70 所示。

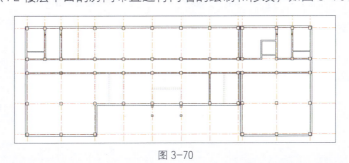

图 3-70

（20）修改完成后，再次框选二层全部墙体，然后在"修改|墙"选项卡中单击"创建组"按钮，如图 3-71 所示。在弹出的对话框中输入名称为"2-4F 标准层"，最后单击"确定"按钮，如图 3-72 所示。

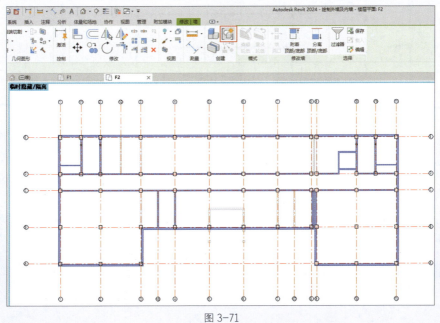

图 3-71

资料下载码：RNXMSJ

（21）选中二层的墙体的模型组，然后单击"复制到剪贴板"按钮，接着单击"粘贴"下拉按钮，在下拉菜单中选择"与选定的标高对齐"。在弹出的对话框中选择"F3"、"F4"和"F5"，然后单击"确定"按钮，如图3-73所示。

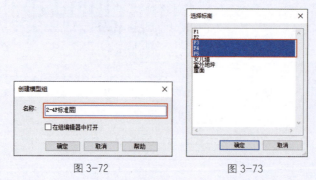

图3-72　　　　　　　　　图3-73

（22）进入五层平面，然后选中墙体模型组单击"解组"按钮，如图3-74所示。接着根据五层平面的实际布置情况，进行部分内墙绘制，如图3-75所示。

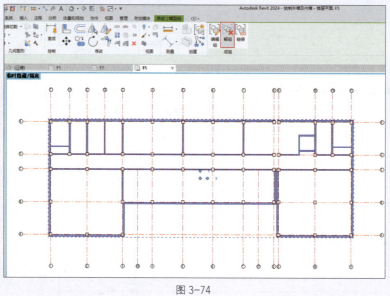

图3-74

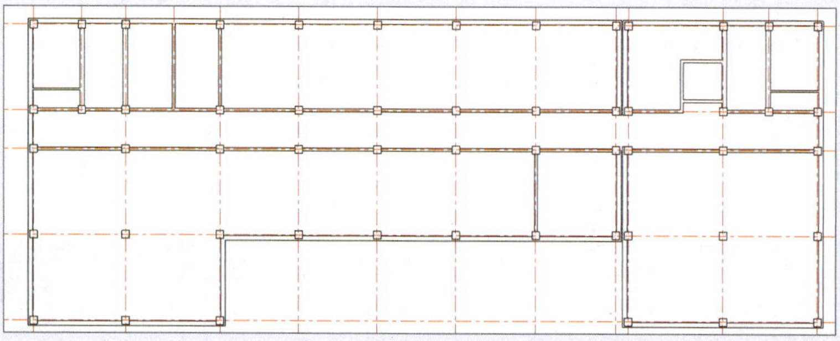

图3-75

(23)打开屋面平面,在"属性"面板中设置"范围:底部标高"为"F5",此时,视图中将以半色调的状态显示五层平面,如图 3-76 所示。

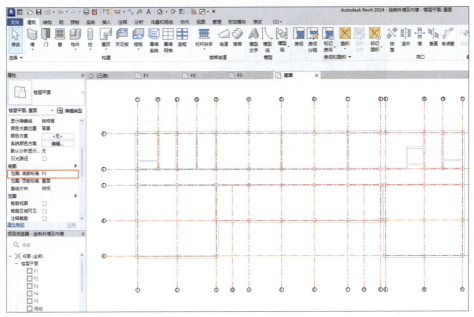

图 3-76

(24)切换到"建筑"选项卡,单击"墙"按钮,此时会自动切换到"修改|放置墙"选项卡,选择墙类型为"1F_WQ_370",然后按顺时针方向沿着建筑外墙开始绘制女儿墙,如图 3-77 所示。

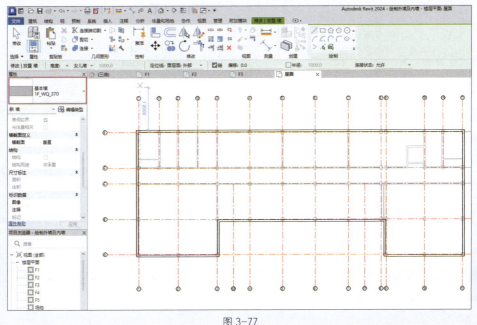

图 3-77

（25）所有结构柱和墙体都绘制完成后，打开三维视图查看最终完成效果，如图 3-78 所示。

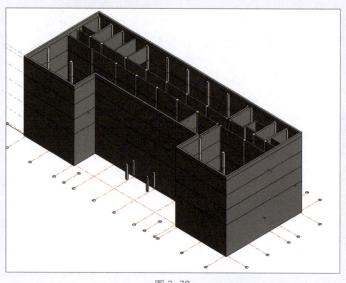

图 3-78

> 💡 **技术拓展**：控制剪力墙在不同视图中的显示样式

通常，在高层或超高层建筑中都会用到框架剪力墙结构。基于出图考虑，剪力墙在平面视图与详图中表达的截面样式并不相同。由于 Revit 是基于一套模型完成整套施工图纸的，因此，通过 Revit 对墙体进行设置，可以实现这样的效果。

在项目中选择"常规 -300mm"墙体类型，复制为"剪力墙 -300mm"。在"类型属性"对话框中，设置"粗略比例填充样式"为"实体填充"，"粗略比例填充颜色"为"RGB 128-128-128"，如图 3-79 所示。当视图的"详细程度"为"精细"时，将显示这里定义的截面样式及颜色。

编辑墙体结构，修改其结构层材质为"混凝土，现场浇注"。然后切换至"图形"选项卡，修改截面填充图案为"混凝土 - 钢砼"，如图 3-80 所示。当视图"详细程度"为"精细"时，将显示结构材质中所定义的截面样式及颜色。

图 3-79

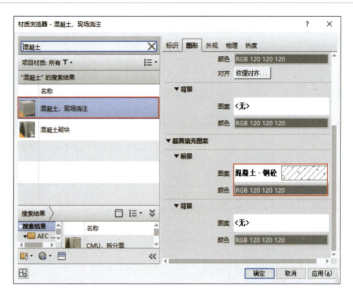

图 3-80

在普通平面图中,设置视图"详细程度"为"粗略",显示效果如图 3-81 所示。在详图平面中,设置视图"详细程度"为"精细",显示效果如图 3-82 所示。

图 3-81

图 3-82

3.2.4 动手练:绘制幕墙并分割

绘制幕墙的方法与绘制墙体的方法相同,但幕墙与普通墙体的构造不同。普通墙体均是由结构层、面层等构件组成,而幕墙则是由幕墙网格、横梃、竖梃和幕墙嵌板等图元组成。其中,幕墙网格是最基础,也是最重要的,主要控制整个幕墙的划分,横梃、竖梃及幕墙嵌板都由基础幕墙网格建立。进行幕墙网格划分的方式有两种:一种是自动划分,另一种是手动划分。

◆ 自动划分：设置网格之间固定的间距或固定的数量，然后通过软件自动进行幕墙网格分割。

◆ 手动划分：没有任何预设条件，通过手工操作的方式对幕墙网格进行添加。可以添加从上到下的垂直或水平网格线，也可以基于某个网格内部添加一段，如图3-83所示。

图 3-83

（1）新建项目文件，在"建筑"选项卡中单击"墙"按钮，在"类型选择器"中选择"幕墙"。设置"顶部约束"为"直到标高：标高2"，如图3-84所示。

（2）选择"直线"绘制方式，绘制一段凸字形的墙体，如图3-85所示。

图 3-84

图 3-85

（3）打开南立面视图，然后单击"建筑"选项卡中的"幕墙网格"按钮，如图3-86所示。

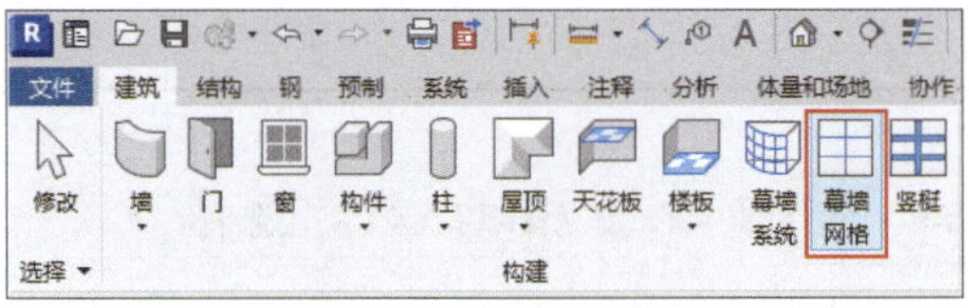

图 3-86

（4）将鼠标指针移动到幕墙垂直边上，生成水平网格线进行预览。待移动到满意的位置后，依次单击完成水平网格线的绘制，如图3-87所示。

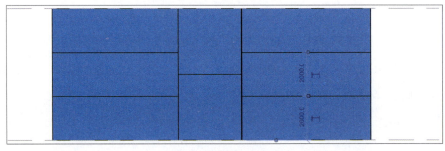

图 3-87

(5)在"修改|放置 幕墙网格"选项卡中,单击"放置"组中的"一段"按钮,如图 3-88 所示。

(6)将鼠标指针放置于幕墙水平边上,依次单击完成垂直方向网格线的创建,如图 3-89 所示。

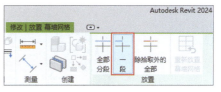

图 3-88

(7)按照同样的方法,完成对其余位置幕墙网格的划分。打开三维视图,查看最终三维效果,如图 3-90 所示。

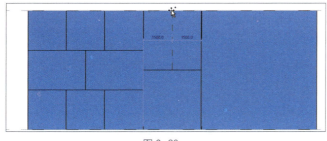

图 3-89

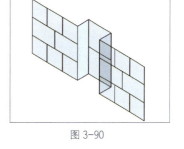

图 3-90

3.2.5 动手练:设置幕墙嵌板

在 Revit 中,幕墙是由幕墙嵌板、幕墙网格,以及横梃、竖梃等图元组成的,因此,幕墙嵌板是幕墙中非常重要的一个组成部分。在 Revit 中,可以将幕墙嵌板修改为任意墙类型或嵌板。修改幕墙嵌板的方式有两种,一种是选择单个嵌板,在类型选择器中选择一种墙类型或嵌板;另一种是设置幕墙的类型属性,从而实现嵌板的替换。嵌板的尺寸不能通过嵌板属性或拖曳方式控制,控制嵌板尺寸及外形的唯一方法是修改围绕嵌板的幕墙网格线。

(1)打开前面所完成的幕墙文件,选中水平方向的倒数第二条网格线,然后单击"添加/删除线段"按钮,如图 3-91 所示。

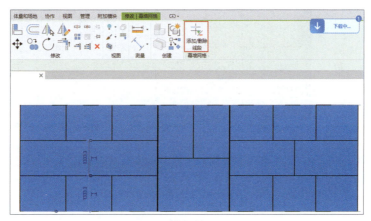

图 3-91

（2）将鼠标指针移动到幕墙网格线上单击，网格线将被删除，如图 3-92 所示。

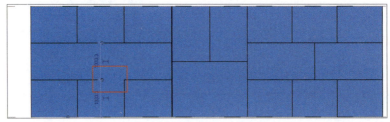

图 3-92

（3）按照相同的方法完成对其他网格线的删除，完成后的效果如图 3-93 所示。

图 3-93

> **提示**
>
> 添加幕墙网格线的方法与删除幕墙网格线的方法相同。选中幕墙网格线，然后单击整条线段中的虚线部分（没有网格线的地方），网格线就会在原先删除的地方重新生成。

（4）将鼠标指针放置于梯形幕墙嵌板上，然后按"Tab"键切换选择。选中幕墙嵌板后，将其设置为"常规 – 90mm 砖"墙类型，如图 3-94 所示。最终完成效果，如图 3-95 所示。

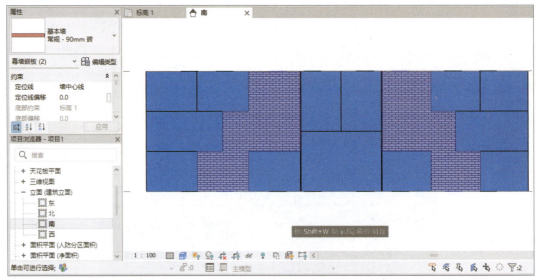

图 3-94

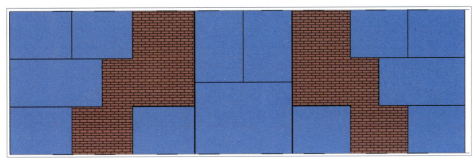

图 3-95

3.2.6 动手练：添加幕墙横梃与竖梃

在前面的练习中，都没有添加横梃、竖梃，因为默认系统中所给的幕墙类型，都没有指定横梃、竖梃的类型，所以创建出来的幕墙自然也不会显示。竖梃都是基于幕墙网格创建的，若需要在某个位置添加竖梃，则要先创建幕墙网格。将竖梃添加到网格上时，竖梃将调整尺寸，以便与网格拟合。如果将竖梃添加到内部网格上，竖梃将位于网格的中心处；如果将竖梃添加到周长网格上，竖梃将会自动对齐，防止跑到幕墙外。

添加幕墙横梃、竖梃的方式有两种：一种是通过修改当前使用的幕墙类型，在类型属性参数中设置横梃、竖梃的类型；另一种是创建完幕墙后，选择"竖梃"命令进行手动添加。其添加方式有多种，分别是"网格线"按钮、"单段网格线"按钮与"全部网格线"按钮，如图 3-96 所示。

图 3-96

（1）打开前面所完成的幕墙文件，单击"墙"按钮，选择墙体类型为"幕墙"，开始绘制幕墙，将之前的一面墙体围合成为一个包围结构，如图 3-97 所示。

（2）进入三维视图，然后单击"竖梃"按钮，如图 3-98 所示。

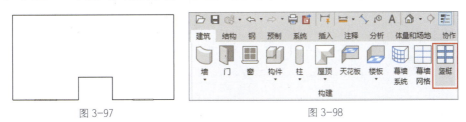

图 3-97　　　　　　　　　　　　　图 3-98

（3）在"属性"面板的类型选择器中选择"L 形竖梃 1"，如图 3-99 所示。

（4）在"修改|放置 竖梃"选项卡中，单击"网格线"按钮，然后单击幕墙所有的垂直转角位置，用以创建转角竖梃，如图 3-100 所示。

图 3-99

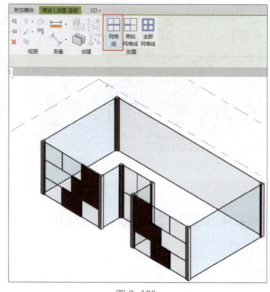

图 3-100

（5）垂直竖梃创建完成后，选择竖梃类型为"50×150mm"，分别单击幕墙的顶部和底部，创建边界横梃，如图 3-101 所示。

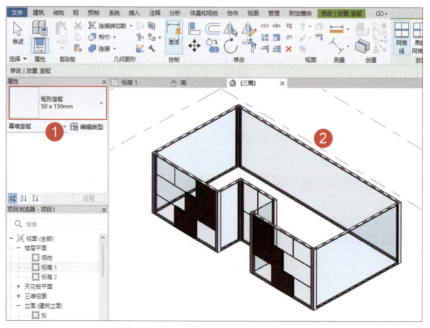

图 3-101

（6）选择竖梃类型为"矩形竖梃 30mm 正方形"，然后单击"编辑类型"按钮打开"类型属性"对话框，如图 3-102 所示。

（7）在"类型属性"对话框中单击"复制"按钮，然后在打开的"名称"对话框中输入新的名称，最后单击"确定"按钮，如图 3-103 所示。

图 3-102　　　　　　　　　　图 3-103

（8）在"类型属性"对话框中，设置"厚度"为 60。分别设置"边 1 上的宽度"和"边 2 上的宽度"为 30，然后单击"确定"按钮，如图 3-104 所示。

（9）切换至"修改 | 放置 竖梃"选项卡，单击"全部网格线"按钮，接着将鼠标指针移动至幕墙表面并单击，完成其余横梃、竖梃的创建，如图 3-105 所示。

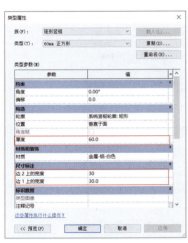
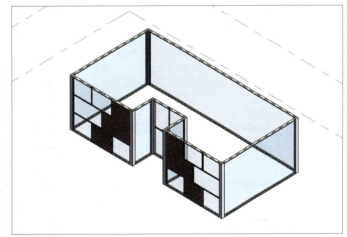

图 3-104　　　　　　　　　　图 3-105

3.2.7　动手练：参数化修改幕墙

前面介绍了如何通过手动方式对幕墙进行编辑，包括如何建立幕墙，如何对幕墙进行网格划分，如何替换幕墙嵌板，以及如何添加与更改竖梃。手动修改幕墙的方式一般适用于幕墙的局部修改。在某些情况下，幕墙的某些网格分割形式和嵌板类型与整个幕墙系统不同，只能通过使用手动修改的方式达到需要的效果。而在创建幕墙的初期阶段，尤其是创建大面积使用玻璃幕墙的项目时，不适合用这种方式。在大多数情况下，大面积玻璃幕墙都有一定的分割规律，例如,固定的分割距离或固定的网格数量。基于这种情况,必须使用系统提供的参数来实现幕墙的自定义分割,包括幕墙嵌板的定义等。

(1)打开前面所完成的幕墙文件,选中其中一面幕墙,在"属性"面板中单击"编辑类型"按钮,如图3-106所示。

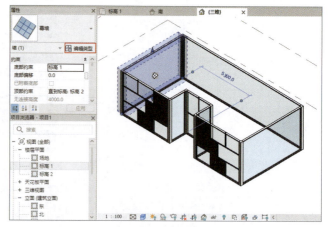

图3-106

(2)打开的在"类型属性"对话框中,单击"复制"按钮复制出新的幕墙类型。然后设置"幕墙嵌板"为"系统嵌板:玻璃","连接条件"为"边界和垂直网格连续",如图3-107所示。

(3)设置垂直网格与水平网格的布局方式为"固定距离",设置"间距"分别为"1500""2000",如图3-108所示。

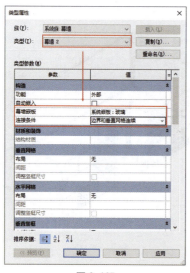
图3-107

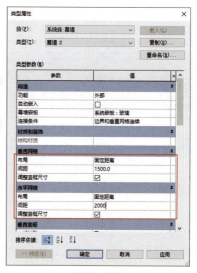
图3-108

(4)设置"垂直竖梃"中的"内部类型"为"矩形竖梃:50×150mm","边界1类型"与"边界2类型"均为"L形角竖梃:L形竖梃1"。设置"水平竖梃"中的"内部类型"为"矩形竖梃:30mm正方形","边界1类型"与"边界2类型"均为"四边形角竖梃:四边形竖梃1",如图3-109所示。最后,单击"确定"按钮,关闭"类型属性"对话框。

(5)最终完成三维效果,如图3-110所示。如果需要对网格分布及竖梃类型配置进行修改,可以继续使用以上方法,实现参数化修改。

图 3-109

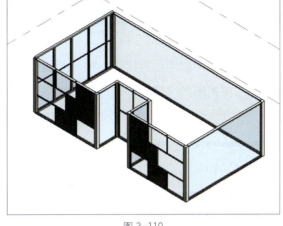
图 3-110

技术拓展：将幕墙嵌入普通墙体

在 Revit 中，幕墙与普通墙体都属于墙体。因此，在绘制过程中，如果在同一位置既要绘制普通墙体，又要绘制幕墙的话，就可能发生墙体重叠的情况。但在实际项目中的一些情况下，幕墙需要嵌入普通墙体中充当窗户、门等构件。遇到这种情况时，Revit 提供了"自动嵌入"的功能选项，如图 3-111 所示。选择"自动嵌入"后，所绘制的幕墙就可以直接嵌入墙体中了，如图 3-112 所示。

图 3-111

图 3-112

本章小结

本章的主要学习任务是学会如何创建结构柱与绘制墙体。作为创建 BIM 模型的基础部分内容，软件操作虽然简单，但在具体实施过程中还要注意模型参数的控制，这样才能保证所创建模型的准确性。

第4章 楼板、楼梯与屋面 | 04

本章将要学习如何创建楼板、楼梯和屋面。楼板与屋面只是模型类别不同，但创建方法没有本质的区别。相对而言，楼梯的绘制要复杂一些，需要设置的参数比较繁杂。所以针对楼梯的内容，我们要多花一些时间去理解和练习。

| 学习要点 |
- 绘制楼板
- 绘制楼梯
- 绘制屋面

| 效果展示 |

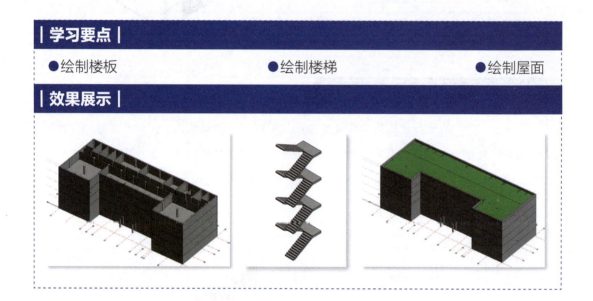

4.1 楼板

楼板作为建筑物中不可缺少的组成部分，既起到了承重作用，同时它将房屋垂直方向分隔为若干层，又起到了垂直空间的分隔作用。

4.1.1 动手练：创建楼板

创建楼板的方式有很多种，其中一种是使用绘图工具中的"拾取墙"或"线"工具绘制楼板轮廓，从而创建楼板。在三维视图中同样可以绘制楼板，但需要注意的是，在绘制楼板时，虽然可以基于标高或水平工作平面创建，但无法基于垂直或倾斜的工作平面创建。

（1）切换到"建筑"选项卡，单击"楼板"按钮，如图4-1所示。

第 4 章 楼板、楼梯与屋面

图 4-1

（2）在"属性"面板中选择需要的楼板类型，并设置楼板的标高，然后选择合适的绘制工具开始绘制楼板轮廓，如图 4-2 所示。

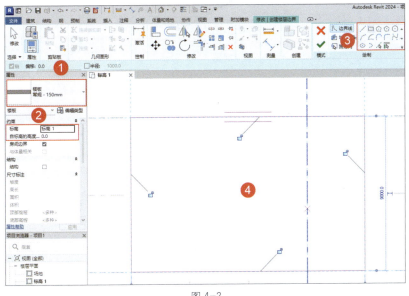

图 4-2

（3）如果需要绘制带坡度的楼板，还可以单击"坡度箭头"按钮，然后按照实际需要绘制带有坡度的箭头。绘制完成后还可以在"属性"面板中设置坡度的相关参数，最后单击"完成编辑模式"按钮☑，如图 4-3 所示。

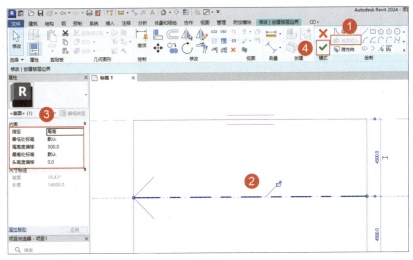

图 4-3

091

（4）打开三维视图观察楼板的坡度情况，效果如图 4-4 所示。

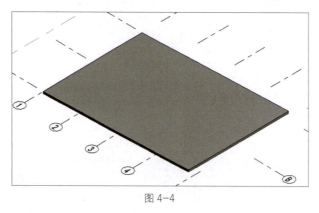

图 4-4

4.1.2 动手练：编辑楼板

（1）选中创建好的楼板，在"修改 | 楼板"选项卡中单击"修改子图元"按钮，然后随意选择一条边或者一个点，可以修改其高程，如图 4-5 所示。注意：只有没有添加坡度箭头的楼板可以进行此操作。

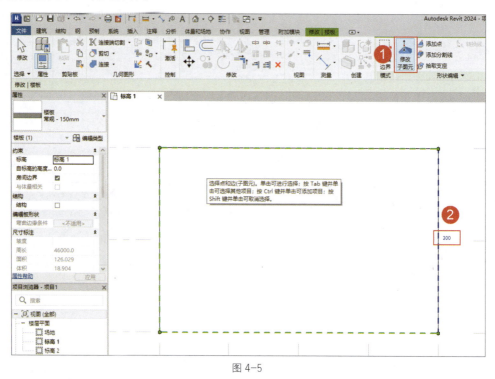

图 4-5

（2）还可以分别单击"添加点"、"添加分割线"及"拾取支座"按钮，在楼板的任意位置添加分割线或者点，如图 4-6 所示。注意：只有没有添加坡度箭头的楼板可以进行此操作。

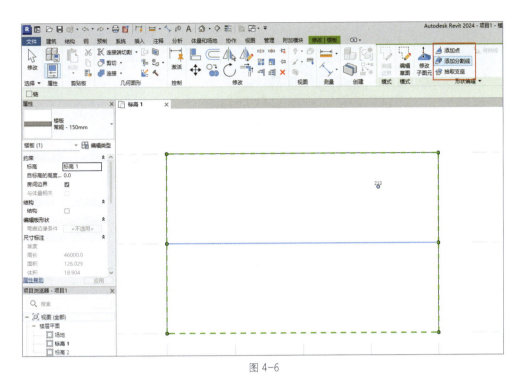

图 4-6

（3）在"修改 | 楼板"选项卡中单击"修改子图元"按钮，可以拾取添加的分割线及点，并调整其高程，如图 4-7 所示。此外，对楼板同样可以设置其结构厚度、结构层等内容，操作流程与墙体基本一致，在此不作重复介绍。

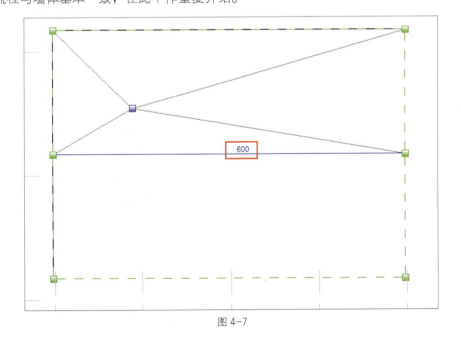

图 4-7

（4）打开三维视图，可以观察到刚编辑过的楼板已经成了不规则的形状，如图 4-8 所示。

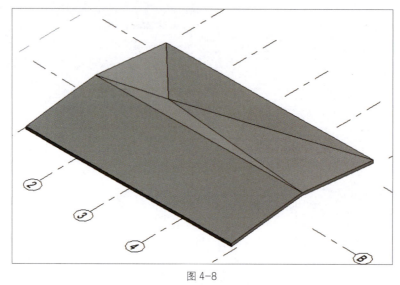

图 4-8

4.1.3 楼板属性

对于楼板,其实例属性可调节的参数不多,主要是用于标高的调节,而类型属性参数则可以控制楼板的构造、显示样式等内容。

1. 楼板实例属性

在楼板的实例属性中,可以修改楼板的"标高"和"目标高的高度偏移"等参数,如图 4-9 所示。

◆ 标高:约束楼板的高度。

◆ 目标高的高度偏移:楼板顶部相对于当前标高参数的高程。

◆ 房间边界:表明楼板是否作为房间的边界图元。

◆ 与体量相关:表明此图元是不是从体量图元中创建的,该参数为只读类型。

◆ 结构:当前图元是否属于结构图元,并参与结构计算。

◆ 启用分析模型:此图元有一个分析模型。

◆ 坡度:将坡度定义线修改为指定值,且无须编辑草图。

◆ 周长:设置楼板的周长。

◆ 面积:设置楼板的面积。

◆ 厚度:设置楼板的厚度。

图 4-9

2. 楼板类型属性

在楼板的"类型属性"对话框中，可以设置楼板的厚度、楼板的填充图案样式及颜色等，如图 4-10 所示。

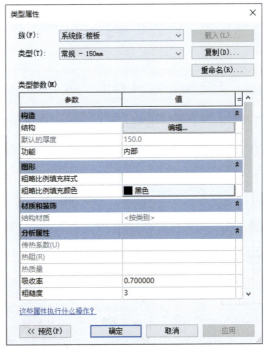

图 4-10

- ◆ 结构：创建复合楼板层集。
- ◆ 默认厚度：显示楼板类型的厚度，通过累加楼板层的厚度得出。
- ◆ 功能：指示楼板是内部的还是外部的。
- ◆ 粗略比例填充样式：在视图详细程度为"粗略"的状态下楼板的填充样式。
- ◆ 粗略比例填充颜色：在视图详细程度为"粗略"的状态下楼板填充样式应用的颜色。

案例实战：绘制楼板

素材文件	素材文件 \ 第 4 章 \4-1.rvt
成果文件	成果文件 \ 第 4 章 \ 绘制楼板 .rvt
技术掌握	绘制与编辑楼板的方法

本项目中的楼板分为两种类型，一种板厚为 190mm，一种板厚为 155mm。

（1）打开"素材文件 \ 第 4 章 \4-1.rvt"文件，然后在"建筑"选项卡中单击"楼板"按钮，如图 4-11 所示。

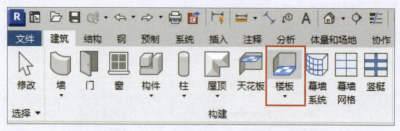

图 4-11

（2）在"属性"面板中单击"编辑类型"按钮，如图 4-12 所示。

（3）在弹出的"类型属性"对话框中单击"复制"按钮，在弹出的"名称"对话框中设置"名称"为"F1_LM_ 楼 1"，最后单击"确定"按钮，如图 4-13 所示。

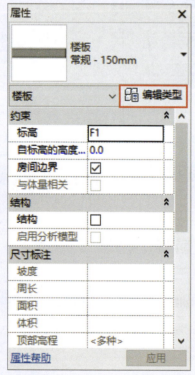

图 4-12

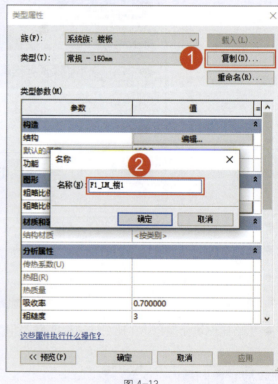

图 4-13

（4）选择"F1_LM_ 楼 1"类型，然后单击"结构"参数右侧的"编辑"按钮，如图 4-14 所示。

（5）在弹出的"编辑部件"对话框中，单击"插入"按钮，插入两个层。然后设置两个层功能分别为"衬底"和"面层 1"，厚度均为"20"。接着选择刚刚新建的两个层，单击"向上"按钮将其移动到核心边界上方，最后单击"确定"按钮，如图 4-15 所示。

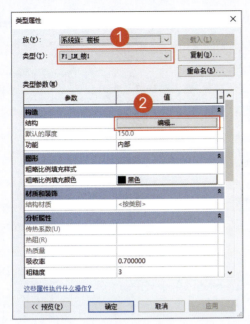

图 4-14

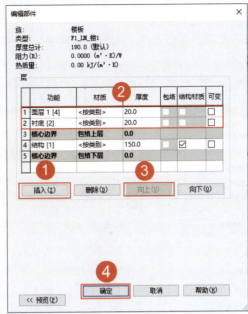

图 4-15

（6）按照通过同样的方法，复制新的楼板类型为"F2-F5_LM_ 楼 2"，然后单击"编辑"按钮，如图 4-16 所示。

（7）在弹出的"编辑部件"对话框中单击"插入"按钮，然后设置新插入的层功能为"面层 2"，接着修改"面层 1"的厚度为"20"，"衬底"的厚度为"15"，"结构"的厚度为"100"，"面层 2"的厚度为"20"，如图 4-17 所示。最后依次单击"确定"按钮，关闭所有对话框。

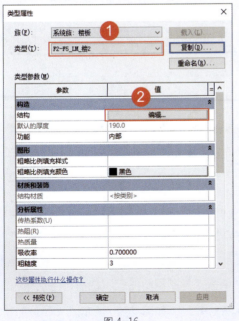

图 4-16

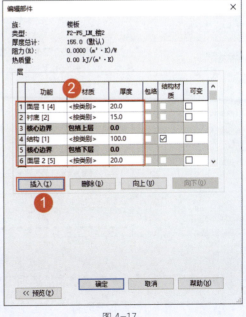

图 4-17

(8)打开F1楼层平面,然后选择"F1_LM_楼1"楼板类型,选择用直线方式绘制首层楼板轮廓,最后单击"完成编辑模式"按钮☑,如图4-18所示。

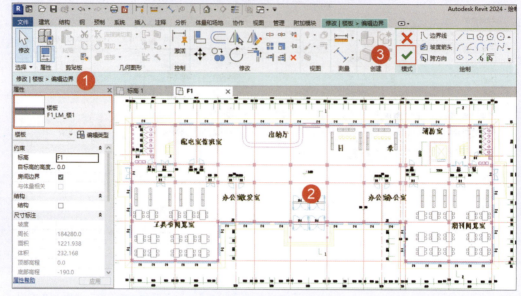

图4-18

(9)打开F2楼层平面,然后选择"F2-F5_LM_楼2"楼板类型,选择用直线方式绘制二层楼板轮廓,最后单击"完成编辑模式"按钮☑,如图4-19所示。

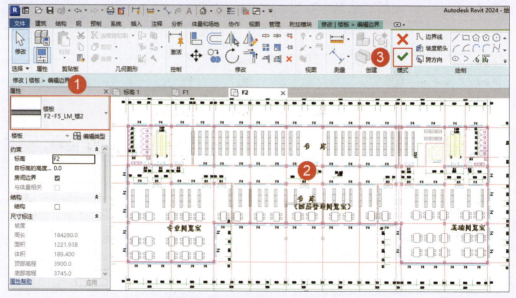

图4-19

(10)选中二层楼板,在"修改"选项卡中单击"复制到剪贴板"按钮,然后单击"粘贴"下拉按钮,在下拉菜单中选择"与选定的标高对齐",如图4-20所示。

(11)在弹出的"选择标高"对话框中,选择 F3 ~ F5 层的标高,然后单击"确定"按钮,如图 4-21 所示。

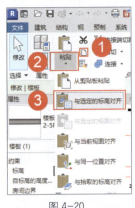

图 4-20　　　　　　　　　　　　图 4-21

(12)楼板粘贴完成后,打开三维视图,查看最终完成效果,如图 4-22 所示。

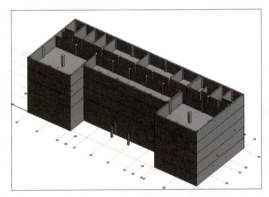

图 4-22

4.2 楼梯

楼梯是建筑物中作为楼层间垂直交通用的构件,用于楼层之间和高差较大时的交通联系。在设有电梯、自动梯作为主要垂直交通手段的多层和高层建筑中也要设置楼梯。高层建筑尽管采用电梯作为主要垂直交通工具,但仍然要保留楼梯以供火灾时逃生之用。楼梯由连续梯级的梯段(又称梯跑)、平台(休息平台)和围护构件等部分组成。其中,梯段是楼梯的主体部分,由一系列连续的梯级构成,供人们行走。平台则位于梯段之间,为人们提供休息和转向的空间。围护构件,如扶手、栏杆等,则用于保障行走者的安全。

在楼梯的度量方面,最低一级踏步与最高一级踏步之间的水平投影距离被定义为梯长,这一距离反映了楼梯在水平方向上的跨度。而从最低一级踏步到最高一级踏步之间的垂直距离，则被称为梯高，这一距离体现了楼梯在垂直方向上的高度变化。

4.2.1 动手练：创建楼梯

在 Revit 中，默认通过装配的形式按构件创建楼梯。但如果需要绘制形状比较特殊的楼梯，可以采用绘制草图的方式。虽然这两种方式创建的楼梯样式相同，但因为在绘制过程中的方法不同，因此参数设置效果也不同。按构件创建楼梯，是通过装配常见梯段、平台和支撑构件创建楼梯，在平面视图或三维视图中均可进行创建。这种方法对创建常规样式的双跑或三跑楼梯非常方便。按草图创建楼梯，是通过定义楼梯梯段或绘制踢面线和边界线，在平面视图中创建楼梯，优点是创建异形楼梯非常方便，可对楼梯的平面轮廓形状进行自定义。

1. 创建装配式楼梯

（1）切换到"建筑"选项卡，单击"楼梯"按钮，如图 4-23 所示。

图 4-23

（2）在"属性"面板中选择需要的楼梯类型，然后设置楼梯的底部标高及顶部标高，接着在工具选项栏设置楼梯定位线、实际梯段宽度等参数，在"修改 | 创建楼梯"选项卡中的"构件"组中选择合适的楼梯绘制样式，最后在视图依次单击完成楼梯的绘制，并单击"完成编辑模式"按钮☑，如图 4-24 所示。

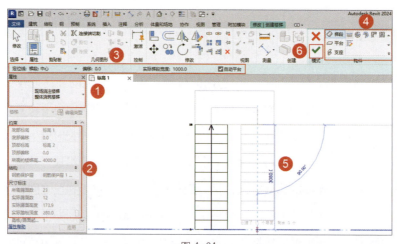

图 4-24

（3）打开三维视图，可浏览绘制好的装配式楼梯，如图 4-25 所示。

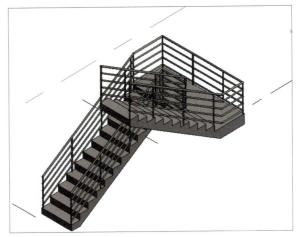

图 4-25

2. 创建草图楼梯

（1）切换到"建筑"选项卡，单击"楼梯"按钮，如图 4-26 所示。

图 4-26

（2）在"属性"面板中选择楼梯类型，并设置楼梯的底部标高、顶部标高等约束条件，然后在"修改|创建楼梯"选项卡的"构件"组中单击"创建草图"按钮，如图 4-27 所示。

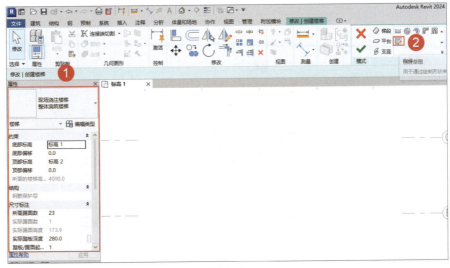

图 4-27

（3）在"修改|创建楼梯＞绘制梯段"选项卡中的"绘制"组中单击"边界"按钮，然后选择合适的绘制工具在视图中绘制楼梯边界，如图4-28所示。

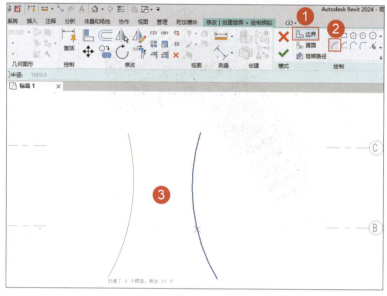

图 4-28

（4）在"修改|创建楼梯＞绘制梯段"选项卡中的"绘制"组中单击"踢面"按钮，然后选择合适的绘制工具在视图中绘制楼梯踢面，如图4-29所示。

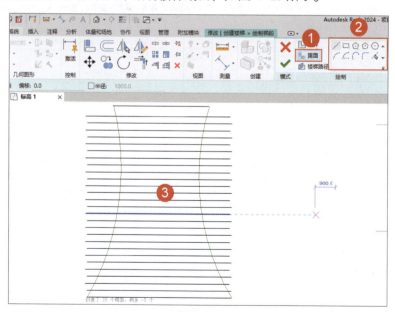

图 4-29

（5）在"修改|创建楼梯＞绘制梯段"选项卡中的"绘制"组中单击"楼梯路径"按钮，然后选择合适的绘制工具由首到尾绘制楼梯路径，最后单击"完成编辑模式"按钮✓，如图4-30所示。

第 4 章 楼板、楼梯与屋面

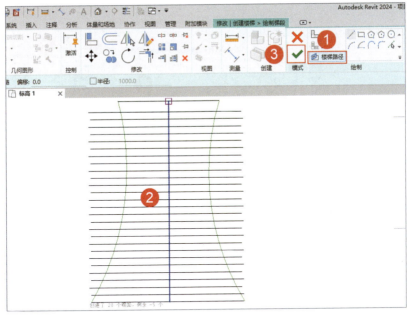

图 4-30

（6）梯段完成后，在"修改 | 创建楼梯"选项卡中的"构件"组中单击"平台"按钮，然后单击"创建草图"按钮，手动绘制平台形状，如图 4-31 所示。

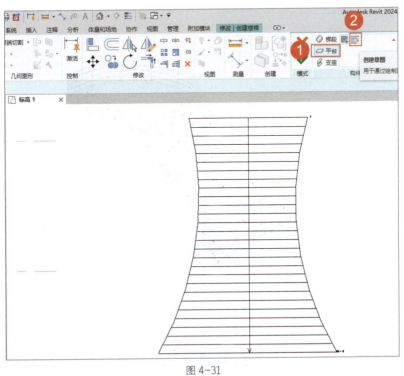

图 4-31

（7）在"修改 | 创建楼梯＞绘制平台"选项卡中的"绘制"组中单击"边界"按钮，然后选择合适的绘制工具在视图中绘制平台轮廓，最后单击"完成编辑模式"按钮，如

103

图 4-32 所示。平台绘制完成后，再次单击"完成编辑模式"按钮，完成楼梯的创建。

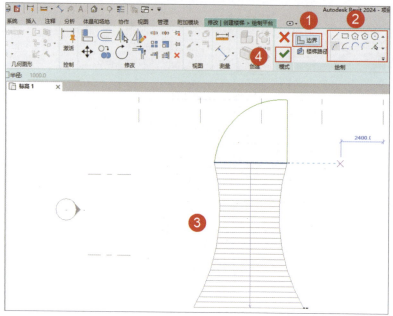

图 4-32

（8）打开三维视图，可以观察通过草图绘制的楼梯完成效果，如图 4-33 所示。

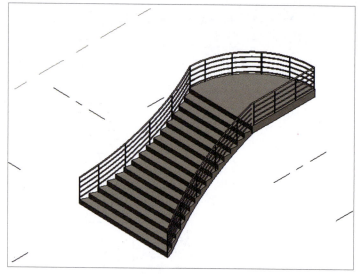

图 4-33

4.2.2　楼梯属性

不论是通过草图方式还是装配方式创建楼梯，其实例属性和类型属性都是一致的，两者只是绘制方式不同。

1. **楼梯实例属性**

若要更改实例属性，则要先选中楼梯，然后修改"属性"面板上的参数值，如图 4-34 所示。

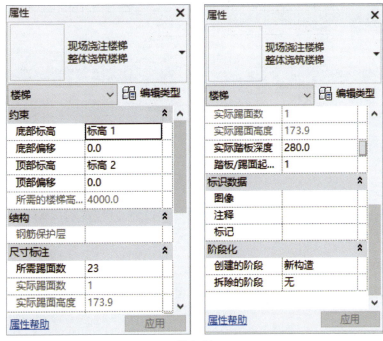

图 4-34

- 底部标高：设置楼梯的基面。

- 底部偏移：设置楼梯相对于底部标高的高度。

- 顶部标高：设置楼梯的顶部。

- 顶部偏移：设置楼梯相对于顶部标高的偏移量。

- 所需的楼梯高度：按照现有的标高条件计算出的楼梯高度。

- 钢筋保护层：钢筋保护层的设置。

- 所需踢面数：踢面数是基于标高间的高度计算得出的。

- 实际踢面数：该参数通常与所需踢面数相同。

- 实际踢面高度：显示实际踢面的高度。

- 实际踏板深度：设置此值以修改踏板深度。

- 踏板 / 踢面起始编号：设置踏板编号的起始数值。

2. **楼梯类型属性**

若要更改楼梯的类型属性，则先选中楼梯，然后单击"属性"面板中的"编辑类型"按钮。在弹出的"类型属性"对话框中对参数进行设置，如图 4-35 所示。

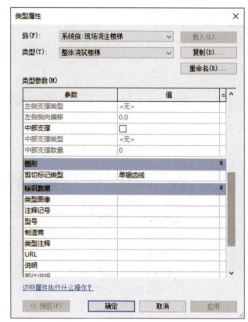

图 4-35

◆ 最大踢面高度：设置楼梯上每个踢面的最大高度。

◆ 最小踏板深度：设置沿所有常用梯段（斜踏步、螺旋和直线）的中心路径测量的最小踏板深度。

◆ 最小梯段宽度：设置常用梯段的宽度的初始值。

◆ 计算规则：单击"编辑"按钮以设置楼梯计算规则。

◆ 梯段类型：定义楼梯图元中的所有梯段的类型。

◆ 平台类型：定义楼梯图元中的所有平台的类型。

◆ 功能：指示楼梯是内部的（默认值）还是外部的。

◆ 右侧支撑：指定是否连同楼梯一起创建梯边梁（闭合）、支撑梁（开放），或没有右支撑；梯边梁将踏板和踢面围住，支撑梁将踏板和踢面露出。

◆ 右侧支撑类型：定义用于楼梯的右支撑的类型。

◆ 右侧侧向偏移：指定一个值，将右支撑从梯段边缘以水平方向偏移。

◆ 左侧支撑：指定是否连同楼梯一起创建梯边梁（闭合）、支撑梁（开放），或没有左支撑；梯边梁将踏板和踢面围住，支撑梁将踏板和踢面露出。

◆ 左侧支撑类型：定义用于楼梯的左支撑的类型。

◆ 左侧侧向偏移：指定一个值，将左支撑从梯段边缘以水平方向偏移。

◆ 中部支撑：指示是否在楼梯中应用中部支撑。

◆ 中部支撑类型：定义用于楼梯的中部支撑的类型。

- 中部支撑数量：定义用于楼梯的中部支撑的数量。
- 剪切标记类型：指定显示在楼梯中的剪切标记的类型。

案例实战：绘制楼梯

素材文件	素材文件\第4章\4-2.rvt
成果文件	成果文件\第4章\绘制楼梯.rvt
技术掌握	绘制与编辑楼梯的方法

本项目中只有一种楼梯类型，即双跑楼梯，梯段宽度为1400，踏步深度为280，踢面高度为150。

（1）打开"素材文件\第4章\4-2.rvt"文件，在"建筑"选项卡中单击"楼梯"按钮，如图4-36所示。

图4-36

（2）在"属性"面板中选择楼梯类型为"整体浇筑楼梯"，然后单击"编辑类型"按钮，如图4-37所示。

（3）在弹出的"类型属性"对话框中，单击"复制"按钮，然后在弹出的"名称"对话框中输入楼梯名称为"1F_T"，最后单击"确定"按钮，如图4-38所示。

图4-37

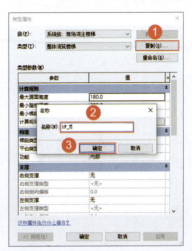

图4-38

（4）进入F1楼层平面，选择刚刚新建的"1F_T"类型的楼梯，然后设置"所需踢面数"为"26"，"定位线"为"梯段：右"，"实际梯段宽度"为"1460"，如图4-39所示。

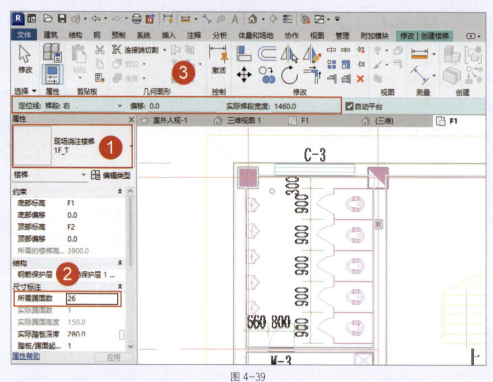

图4-39

（5）将光标定位于左侧楼梯起始踏步与墙体交点的位置，并单击，然后自下而上开始绘制梯段，当软件提示创建了13个踢面的时候，再次单击完成第一跑梯段的绘制，如图4-40所示。

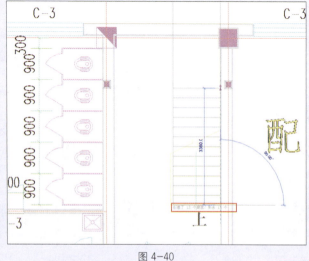

图4-40

(6)将光标向左侧平移到与左侧墙体交点位置并单击,然后自上而下完成剩余梯段的绘制,最后单击"完成编辑模式"按钮☑,如图 4-41 所示。

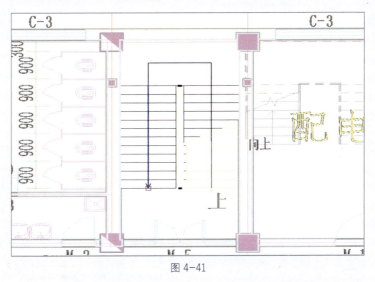

图 4-41

(7)选中创建好的平台,然后拖曳控制柄将平台边界与墙面对齐,最后单击"完成编辑模式"按钮☑,如图 4-42 所示。绘制楼梯完成后,软件会自动生成楼梯的扶手。

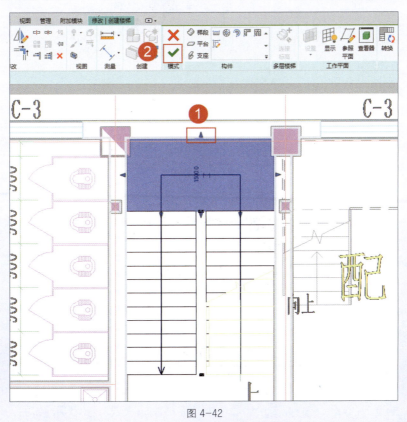

图 4-42

(8)选中创建好的一层楼梯,然后在"修改|楼梯"选项卡中单击"选择标高"按钮,如图4-43所示。

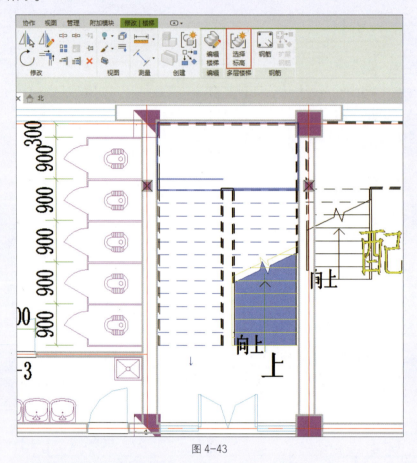

图4-43

(9)在弹出的"转到视图"对话框中,选择"立面:北",然后单击"确定"按钮,如图4-44所示。

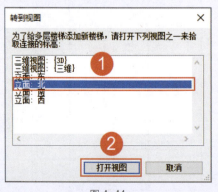

图4-44

(10)框选F3~F5层的标高,然后单击"完成编辑模式"按钮☑,如图4-45所示。

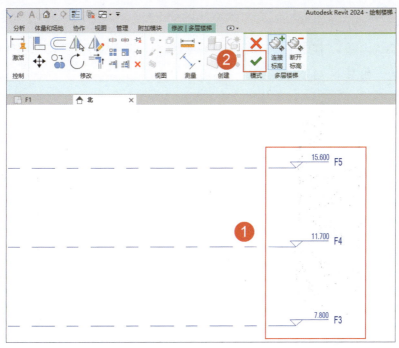

图 4-45

（11）返回 F1 楼层平面，然后保持楼梯为选中状态，单击"选择框"按钮，如图 4-46 所示。

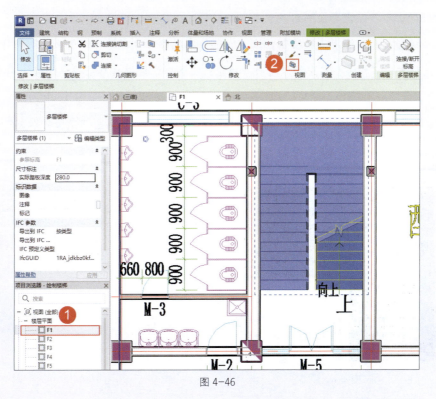

图 4-46

（12）进入局部三维视图之后，适当调整剖切框的位置查看完整的楼梯效果，如图 4-47 所示。

（13）再次返回 F1 楼层平面，选中创建好的楼梯，使用快捷键"CC"将其复制到另一个楼梯的位置，如图 4-48 所示。

图 4-47　　　　　　　　　　　图 4-48

技术拓展：使用转换功能绘制 T 型楼梯

通过以上学习，读者能够对不同形式的楼梯选择比较合适的创建方式。但对一些比较少见的楼梯形式，只使用某种绘制方法可能很难实现或者会有操作不便。接下来将介绍如何使用选项卡中"构件"组中的"转换"功能，实现构件楼梯与草图楼梯优势的完美结合。

（1）新建一个项目，使用"构件"功能创建以下楼梯样式，如图 4-49 所示。

（2）选中右边的梯段，在"修改｜创建楼梯"选项卡中单击"镜像拾取轴"按钮，拾取垂直方向梯段的中心线，镜像复制出右边的梯段，如图 4-50 所示。

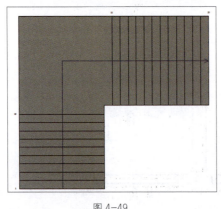
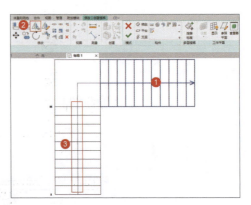

图 4-49　　　　　　　　　　　图 4-50

(3)选中歇脚平台,然后单击"转换"按钮,如图 4-51 所示。

(4)再单击"编辑草图"按钮,进行楼梯草图的编辑,如图 4-52 所示。

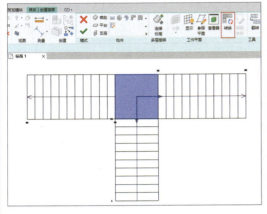

图 4-51

图 4-52

(5)选中楼梯平台的水平方向路径,将其端点延伸至另一梯段,最后单击"完成编辑模式"按钮✓,完成楼梯的创建,此时楼梯会自动生成栏杆扶手,如图 4-53 所示。

(6)打开三维视图,查看 T 型楼梯完成的效果,如图 4-54 所示。

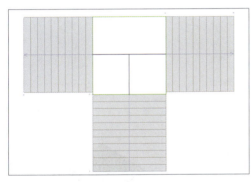

图 4-53

图 4-54

4.3 屋面

屋面就是建筑物屋顶的表面,它主要是指屋脊与屋檐之间的部分,这一部分占据了屋顶的较大面积,或者说屋面是屋顶中面积较大的部分。屋面一般包含砼现浇楼面、水泥砂浆找平层、保温隔热层、防水层、水泥砂浆保护层、排水系统等。此外,还可能包含女儿墙及避雷措施等构造元素。对于特殊工程,可能还会涉及瓦面的施工。建筑物中用于楼层间垂直交通用的构件,通常称为楼梯,而非屋面的组成部分。

4.3.1 动手练：创建屋顶

Revit 当中提供了多种绘制屋顶的工具，比如"迹线屋顶"、"拉伸屋顶"和"面屋顶"。其中最常用的工具选项为"迹线屋顶"，只有创建弧形或其他形状的屋顶时，才会采用"拉伸屋顶"工具选项。而如果屋顶造型为曲面或者异形的情况下，则会采用"面屋顶"工具选项。

1. 创建迹线屋顶

（1）新建项目文件，单击"建筑"选项卡中的"屋顶"按钮，如图 4-55 所示。

图 4-55

（2）在"修改|创建屋顶迹线"选项卡中单击矩形绘制工具按钮▭，然后在平面视图中绘制任意大小的矩形，最后单击"完成编辑模式"按钮✓，如图 4-56 所示。

（3）打开三维视图，查看最终完成效果，如图 4-57 所示。

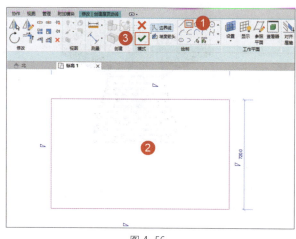

图 4-56

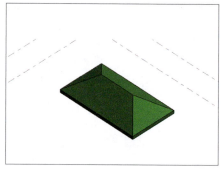

图 4-57

> **提示**
>
> 绘制屋顶草图时，可以选中屋顶的边界线，在工具选项栏中选中或取消选中"定义坡度"复选框，可以实现四坡屋顶、双坡屋顶、平屋顶等不同效果，还可以在"属性"面板中定义具体的坡度值。

2. 创建拉伸屋顶

（1）新建项目文件，打开任意立面视图，选择"建筑"选项卡单击"参照平面"按钮，如图 4-58 所示。

图 4-58

（2）在立面视图中绘制一条垂直于立面标高的参照平面线，如图 4-59 所示。

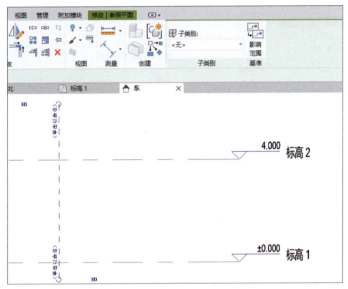

图 4-59

（3）进入"建筑"选项卡，单击"屋顶"按钮，在下拉菜单中选择"拉伸屋顶"选项，如图 4-60 所示。

（4）在打开的"工作平面"对话框中，选中"拾取一个平面"单选按钮，然后单击"确定"按钮，如图 4-61 所示。

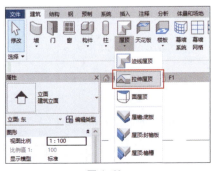

图 4-60

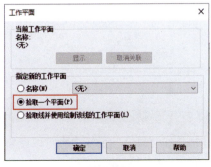

图 4-61

（5）拾取刚刚绘制的参照平面线，软件会打开"转到视图"对话框，在其中选择"立面：北"，然后单击"打开视图"按钮，如图4-62所示。

（6）在打开的"屋顶参照标高和偏移"对话框中，直接单击"确定"按钮，如图4-63所示。

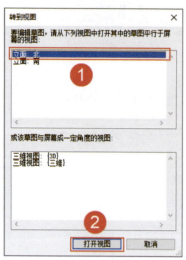

图 4-62

图 4-63

（7）在"修改|创建拉伸屋顶轮廓"选项卡中单击"弧形"工具按钮，在视图中绘制屋顶截面外轮廓，单击"完成编辑模式"按钮，如图4-64所示。

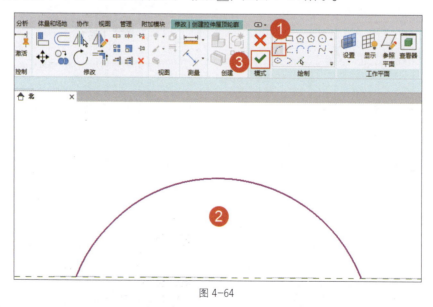

图 4-64

（8）打开三维视图选中屋顶，可以通过拖动控制柄来控制屋顶的起点和终点，如图4-65所示。同样，在"属性"面板中也可以设置拉伸起点与拉伸终点。

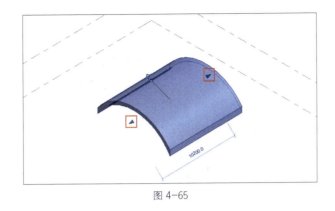

图 4-65

3. 创建面屋顶

（1）新建项目文件，导入一个不规则曲面模型（与导入 CAD 文件操作方法相同），如图 4-66 所示。

（2）进入"建筑"选项卡，单击"屋顶"下拉按钮，在下拉菜单中选择"面屋顶"选项，如图 4-67 所示。

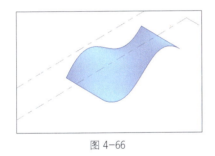

图 4-66　　　　　　　　　　图 4-67

（3）拾取之前创建好的曲面，然后在"修改|放置面屋顶"选项卡中单击"创建屋顶"按钮，如图 4-68 所示。

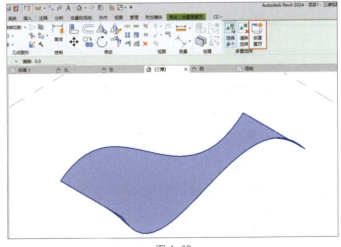

图 4-68

（4）此时可以看到一个不规则的曲面屋顶已经生成了，如图 4-69 所示。

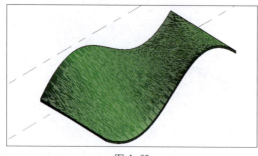

图 4-69

4.3.2 屋顶属性

创建屋顶的方法多种多样，但不论采用哪一种方法，创建的屋顶的属性都是相同的。下面介绍关于屋顶的属性参数。

1. 屋顶实例属性

对于不同的屋顶类型，其实例属性对应的参数略微有差异，大家可以根据实际情况修改相应参数的值，如图 4-70 所示。

迹线屋顶实例属性　　拉伸屋顶实例属性

图 4-70

◆ 工作平面：与拉伸屋顶关联的工作平面。

◆ 房间边界：提示是否将屋顶作为房间边界。

◆ 与体量相关：提示此图元是从体量图元中创建的。

◆ 拉伸起点：设置拉伸的起点。（仅在拉伸屋顶时启用此参数）

◆ 拉伸终点：设置拉伸的终点。（仅在拉伸屋顶时启用此参数）

- ◆ 参照标高：屋顶的参照标高，默认标高是项目中的最高标高。（仅在拉伸屋顶时启用此参数）
- ◆ 标高偏移：从参照标高升高或降低屋顶。（仅在拉伸屋顶时启用此参数）
- ◆ 封檐带深度：定义封檐带上垂直方向的厚度。（仅当椽截面参数为"正方形双截面"或"垂直双截面"时才可以调节）
- ◆ 椽截面：定义屋檐上的椽截面类型。
- ◆ 坡度：将坡度定义线的值修改为指定值，无须编辑草图。
- ◆ 厚度：显示屋顶的厚度。
- ◆ 体积：显示屋顶的体积。
- ◆ 面积：显示屋顶的面积。
- ◆ 底部标高：设置迹线屋顶或拉伸屋顶底部的标高。
- ◆ 目标高的底部偏移：设置高于或低于绘制时所处标高的屋顶高度。（仅当使用迹线创建屋顶时启用此属性）
- ◆ 截断标高：指定标高，在该标高上方，所有迹线屋顶几何图形都不会显示。
- ◆ 截断偏移：在"截断标高"的基础上，设置向上或向下的偏移值。
- ◆ 最大屋脊高度：屋顶顶部位于建筑物底部标高以上的最大高度。

2. 屋顶类型属性

对于屋顶的类型属性，主要可以修改屋顶的结构、填充样式、填充颜色等参数，如图 4-71 所示。

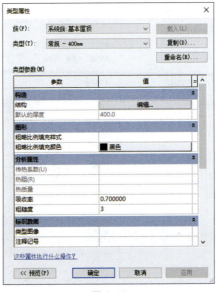

图 4-71

- 结构：定义复合屋顶的结构层次。
- 默认的厚度：指示屋顶类型的厚度，通过累加各层的厚度得出。
- 粗略比例填充样式："粗略"比例视图下显示的屋顶填充图案。
- 粗略比例填充颜色："粗略"比例视图中的屋顶填充图案的颜色。

案例实战：绘制屋面

素材文件	素材文件\第4章\4-3.rvt
成果文件	成果文件\第4章\绘制屋面.rvt
技术掌握	绘制与编辑屋面的方法

（1）打开"素材文件\第4章\4-3.rvt"文件，在"建筑"选项卡中单击"屋顶"按钮，如图4-72所示。

图4-72

（2）在"属性"面板中保持默认的屋顶类型，然后单击"编辑类型"按钮，如图4-73所示。

（3）在打开的"类型属性"对话框中，单击"复制"按钮，然后在弹出的"名称"对话框中输入名称为"WM_屋1"，最后单击"确定"按钮，如图4-74所示。

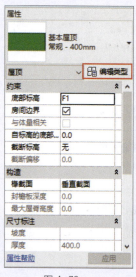

图4-73

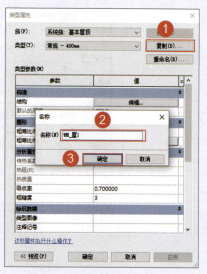

图4-74

(4)选择刚刚新建的屋面类型,然后单击"结构"右侧的"编辑"按钮,如图 4-75 所示。

(5)打开"编辑部件"对话框,在原有结构层基础上,单击"插入"按钮插入 7 个不同的层,将其功能分别设置为"面层 1、衬底、保温层 / 空气层、面层 2",然后设置厚度并通过向上向下按钮调整各个层所在的位置,如图 4-76 所示。最后依次单击"确定"按钮,关闭所有对话框。

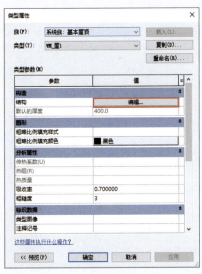

图 4-75

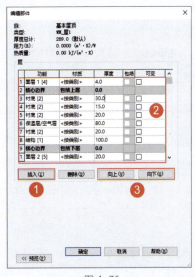

图 4-76

(6)打开屋面楼层平面,然后设置"底部标高"为"屋面",接着在工具选项栏中取消选中"定义坡度"复选框,最后选择直线绘制工具沿着女儿墙内侧绘制屋面轮廓线,如图 4-77 所示。

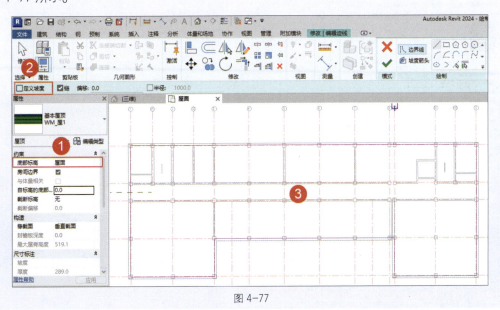

图 4-77

（7）设置"目标高的底部偏移"为"-289"，然后单击"拆分图元"按钮，在走廊左侧边界中间单击打断轮廓线，如图4-78所示。

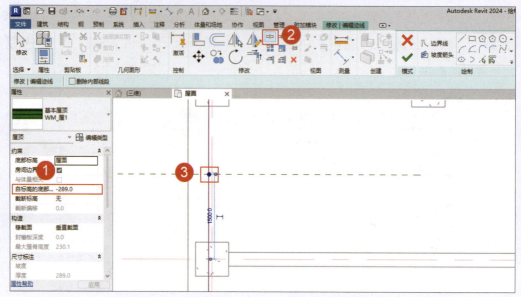

图4-78

（8）单击"坡度箭头"按钮，然后在轮廓线打断处单击确定起点，一直延伸至末端再次单击确定终点。设置"头高度偏移"为"0"，"尾高度偏移"为"230"，如图4-79所示。

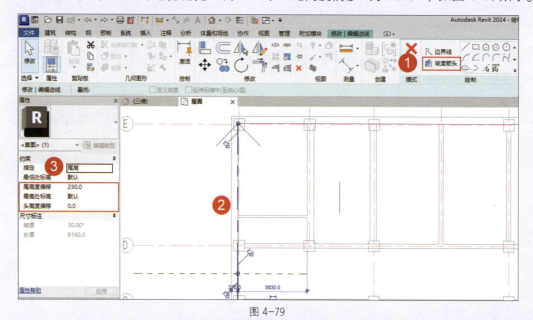

图4-79

（9）选中刚刚绘制好的坡度箭头，然后单击"镜像－绘制轴"工具按钮，将其镜像到另外一侧，最后单击"完成编辑模式"按钮，如图4-80所示。

第 4 章 楼板、楼梯与屋面

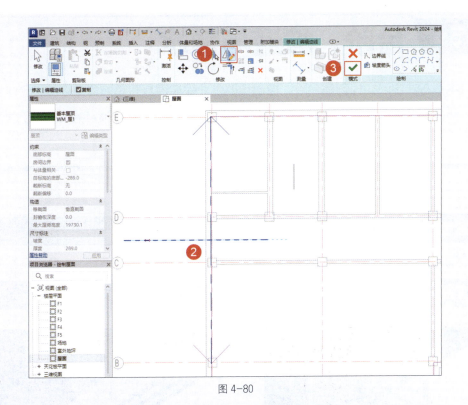

图 4-80

（10）完成上述操作后，切换到三维视图，可以查看屋面最终完成效果，如图 4-81 所示。

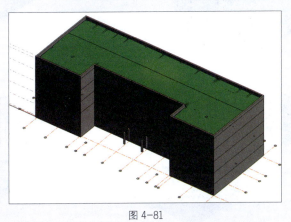

图 4-81

本章小结 ▶▶▶

本章我们学习到了楼板、楼梯与屋面的创建方法。楼板和屋面的创建方法大同小异，所以掌握一种图元的创建方法后，很多操作步骤都可以复用。而楼梯则与它们不同，它是由多个构件所组成的，我们在创建楼梯时不但要注意整体楼梯参数的设定，还要注意楼梯各个组成构件的参数的设定。

第 5 章 台阶、坡道与散水 | 05

本章将要学习如何创建台阶、坡道和散水。除坡道具有单独命令以外，台阶和散水都是借助其他工具所实现的，大家在日后的工作中可以根据项目的实际情况灵活应用。

学习要点

- 绘制台阶
- 绘制坡道
- 绘制散水

效果展示

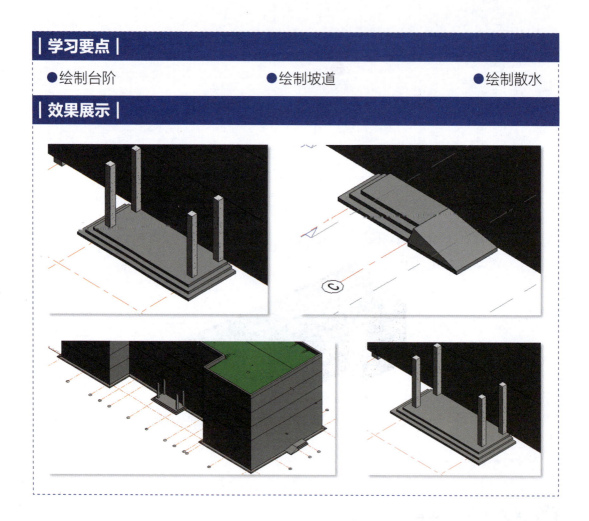

5.1 台阶

室外台阶与坡道是设在建筑物出入口的辅助配件，用来解决建筑物室内外的高差问题。一般建筑物多采用台阶，当有车辆通行或室内外底面高差较小时，可采用坡道。

第 5 章　台阶、坡道与散水

> **案例实战：绘制台阶**
>
> | 素材文件 | 素材文件 \ 第 5 章 \5-1.rvt |
> | --- | --- |
> | 成果文件 | 成果文件 \ 第 5 章 \ 绘制台阶 .rvt |
> | 技术掌握 | 使用楼板边工具绘制台阶的方法 |
>
> 创建室外台阶的方法多种多样，我们现在采用楼板边工具来创建台阶。而采用这种工具创建台阶的话，必须使用对应的轮廓族才可以。所以我们第一步要做的工作便是创建台阶截面轮廓。

（1）打开"素材文件\第5章\5-1.rvt"文件，选择"文件"→"新建"→"族"命令，如图5-1所示。

（2）在弹出的"新族 – 选择样板文件"对话框中选择"公制轮廓"，然后单击"打开"按钮，如图 5-2 所示。

图 5-1

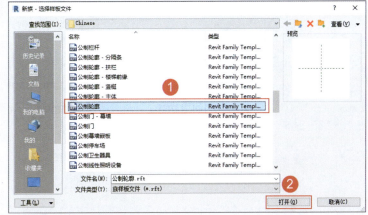

图 5-2

（3）进入族编辑环境后，在"创建"选项卡中单击"线"按钮，如图 5-3 所示。

（4）以垂直方向和水平方向的参照平面相交的点作为起点，先向右绘制一条长 300mm 的水平线段，再向下绘制一条长 150mm 的垂直线段。重复刚刚的操作，再绘制一条水平线段和垂直线段，形成一个封闭的轮廓，如图 5-4 所示。

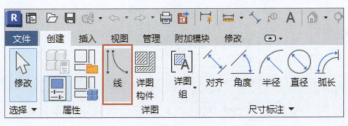

图 5-3

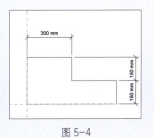

图 5-4

(5)轮廓绘制完成后,单击快速访问工具栏中的"保存"按钮,然后在弹出的"另存为"对话框中选择合适的保存位置,输入文件名为"室外台阶-两阶",最后单击"保存"按钮,如图5-5所示。

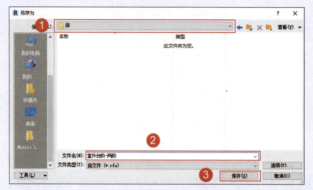

图 5-5

(6)新建族保存成功后,在"修改"选项卡中单击"载入到项目"按钮,如图5-6所示。

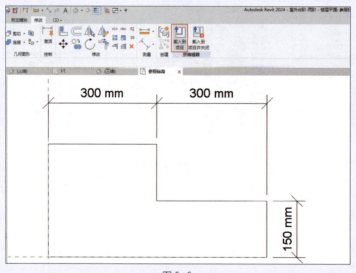

图 5-6

(7)在"建筑"选项卡中单击"楼板"按钮,如图5-7所示。

图 5-7

(8)在"属性"面板中选择"常规-150mm"楼板类型,然后绘制室外平台轮廓,最后单击"完成编辑模式"按钮✓,如图5-8所示。

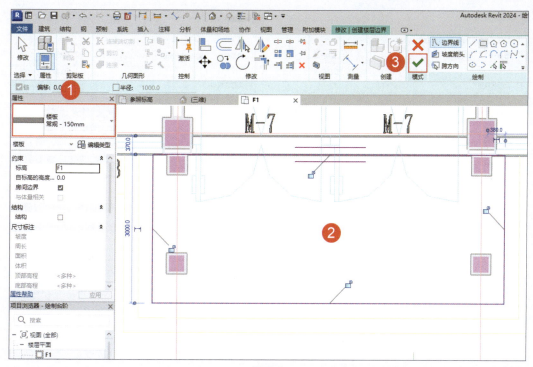

图 5-8

（9）单击"楼板"下拉按钮，在下拉菜单中选择"楼板：楼板边"，如图 5-9 所示。

（10）在"属性"面板中单击"编辑类型"按钮，如图 5-10 所示。

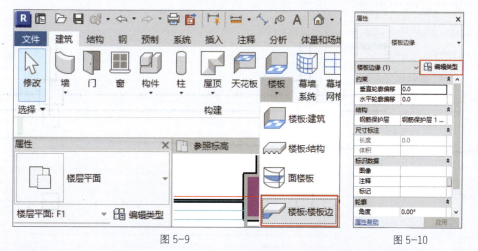

图 5-9　　　　　　　　　　　图 5-10

（11）在弹出的"类型属性"对话框中单击"复制"按钮，在弹出的"名称"对话框中输入名称"室外台阶－两阶"，然后单击"确定"按钮，如图 5-11 所示。

（12）设置"轮廓"参数为"室外台阶－两阶"，然后单击"确定"按钮，如图 5-12 所示。

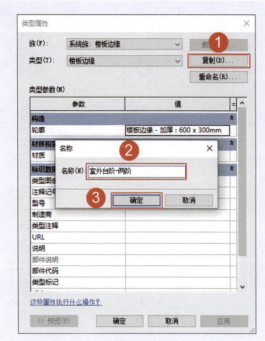

图 5-11　　　　　　　　　　　　图 5-12

（13）依次拾取楼板边界线创建室外台阶，如图 5-13 所示。

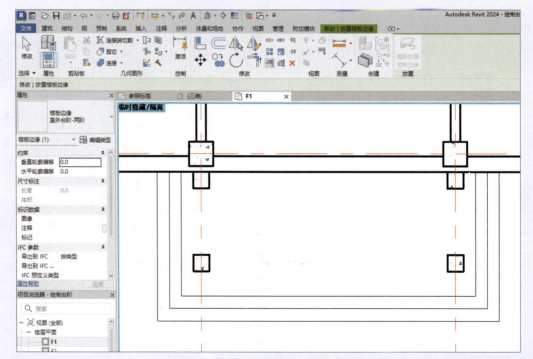

图 5-13

（14）打开三维视图，选中创建好的室外台阶，然后在"属性"面板中设置"垂直轮廓偏移"参数为"-150"，如图 5-14 所示。此时室外台阶就已经创建好了。

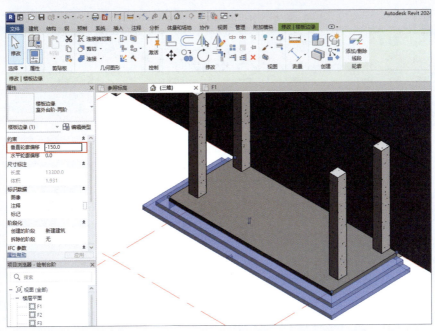

图 5-14

(15)返回 F1 楼层平面,在"建筑"选项卡中单击"楼板"按钮,在"属性"面板中选择楼板类型为"常规 -150mm"。在视图左侧绘制另外一个室外平台轮廓,最后单击"完成编辑模式"按钮☑,如图 5-15 所示。

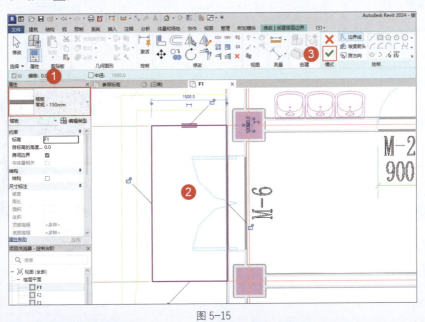

图 5-15

(16)单击"楼板"下拉按钮,在下拉菜单中选择"楼板:楼板边"。在"属性"面板中选择"室外台阶 – 两阶",然后分别拾取上方与左侧的楼板边界创建室外台阶,如图 5-16 所示。

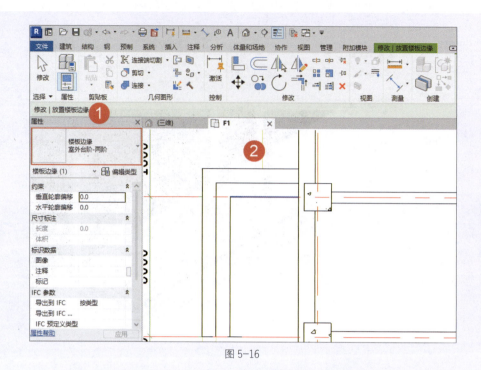

图 5-16

（17）打开三维视图，选中创建好的室外台阶，然后在"属性"面板中设置"垂直轮廓偏移"参数为"-150"，如图 5-17 所示。

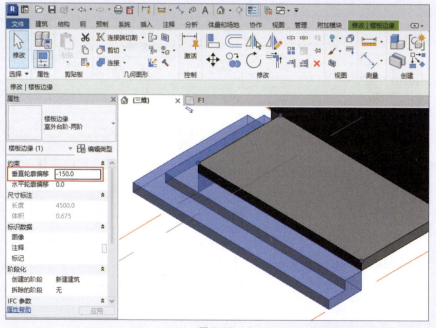

图 5-17

（18）返回 F1 楼层平面，选中左侧绘制好的室外平台和台阶，然后使用镜像工具镜像到另外一侧，如图 5-18 所示。

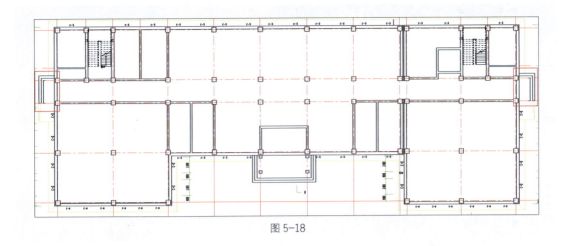

图 5-18

5.2 坡道

在商场、医院、酒店和机场等公共场合中，经常会见到各式各样的坡道，其主要作用是连接存在高差的不同地面，形成斜向交通通道，同时也作为门口区域的垂直交通连接和竖向疏散措施。在建筑设计中，常用的坡道分为两种，一种是汽车坡道，另一种残疾人坡道。

5.2.1 创建坡道的方式

在 Revit 中创建坡道的方法与创建楼梯的方法非常类似。不同点在于，Revit 只提供按草图创建坡道的方式，而楼梯有两种创建方式。使用草图创建坡道同创建楼梯一样，都有着非常大的自由度，但在创建坡道时可以随意编辑坡道的形状，而不限于固定形式。

5.2.2 坡道属性

坡道的属性参数和楼梯有很多共同点，但与楼梯相比，坡道的参数简化了许多，下面开始介绍坡道的实例属性参数和类型属性参数。

1. 坡道实例属性

若要更改坡道的实例属性，则要先选中坡道，然后修改"属性"面板上的参数值，如图 5-19 所示。

◆ 底部标高：设置坡道底部的基准标高。

◆ 底部偏移：设置距其底部标高的坡道高度。

◆ 顶部标高：设置坡道顶部的标高。

◆ 顶部偏移：设置距其顶部标高的坡道高度。

◆ 多层顶部标高：如果多个楼层存在相同的坡道，可以通过此参数设置最顶层的坡道标高，中间楼层的坡道自动生成。

◆ 文字（向上）：设置平面中"向上"符号的文字。

◆ 文字（向下）：设置平面中"向下"符号的文字。

◆ 向上标签：显示或隐藏平面中的"向上"标签。

◆ 向下标签：显示或隐藏平面中的"向下"标签。

◆ 在所有视图中显示向上箭头：在所有项目视图中显示向上的箭头。

◆ 宽度：坡道的宽度。

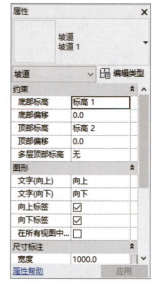

图 5-19

2. 坡道类型属性

若要更改类型属性，则先选中坡道，再在"属性"面板中单击"编辑类型"按钮。在打开的"类型属性"对话框中进行参数设置，如图 5-20 所示。

◆ 造型：坡道显示的形状，有"结构板"和"实体"两种形式。

◆ 厚度：设置坡道的厚度。仅当"造型"属性设置为"结构板"时，才启用此属性。

◆ 功能：指示坡道是内部的（默认值）还是外部的。

◆ 文字大小：坡道"向上"文字和"向下"文字的字体大小。

◆ 文字字体：坡道"向上"文字和"向下"文字的字体。

图 5-20

◆ 坡道材质：为渲染而应用于坡道表面的材质。

◆ 最大斜坡长度：绘制坡道时允许绘制的最大长度。

◆ 坡道最大坡度 (1/x)：设置坡道的最大坡度。

第 5 章 台阶、坡道与散水

案例实战：绘制无障碍坡道

素材文件	素材文件 \ 第 5 章 \5-2.rvt
成果文件	成果文件 \ 第 5 章 \ 绘制无障碍坡道 .rvt
技术掌握	使用楼板工具绘制坡道的方法

在 Revit 中绘制普通坡道使用坡道命令即可，但是在本项目中坡道的造型不适合用坡道命令来完成，所以我们选择用楼板命令来代替。

（1）打开"素材文件 \ 第 5 章 \5-2.rvt"文件，进入 F1 楼层平面。在"建筑"选项卡中单击"楼板"按钮，如图 5-21 所示。

图 5-21

（2）首先在"属性"面板中选择楼板类型为"常规 –150mm"，其次在"属性"面板中设置"标高"为"室外地坪"，然后在绘图区域坡道的位置绘制楼板外轮廓，最后单击"完成编辑模式"按钮✓，如图 5-22 所示。

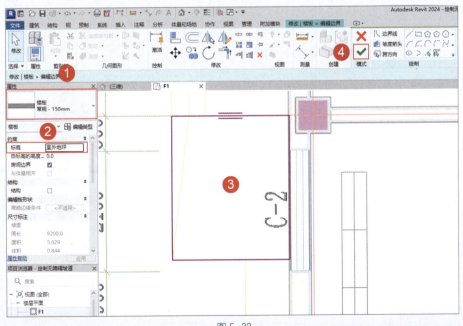

图 5-22

（3）选中绘制好的楼板，然后在"修改|楼板"选项卡中单击"添加分割线"按钮，如图 5-23 所示。

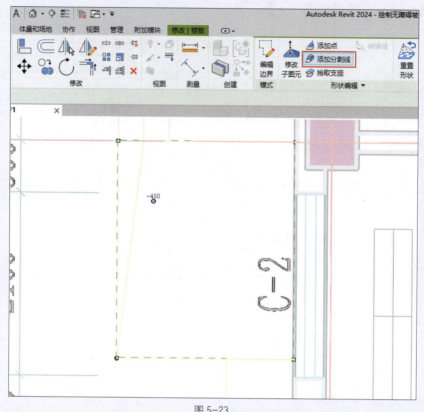

图 5-23

（4）按照坡道实际的形状绘制分割线，如图 5-24 所示。

（5）在"修改|楼板"选项卡中单击"修改子图元"按钮，拾取楼板上方的边界线，然后输入数值为"450"，如图 5-25 所示。

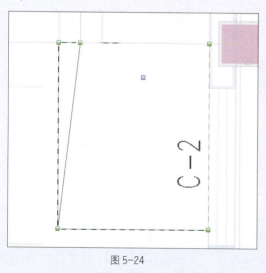

图 5-24

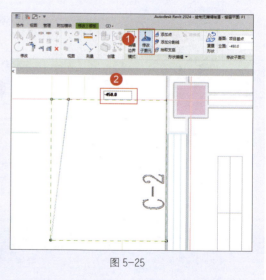

图 5-25

（6）关闭所有对话框，打开三维视图，即可查看坡道完成效果，如图 5-26 所示。

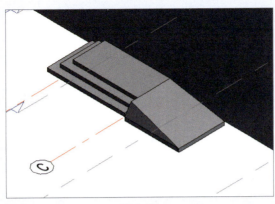

图 5-26

（7）返回 F1 楼层平面，选中绘制好的坡道，然后镜像到另外一侧，如图 5-27 所示。

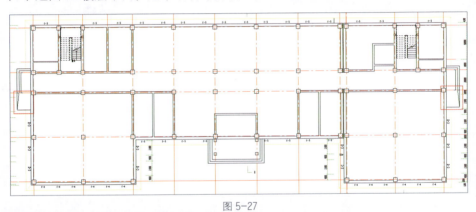

图 5-27

技术拓展：使用草图方式绘制环形汽车坡道

除了残疾人坡道，最常见到的坡道就是汽车坡道。它通常设置在地下停车场的位置，用于连接不同高度的两个楼层。根据项目的不同要求，汽车坡道会设计成不同的造型。下面我们将学习如何绘制环形汽车坡道，为大家提供另一种坡道绘制思路。

（1）使用"建筑样板"新建项目文件，分别在相邻的两个楼层绘制两块相同大小的楼板，如图 5-28 所示。

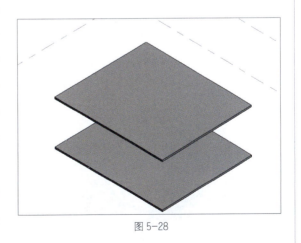

图 5-28

(2)进入平面视图,在"建筑"选项卡中单击"坡道"按钮,此时会自动切换到"修改 | 创建坡道草图"选项卡。单击"边界"按钮,然后单击"起点-终点-半径弧"按钮,分别绘制半径为 6000 和 3000 的两条边界线,如图 5-29 所示。

(3)单击"踢面"按钮,选择"直线"方式在坡道两端分别绘制踢面线,然后单击"栏杆扶手"按钮,如图 5-30 所示。

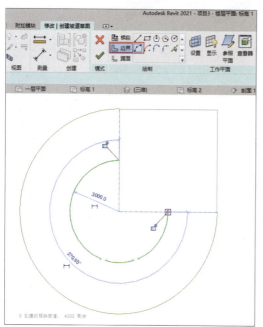

图 5-29

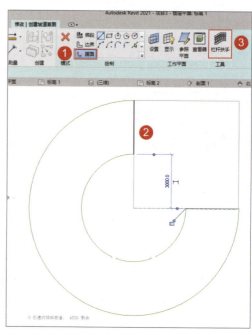

图 5-30

图 5-31

(4)在打开的"栏杆扶手"对话框中,选择栏杆样式为"无",然后单击"确定"按钮,如图 5-31 所示。最后单击"完成"按钮,完成坡道创建。

(5)选中绘制好的汽车坡道,然后单击翻转箭头,可以互换起点和终点方向,如图 5-32 所示。

(6)打开三维视图,查看最终绘制完成的坡道,如图 5-33 所示。

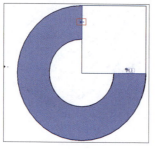

图 5-32

图 5-33

5.3 散水

散水是指房屋外墙四周的勒脚处（室外地坪上）用片石砌筑或用混凝土浇筑的有一定坡度的散水坡。散水的作用是迅速排走勒脚附近的雨水，避免雨水冲刷或渗透到地基，防止基础下沉，以保证房屋的巩固耐久。散水宽度宜为 600～1000 mm，当屋檐较大时，散水宽度要随之增大，以便屋檐上的雨水都能落在散水上迅速排散。散水的坡度一般为 5%，外缘应高出地坪 20～50 mm，以便雨水排出流向明沟或地面他处散水，与勒脚接触处应用沥青砂浆灌缝，以防止墙面雨水渗入缝内。

案例实战：绘制室外散水

素材文件	素材文件\第 5 章\5-3.rvt
成果文件	成果文件\第 5 章\绘制室外散水.rvt
技术掌握	使用墙饰条工具绘制散水的方法

绘制散水和绘制坡道、台阶一样，只是方法不同，在本案例中将采用墙饰条工具来制作散水模型。

（1）打开"素材文件\第 5 章\5-3.rvt"文件，进入"插入"选项卡，单击"载入族"按钮，如图 5-34 所示。

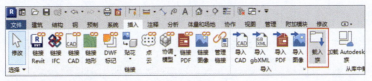

图 5-34

（2）在弹出的对话框中进入"轮廓\常规轮廓\场地"文件夹，选择"散水"族，然后单击"打开"按钮，如图 5-35 所示。

图 5-35

(3)在项目浏览器中找到"散水"轮廓族,然后右击,在弹出的快捷菜单中选择"类型属性"命令,如图 5-36 所示。

(4)在弹出的"类型属性"对话框中,修改"与主体留缝宽度"为"0",然后单击"确定"按钮,如图 5-37 所示。

(5)打开三维视图,进入"建筑"选项卡,单击"墙"下拉按钮,然后在下拉菜单中选择"墙:饰条"按钮,如图 5-38 所示。

图 5-36

图 5-37

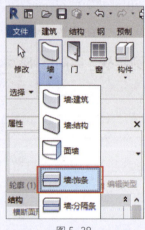
图 5-38

(6)在"属性"面板中单击"编辑类型"按钮,如图 5-39 所示。

(7)在弹出的"类型属性"对话框中单击"复制"按钮,然后在弹出的"名称"对话框中输入"名称"为"SS_800",最后单击"确定"按钮,如图 5-40 所示。

(8)设置"轮廓"参数为"散水:散水","墙的子类别"参数为"<无>",如图 5-41 所示。

图 5-39

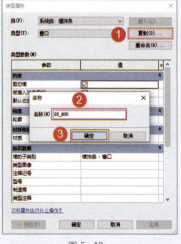
图 5-40

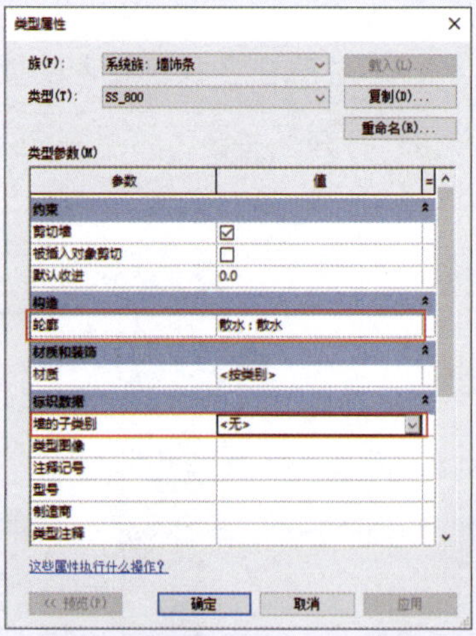

图 5-41

（9）依次拾取外墙底部创建散水，如图 5-42 所示。

（10）选中已经创建好的散水，然后在"属性"面板中设置"相对标高的偏移"参数为"80"，效果如图 5-43 所示。

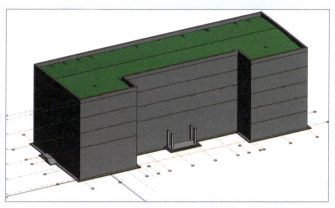

图 5-42

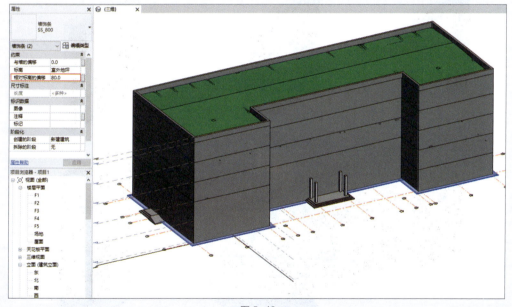

图 5-43

本章小结 ▶▶▶

本章学习了台阶、坡道和散水的绘制方法。其中所涉及的构件均有多种创建方法，而文中所采用的是较为简便和贴合项目实际需求的方法。在日常的练习和工作当中，要针对不同情况，灵活应用不同的创建方法。

第6章 门窗与洞口 | 06

本章将学习如何创建门窗与洞口。通过 Revit 中提供的洞口工具可以很好地满足各种开洞需求。其中,使用门窗工具不仅可以在墙体或屋顶上开出窗洞,还可以自由添加门窗。

| 学习要点 |

- 洞口类型
- 门族的创建
- 窗族的创建
- 门窗的放置方法

| 效果展示 |

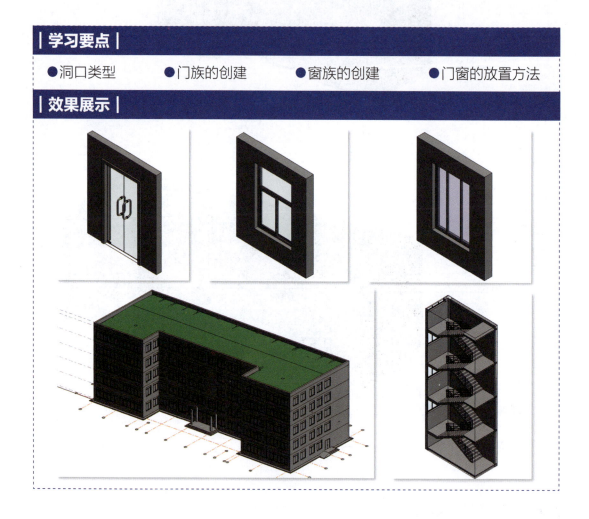

6.1 门窗

门窗按其所处位置的不同,分为围护构件或分隔构件。它们具有不同的设计要求,但都要具有保温、隔热、隔声、防水、防火等功能,以及新的节能要求。在寒冷地区,由门窗缝隙而损失的热量占全部采暖耗热量的 25% 左右。因此，门窗的密闭性要求是节能设计中的重要内容。门和窗是建筑物围护结构系统中重要的组成部分。另外，门和窗又是建筑造型的重要组成部分，所以它们的形状、尺寸、比例、排列、色彩、造型等对建筑的整体造型都有很大的影响。

6.1.1 动手练：放置门窗

门窗的放置方法非常简单，只需要选择合适的门窗类型，然后在墙体或者其他可依附的构件位置单击就可以完成放置。

（1）切换到"建筑"选项卡，单击"门"按钮，如图 6-1 所示。

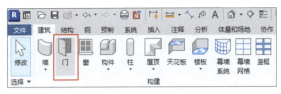

图 6-1

（2）在"属性"面板中选择合适的门类型，如图 6-2 所示。

（3）在视图中墙体合适的位置单击放置门，如图 6-3 所示。放置门时可以通过键盘上的空格键控制门的左右翻转。

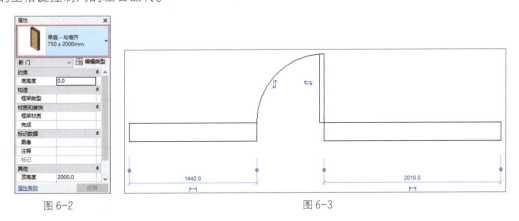

图 6-2　　　　　　　　　　　　　　　图 6-3

（4）切换到"建筑"选项卡，单击"窗"按钮，如图 6-4 所示。

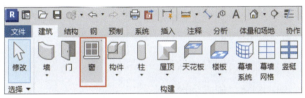

图 6-4

（5）在"属性"面板中选择合适的窗类型，如图 6-5 所示。

（6）在视图中墙体合适的位置单击放置窗，如图6-6所示。

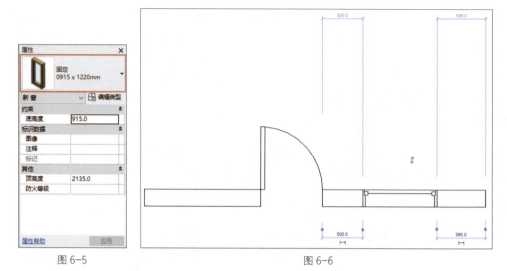

图6-5　　　　　　　　　　　图6-6

6.1.2 门窗属性

放置门窗后，可以通过修改属性参数更改门窗的规格样式。门窗族提供了实例属性与类型属性两种参数分类，修改实例属性只会影响当前选中的实例文件，修改类型属性则会影响整个项目中相同名称的文件。下面对门窗的实例属性和类型属性做详细介绍。

1. 门的实例属性

在门的实例属性中，主要可以修改标高、底高度等参数，如图6-7所示。

- ◆ 标高：实例的标高名称。
- ◆ 底高度：相对于放置此实例标高的底部的高度。
- ◆ 框架类型：门框类型。
- ◆ 框架材质：框架使用的材质。
- ◆ 完成：应用于框架和门的面层。
- ◆ 图像：构件所绑定的图像信息。
- ◆ 注释：显示输入或从下拉列表中选择的注释。
- ◆ 标记：添加自定义标识数据。
- ◆ 创建的阶段：指定创建实例时的阶段。
- ◆ 拆除的阶段：指定拆除实例时的阶段。
- ◆ 顶高度：相对于放置此实例的标高的顶高度。

图6-7

- ◆ 防火等级：设定当前门的防火等级。

2. 门的类型属性

在门的类型属性中，主要可以修改门的高度、宽度等参数值，如图 6-8 所示。

- ◆ 功能：指示门是内部的（默认值）还是外部的。
- ◆ 墙闭合：门周围的层包络。
- ◆ 构造类型：门的构造类型。
- ◆ 门材质：门的材质（如金属或木质）。
- ◆ 框架材质：门框架的材质。
- ◆ 厚度：设置门的厚度。
- ◆ 高度：设置门的高度。
- ◆ 贴面投影外部：设置外部贴面厚度。
- ◆ 贴面投影内部：设置内部贴面厚度。
- ◆ 贴面宽度：设置门贴面的宽度。
- ◆ 宽度：设置门的宽度。
- ◆ 粗略宽度：设置门的粗略宽度。
- ◆ 粗略高度：设置门的粗略高度。

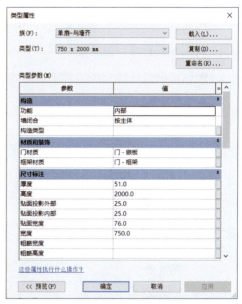

图 6-8

3. 窗的实例属性

要修改窗的实例属性，在"属性"面板中修改相应参数的值即可，如图 6-9 所示。

- ◆ 标高：放置此实例的标高。
- ◆ 底高度：相对于放置此实例的标高的底高度。
- ◆ 图像：构件所绑定的图像信息。
- ◆ 注释：显示输入或从下拉列表中选择的注释。
- ◆ 标记：添加自定义标识数据。
- ◆ 创建的阶段：指定创建实例时的阶段。
- ◆ 拆除的阶段：指定拆除实例时的阶段。
- ◆ 顶高度：相对于放置此实例标高的顶部高度。
- ◆ 防火等级：设定当前窗的防火等级。

图 6-9

4. 窗的类型属性

在窗的"类型属性"对话框中，主要可以修改窗的高度、宽度等参数值，如图 6-10 所示。

- 墙闭合：设置窗周围的层包络。
- 构造类型：窗的构造类型。
- 框架外部材质：框架外部使用的材质。
- 框架内部材质：框架内部使用的材质。
- 玻璃嵌板材质：设置窗中玻璃嵌板的材质。
- 窗扇：设置窗扇的材质。
- 高度：窗洞口的高度。
- 默认窗台高度：窗底部在标高以上的高度。
- 宽度：窗宽度。
- 窗嵌入：将窗嵌入墙内部。
- 粗略宽度：窗的粗略洞口的宽度。
- 粗略高度：窗的粗略洞口的高度。

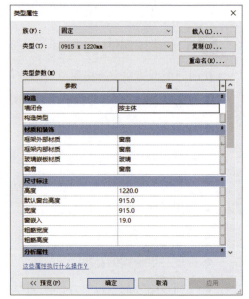

图 6-10

案例实战：创建双扇地弹玻璃门族

素材文件	无
成果文件	成果文件\第 6 章\双扇地弹玻璃门.rfa
技术掌握	制作玻璃门族的方法

门窗是每个项目当中不可缺少的构件，但是由于门窗的特性，每个项目的门窗样式很难做到严格统一，这就需要我们对一些不常见的门窗进行单独建模，然后再放置到项目中使用。

（1）选择"文件"→"新建"→"族"命令，如图 6-11 所示。

（2）在弹出的对话框中选择"公制门"族样板，然后单击"打开"按钮，如图 6-12 所示。

图 6-11

图 6-12

（3）进入族编辑环境后，切换到"创建"选项卡，单击"设置"按钮，如图 6-13 所示。

图 6-13

（4）在弹出的对话框中选中"拾取一个平面"单选按钮，然后单击"确定"按钮，如图 6-14 所示。

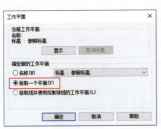

图 6-14

（5）拾取水平方向的墙体中心参照平面作为工作平面，如图 6-15 所示。此时会弹出"转到视图"对话框。

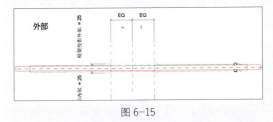

图 6-15

（6）在弹出的对话框中选择"立面：内部"，然后单击"打开视图"按钮，如图 6-16 所示。

图 6-16

（7）在"创建"选项卡中单击"拉伸"按钮，如图 6-17 所示。

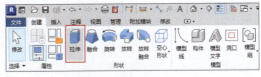

图 6-17

（8）在"属性"面板中设置"拉伸终点"为"-5"，"拉伸起点"为"5"，选择"矩形"绘图工具，然后沿着门框中心线绘制左侧门扇轮廓，绘制完成后单击"完成编辑模式"按钮✓，如图 6-18 所示。

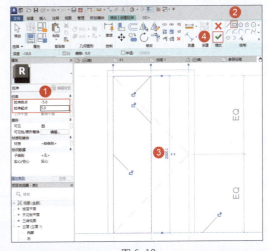

图 6-18

（9）选中创建好的门扇，然后使用镜像工具将其镜像到另外一侧，如图 6-19 所示。

（10）打开右立面视图，再次在"创建"选项卡

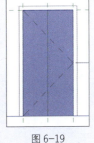

图 6-19

中单击"拉伸"按钮。沿着门扇顶部绘制厚度为 5mm 的门夹轮廓,最后单击"完成编辑模式"按钮✓,如图 6-20 所示。

线删除。

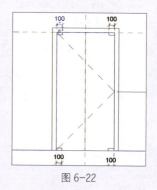

图 6-22

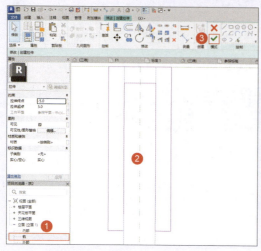

图 6-20

（11）打开内部立面视图,通过控制句柄调整门夹的位置到门扇的左侧位置,并适当调整门夹长度。然后选中创建好的门夹,使用镜像工具将其镜像到门扇下方与另外一个门扇的位置,如图 6-21 所示。

（13）切换到"插入"选项卡,单击"载入族"按钮,如图 6-23 所示。

图 6-23

（14）在弹出的对话框中进入"建筑\门\门构件\拉手"文件夹,然后选择"立式长拉手 4",最后单击"打开"按钮,如图 6-24 所示。

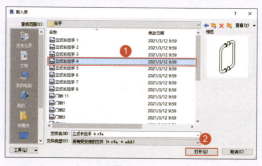

图 6-24

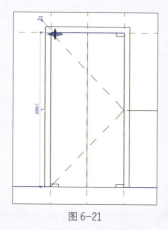

图 6-21

（12）通过对齐工具将所有门夹一侧全部与门框参照平面对齐并锁定,然后对所有门夹进行尺寸标注并对标注进行锁定,如图 6-22 所示。最后将族样板自带的门开启

（15）打开参照平面视图,然后在"创建"选项卡中单击"构件"按钮,如图 6-25 所示。

图 6-25

（16）在合适的位置单击放置长拉手，然后选中它，在"属性"面板中单击"编辑类型"按钮，如图6-26所示。

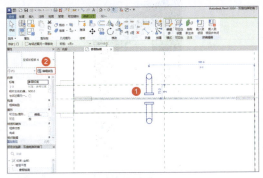

图6-26

（17）在弹出的"类型属性"对话框中，设置"嵌板厚度"为"10"，最后单击"确定"按钮，如图6-27所示。

图6-27

（18）选中更改好的拉手，使用镜像工具将其镜像到另外一侧，然后再次选中两个拉手，在"属性"面板中设置"相对主体的偏移"为"900"，如图6-28所示。

（19）此时，三维模型部分的内容就已经全部创建完成了，接下来开始创建二维图形部分。切换到"注释"选项卡，单击"符号线"按钮，如图6-29所示。

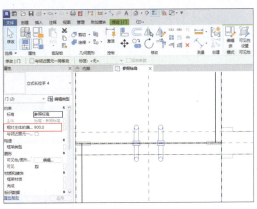

图6-28

图6-29

（20）先在左侧门框墙中心的位置向上绘制一条长500mm的直线，然后再绘制一条弧线连接至门扇中心点，如图6-30所示。

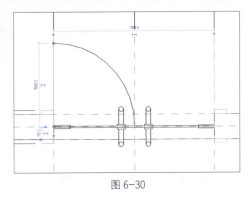

图6-30

（21）选择绘制好的门扇开启线，使用镜像工具将其镜像到其他方向并做适当调整，如图6-31所示。

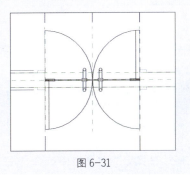

图6-31

（22）选中门把手，然后在"修改|门"选项卡中单击"可见性设置"按钮，如图6-32所示。

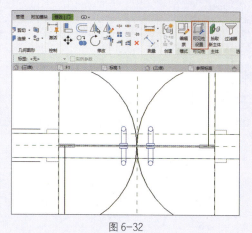

图6-32

（23）在弹出的对话框中，取消选中"平面/天花板平面视图"和"当在平面/天花板平面视图中被剖切时（如果类别允许）"两个复选框，最后单击"确定"按钮，如图6-33所示。其他模型部分也按照相同的方法设置。

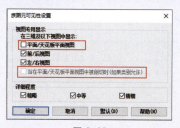

图6-33

（24）切换到三维视图，查看地弹玻璃门的三维效果，如图6-34所示。

图6-34

（25）简单地测试下参数能否正常驱动门，没问题的话单击"保存"按钮，在弹出的对话框中选择合适的保存位置。然后输入族名称为"双扇地弹玻璃门"，最后单击"保存"按钮，如图6-35所示。

图6-35

案例实战：创建双扇推拉窗族

素材文件	无
成果文件	成果文件\第6章\双扇推拉窗.rfa
技术掌握	制作推拉窗族的方法

推拉窗的创建方法和玻璃门类似，不同之处在于二维图形的表达方式。

（1）选择"文件"→"新建"→"族"命令，如图6-36所示。

（2）在弹出的对话框中选择"公制窗"族样板，然后单击"打开"按钮，如图6-37所示。

图 6-36

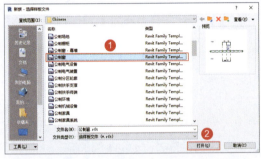

图 6-37

（3）进入族编辑环境后，在"创建"选项卡中单击"设置"按钮，如图 6-38 所示。

图 6-38

（4）在弹出的"工作平面"对话框中选择"参照平面：中心（前/后）"选项，然后单击"确定"按钮，如图 6-39 所示。

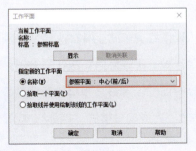

图 6-39

（5）在弹出的"转到视图"对话框中选择"立面：内部"，然后单击"打开视图"按钮，如图 6-40 所示。

图 6-40

（6）在"创建"选项卡中单击"拉伸"按钮，如图 6-41 所示。

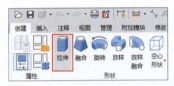

图 6-41

（7）在"属性"面板中设置"拉伸终点"为"-20"，"拉伸起点"为"20"，沿着窗洞绘制矩形轮廓，最后单击"完成编辑模式"按钮，如图 6-42 所示。

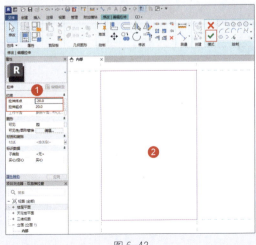

图 6-42

(8)在"修改|编辑拉伸"选项卡中单击"偏移"按钮,然后在工具选项栏中设置偏移方式为"数值方式",设置偏移值为"40",接着将光标放置于轮廓线上。使用键盘上的 Tab 键选中全部线段,最后向内侧移动光标,单击完成轮廓线的偏移,如图 6-43 所示。

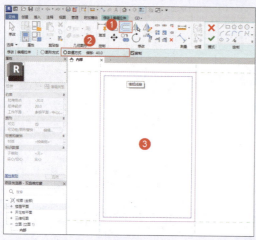

图 6-43

(9)在工具选项栏中设置偏移值为"500",然后拾取上方的轮廓线,将其向下偏移获得新的轮廓线,如图 6-44 所示。

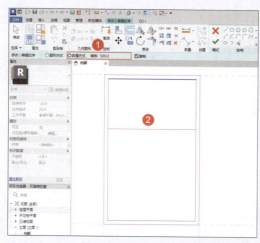

图 6-44

(10)在工具选项栏中设置偏移值为"40",然后拾取刚刚偏移得到的轮廓线,继续向下偏移得到新的轮廓线,如图 6-45 所示。

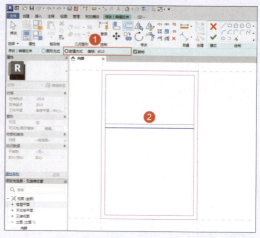

图 6-45

(11)在"修改|编辑拉伸"选项卡中单击"拆分图元"按钮,然后将横梃位置的窗框轮廓线打断,如图 6-46 所示。

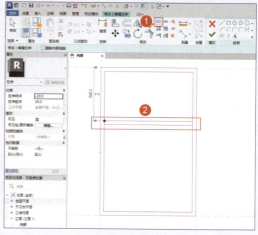

图 6-46

(12)在"修改|编辑拉伸"选项卡中单击"修剪/延伸为角"按钮,然后将打断部分的窗框轮廓线与横梃轮廓线做修剪,最后单击"完成编辑模式"按钮,如图 6-47 所示。

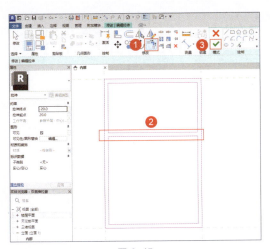

图 6-47

（13）在"创建"选项卡中单击"拉伸"按钮，在"属性"面板中设置"拉伸终点"为"0"，"拉伸起点"为"20"，然后在窗框下方位置绘制矩形的窗扇轮廓，如图 6-48 所示。

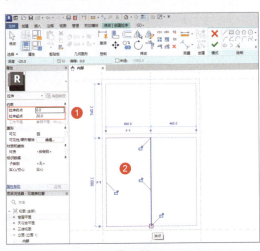

图 6-48

（14）在"修改 | 创建拉伸"选项卡中单击"偏移"按钮，然后拾取窗扇轮廓向内偏移，最后单击"完成编辑模式"按钮，如图 6-49 所示。

（15）选中绘制好的窗扇，在"修改 | 拉伸"选项卡中单击"镜像－拾取轴"按钮，拾取窗扇右侧线段将其镜像到另外一侧。选中镜像完成的窗扇，然后在"属性"面板中设置"拉伸终点"为"-20"，"拉伸起点"为"0"，如图 6-50 所示。

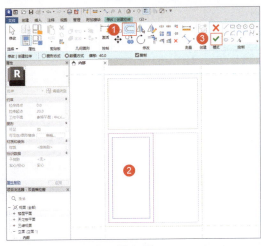

图 6-49

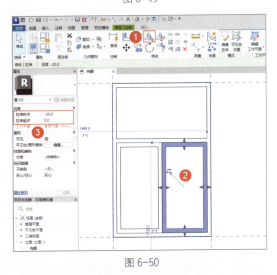

图 6-50

（16）接下来开始绘制玻璃。在"创建"选项卡中单击"拉伸"按钮，在"属性"面板设置"拉伸终点"为"-5"，"拉伸起点"为"5"，然后在顶部亮窗的位置绘制矩形的玻璃轮廓，最后单击"完成编辑模式"按钮，如图 6-51 所示。

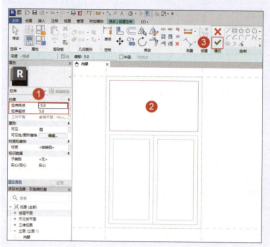

图 6-51

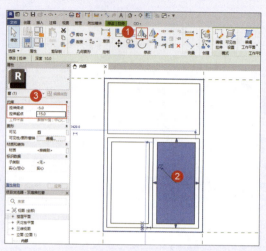

图 6-53

(17)再次在"创建"选项卡中单击"拉伸"按钮。在"属性"面板中,设置"拉伸终点"为"5","拉伸起点"为"15",然后绘制左侧窗扇的玻璃轮廓,最后单击"完成编辑模式"按钮☑,如图 6-52 所示。

(19)模型部分的内容基本就结束了,接下来开始绘制二维图形。打开参照标高平面,然后选中所有的窗户模型,在"修改|拉伸"选项卡中单击"可见性设置"按钮,如图 6-54 所示。

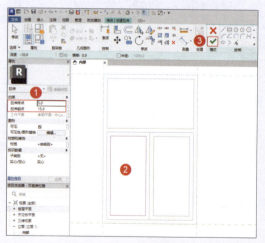

图 6-52

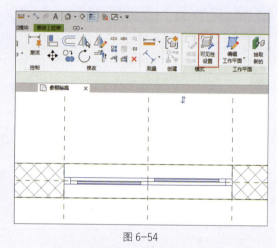

图 6-54

(18)使用镜像工具将绘制好的玻璃镜像到另外一侧,然后在"属性"面板中设置"拉伸终点"为"-5","拉伸起点"为"-15",如图 6-53 所示。

(20)在弹出的"族图元可见性设置"对话框中,取消选中"平面/天花板平面视图"和"当在平面/天花板平面视图中被剖切时(如果类别允许)"两个复选框,最后单击"确定"按钮,如图 6-55 所示。

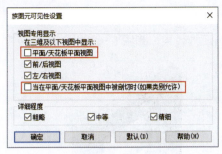

图 6-55

(21)切换到"注释"选项卡,单击"符号线"按钮,如图 6-56 所示。

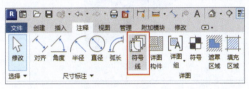

图 6-56

(22)选择子类别为"窗[截面]",然后在窗洞位置绘制两条线段,如图 6-57 所示。

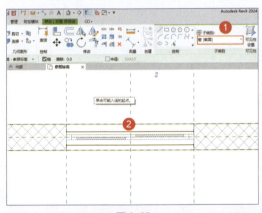

图 6-57

(23)切换到"注释"选项卡,在"尺寸标注"组中单击"对齐"按钮,如图 6-58 所示。

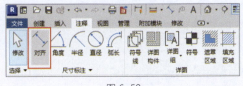

图 6-58

(24)标注两侧墙面与符号线,最后选中尺寸标注单击"EQ"将其均分,如图 6-59 所示。

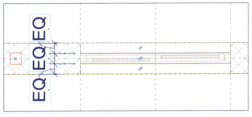

图 6-59

(25)打开三维视图,然后选中玻璃部分模型,在"属性"面板中找到材质参数,单击后方的"关联族参数"按钮,如图 6-60 所示。

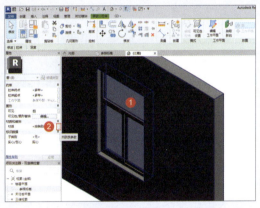

图 6-60

(26)在弹出的对话框中单击"新建参数"按钮,如图 6-61 所示。

图 6-61

（27）在弹出的"参数属性"对话框中输入名称为"玻璃"，最后单击"确定"按钮，如图 6-62 所示。

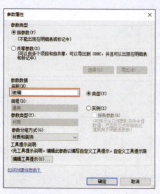

图 6-62

（28）按照相同的方法选中窗框部分模型，然后关联族参数，在弹出的对话框中输入名称为"窗框"，最后单击"确定"按钮，如图 6-63 所示。

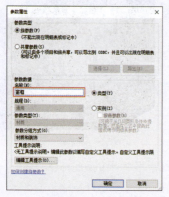

图 6-63

（29）切换到三维视图，查看双扇推拉窗的三维效果，如图 6-64 所示。

图 6-64

（30）简单测试一下参数，没问题的话单击"保存"按钮，在弹出的"另存为"对话框中选择合适的保存位置。然后输入族名称为"双扇推拉窗"，最后单击"保存"按钮，如图 6-65 所示。

图 6-65

案例实战：创建固定窗族

素材文件	无
成果文件	成果文件\第 6 章\固定窗.rfa
技术掌握	制作固定窗族的方法

（1）选择"文件"→"新建"→"族"命令，如图 6-66 所示。

（2）在弹出的对话框中选择"公制窗"族样板，然后单击"打开"按钮，如图 6-67 所示。

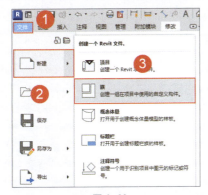

图 6-66

图 6-67

（3）进入族编辑环境后，在"创建"选项卡中单击"设置"按钮，如图 6-68 所示。

图 6-68

（4）在弹出的"工作平面"对话框中选择"参照平面：中心（前/后）"，然后单击"确定"按钮，如图 6-69 所示。

（5）在弹出的"转到视图"对话框中选择"立面：内部"，然后单击"打开视图"按钮，如图 6-70 所示。

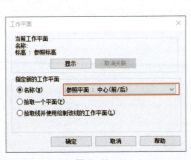

图 6-69

图 6-70

（6）在"创建"选项卡中单击"拉伸"按钮，如图 6-71 所示。

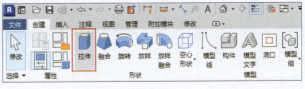

图 6-71

（7）在"属性"面板中设置"拉伸终点"为"-20"，"拉伸起点"为"20"，然后沿着窗洞绘制矩形轮廓，如图6-72所示。

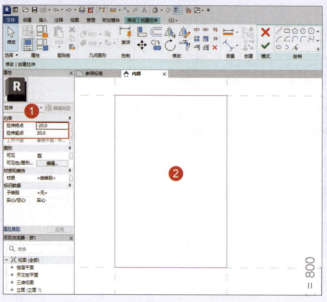

图6-72

（8）在"修改|创建拉伸"选项卡中单击"偏移"按钮，然后在工具选项栏中设置偏移方式为"数值方式"，设置偏移值为"40"，接着将光标放置于轮廓线上。按键盘上的Tab键选中全部线段，向内侧移动光标，单击完成轮廓线的偏移，最后单击"完成编辑模式"按钮，如图6-73所示。

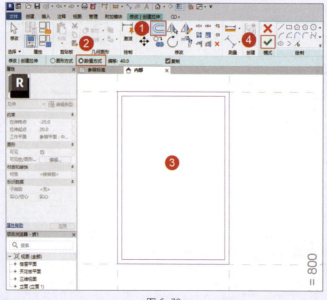

图6-73

（9）切换到"创建"选项卡，单击"参照平面"按钮，如图 6-74 所示。

图 6-74

（10）沿着窗洞垂直方向绘制两条参照平面线段，如图 6-75 所示。

（11）单击"拉伸"按钮，然后以刚刚绘制的两条参照平面线段作为边界，绘制两个宽度为 35mm 的矩形，最后单击"完成编辑模式"按钮✓，如图 6-76 所示。

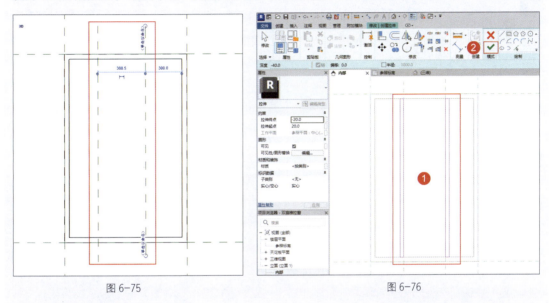

图 6-75　　　　　　　　　　　　　　图 6-76

（12）使用"对齐尺寸标注"工具对垂直方向的四条参照平面线段进行标注，然后单击"EQ"按钮进行均分，如图 6-77 所示。

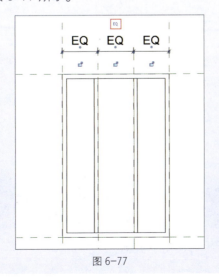

图 6-77

（13）再次单击"拉伸"按钮，在"属性"面板设置"拉伸终点"为"-5"，"拉伸起点"为"5"，然后在窗框内绘制矩形玻璃轮廓，最后单击"完成编辑模式"按钮☑，如图6-78所示。

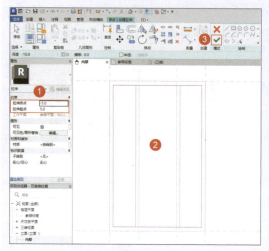

图6-78

（14）模型部分的内容基本就结束了，接下来开始绘制二维图形。打开参照标高平面，然后选中所有的窗户模型，单击"可见性设置"按钮，如图6-79所示。

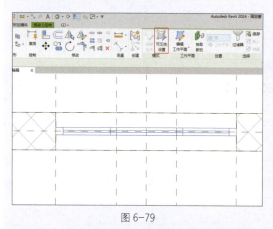

图6-79

（15）在弹出的"族图元可见性设置"对话框中，取消选中"平面/天花板平面视图"和"当在平面/天花板平面视图中被剖切时（如果类别允许）"两个复选框，最后单击"确定"按钮，如图6-80所示。

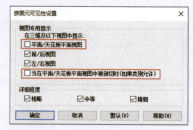

图6-80

（16）切换到"注释"选项卡，单击"符号线"按钮，如图6-81所示。

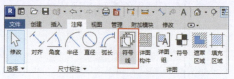

图6-81

（17）选择子类别为"窗[截面]"，然后在窗洞位置绘制两条线段，如图6-82所示。

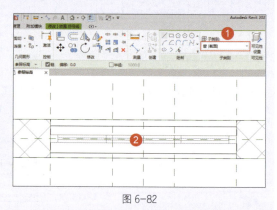

图6-82

（18）切换到"注释"选项卡，在"尺寸标注"组中单击"对齐"按钮，如图6-83所示。

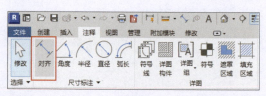

图6-83

(19)标注两侧墙面与符号线,最后选中尺寸标注,单击"EQ"将其均分,如图6-84所示。

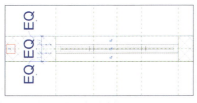

图 6-84

(20)打开三维视图,然后选中玻璃部分模型,在"属性"面板中找到材质参数,单击后方的"关联族参数"按钮,如图6-85所示。

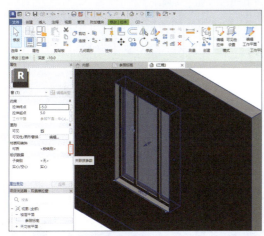

图 6-85

(21)在弹出的对话框中单击"新建参数"按钮,如图6-86所示。

图 6-86

(22)在"参数属性"对话框中输入名称为"玻璃",最后单击"确定"按钮,如图6-87所示。

图 6-87

(23)按照相同的方法选中窗框部分模型,然后关联族参数,在弹出的对话框中输入名称为"窗框",最后单击"确定"按钮,如图6-88所示。

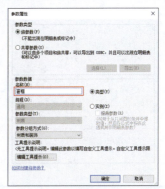

图 6-88

(24)切换到三维视图,查看固定窗的三维效果,如图6-89所示。

图 6-89

（25）简单测试一下参数，没问题的话，在快速访问工具栏单击"保存"按钮，在弹出的"另存为"对话框中选择合适的保存位置。然后输入文件名称为"固定窗"，最后单击"保存"按钮，如图6-90所示。

图6-90

案例实战：放置项目门窗

素材文件	素材文件\第6章\6-1.rvt
成果文件	成果文件\第6章\放置项目门窗.rvt
技术掌握	门窗的放置与编辑方法

由于之前创建的门窗属于特有的门窗样式，但还有部分门窗属于通用样式，所以我们可以直接通过系统自带的族库将这部分门窗载入项目。

（1）打开"素材文件\第6章\6-1.rvt"文件，切换到"插入"选项卡，单击"载入族"按钮，如图6-91所示。

图6-91

（2）在弹出的"载入族"对话框中，选择"建筑\门\普通门\平开门\双扇"文件夹，然后选择"双面嵌板木门1"，最后单击"打开"按钮，如图6-92所示。

图6-92

（3）再次单击"载入族"按钮，在弹出的对话框中选择"建筑\专用设备\电梯"文件夹，然后选择"电梯门"和"高速电梯"两个族，单击"打开"按钮，如图6-93所示。

图6-93

（4）系统自带族文件载入成功后，再次单击"载入族"按钮，在弹出的对话框中选择"成果文件\第6章"文件夹，选择"固定窗"、"双扇地弹玻璃门"和"双扇推拉窗"三个族，然后单击"打开"按钮，如图6-94所示。

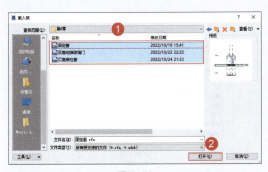

图 6-94

（5）切换到"建筑"选项卡，单击"门"按钮，如图 6-95 所示。

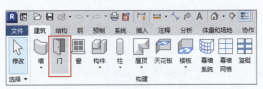

图 6-95

（6）在"属性"面板选择任意类型的单开门，然后单击"编辑类型"按钮，如图 6-96 所示。

图 6-96

（7）在弹出的"类型属性"对话框中单击"类型"右侧的"复制"按钮，然后在弹出的"名称"对话框中输入"名称"为"1F_M_M-2"，最后单击"确定"按钮，如图 6-97 所示。

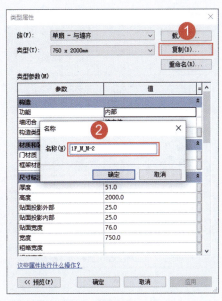

图 6-97

（8）设置"高度"为"2200"，"宽度"为"900"，单击"确定"按钮，如图 6-98 所示。

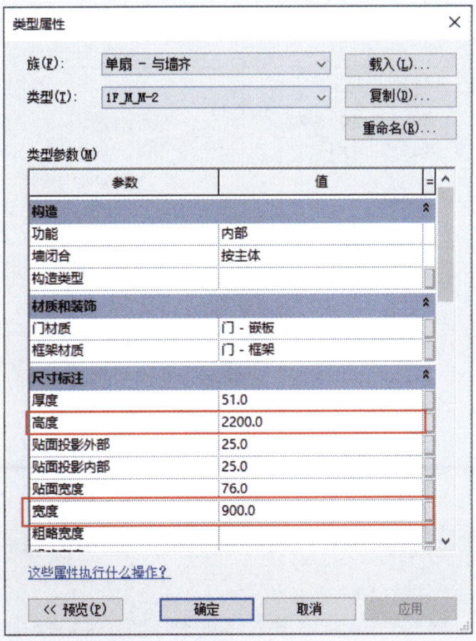

图 6-98

（9）继续单击"复制"按钮，在弹出的"名称"对话框中输入"名称"为"1F_M_M-3"，设置"高度"为"2200"，"宽度"为"800"，单击"确定"按钮，如图 6-99 所示。

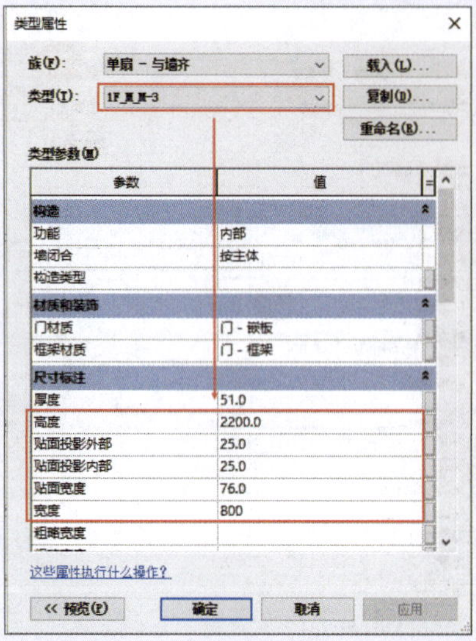

图 6-99

（10）继续单击"复制"按钮，在弹出的"名称"对话框中输入"名称"为"1F_M_M-1"，设置"高度"为"2200"，"宽度"为"1000"，单击"确定"按钮，如图 6-100 所示。

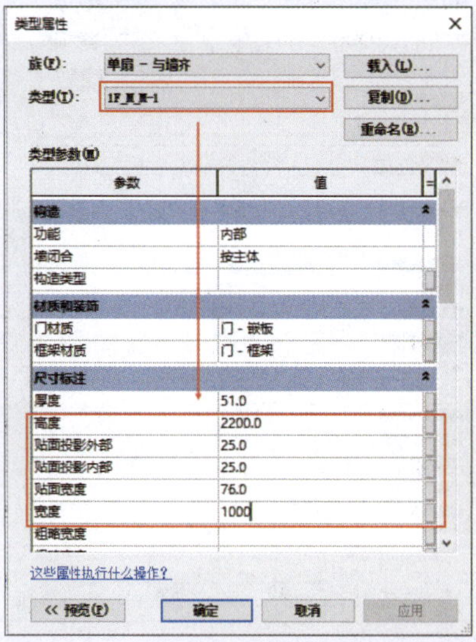

图 6-100

（11）选择"双面嵌板木门1"族，然后单击"复制"按钮，在弹出的"名称"对话框中输入"名称"为"1F_M_M-4"，设置"高度"为"2200"，"宽度"为"1500"，单击"确定"按钮，如图 6-101 所示。

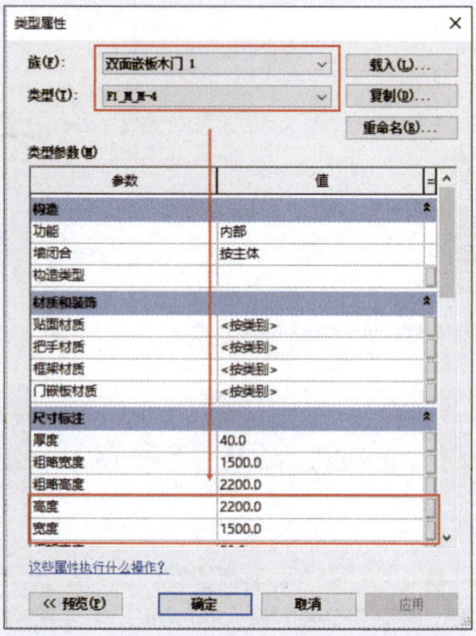

图 6-101

（12）继续单击"复制"按钮，在弹出的对话框中输入名称为"1F_M_M-6"，设置"高度"为"2500"，"宽度"为"1800"，单击"确定"按钮，如图 6-102 所示。

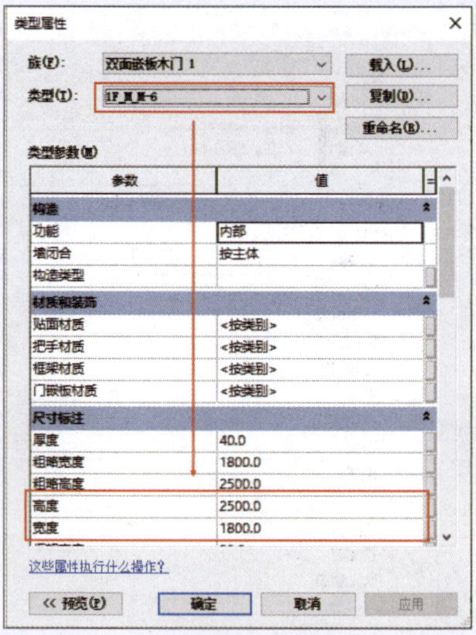

图 6-102

（13）选择"双扇地弹玻璃门"族，然后单击"复制"按钮，在弹出的对话框中输入名称为"1F_M_M-7"，设置"高度"为"3000"，"宽度"为"2850"，最后单击"确定"按钮，如图 6-103 所示。

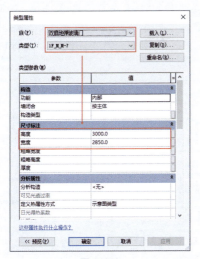

图 6-103

（14）切换到"建筑"选项卡，单击"窗"按钮，如图 6-104 所示。

图 6-104

（15）选择"双扇推拉窗"族，然后单击"复制"按钮，在弹出的对话框中输入名称为"1F_C_C-1"，设置"高度"为"2400"，"宽度"为"2300"，最后单击"确定"按钮，如图 6-105 所示。

图 6-105

（16）单击"复制"按钮，在弹出的对话框中输入名称为"1F_C_C-2"，设置"高度"为"2400"，"宽度"为"2100"，如图 6-106 所示。

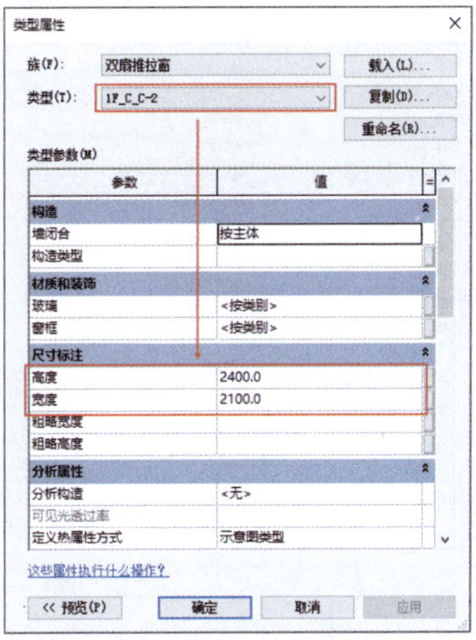

图 6-106

（17）单击"复制"按钮，在弹出的对话框中输入名称为"1F_C_C-3"，设置"高度"为"2400"，"宽度"为"2400"，如图 6-107 所示。

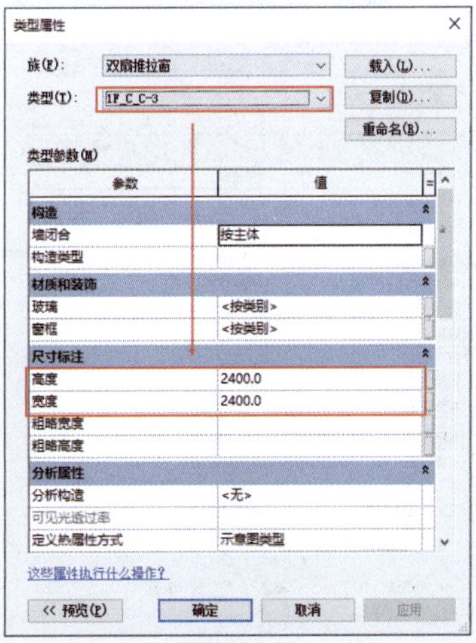

图 6-107

（18）单击"复制"按钮，在弹出的对话框中输入名称为"2F_C_C-4"，设置"高度"为"1500"，"宽度"为"2400"，如

图 6-108 所示。

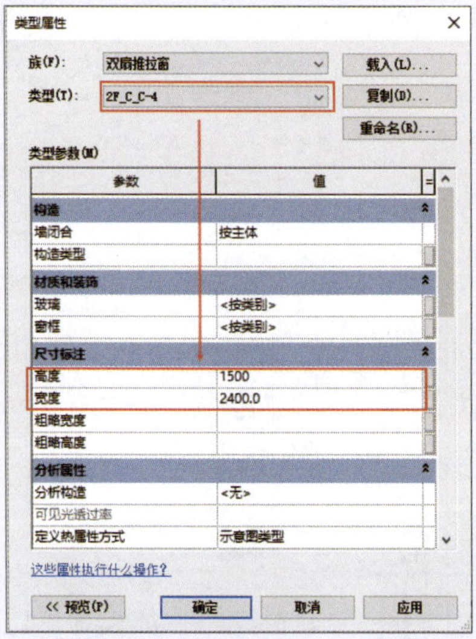

图 6-108

（19）选择"固定窗"族，然后单击"复制"按钮，在弹出的对话框中输入名称为"2F_C_C-5"，设置"高度"为"1700"，"宽度"为"2400"，最后单击"确定"按钮，如图 6-109 所示。

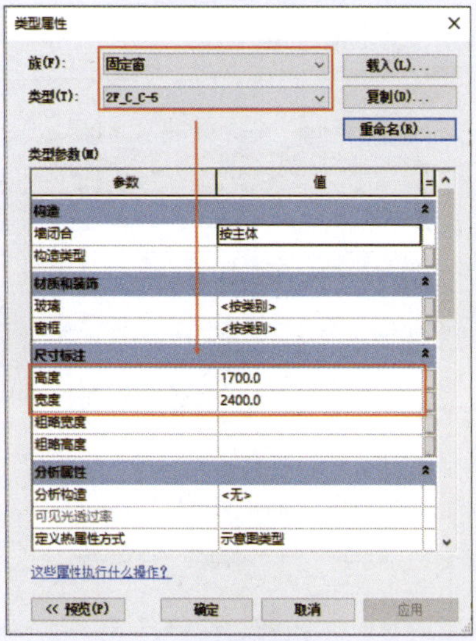

图 6-109

（20）进入 F1 楼层平面，切换到"建筑"选项卡，单击"门"按钮，如图 6-110 所示。

图 6-110

（21）在"属性"面板中选择"1F_M_M-1"门类型，然后在视图中 M-1 门的位置处依次单击进行放置，如图 6-111 所示。

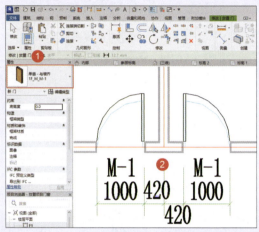

图 6-111

（22）在"属性"面板中选择"1F_M_M-2"门类型，然后在视图中 M-2 门的位置处依次单击进行放置，如图 6-112 所示。

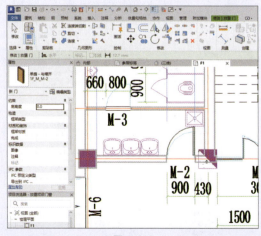

图 6-112

（23）在"属性"面板中选择"1F_M_M-3"门类型，然后在视图中 M-3 门的位置处依次单击进行放置，如图6-113所示。

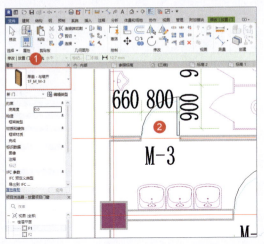

图6-113

（24）在"属性"面板中选择"1F_M_M-4"门类型，然后在视图中M-4门的位置处依次单击进行放置，如图6-114所示。

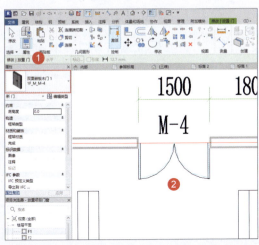

图6-114

（25）在"属性"面板中选择"1F_M_M-6"门类型，然后在视图中M-6门的位置处依次单击进行放置，如图6-115所示。

（26）在"属性"面板中选择"1F_M_M-7"门类型，然后在视图中M-7门的位置处依次单击进行放置，如图6-116所示。

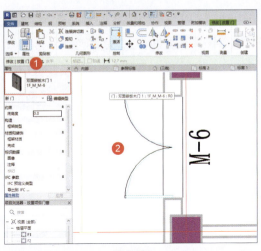

图6-115

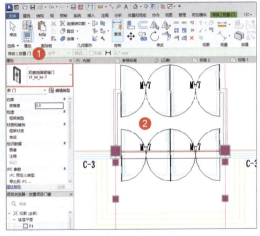

图6-116

（27）最后开始放置M-5门，因为M-5的门是幕墙玻璃门，与常规门的放置方法不同，我们单独来放置。在"建筑"选项卡中单击"墙"按钮，在"属性"面板中选择"幕墙"，然后单击"编辑类型"按钮，如图6-117所示。

图6-117

（28）在弹出的"类型属性"对话框中复制新幕墙类型并命名为"1F_MQ"，然后选中"自动嵌入"复选框，"幕墙嵌板"设置为"系统嵌板：玻璃"，最后单击"确定"按钮，如图6-118所示。

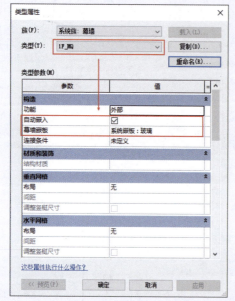

图6-118

（29）选择刚创建好的幕墙类型，然后在楼梯间位置绘制幕墙，如图6-119所示。

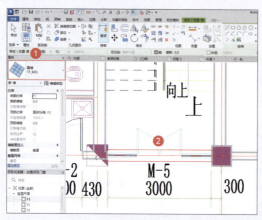

图6-119

（30）在"建筑"选项卡中单击"幕墙网格"按钮，如图6-120所示。

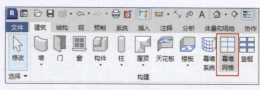

图6-120

（31）在门的两侧依次单击放置幕墙网格，如图6-121所示。

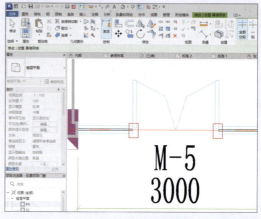

图6-121

（32）将光标放置于分隔出来的幕墙嵌板的位置，使用"Tab"键循环切换直到选中嵌板，然后单击"编辑类型"按钮，如图6-122所示。

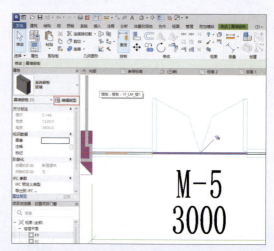

图6-122

（33）在打开的"类型属性"对话框中单击"载入"按钮，如图6-123所示。

图 6-123

（34）在弹出的"打开"对话框中，选择"建筑\幕墙\幕墙嵌板"文件夹，然后选择"门嵌板 50-70 双嵌板铝门"，最后单击"打开"按钮，如图 6-124 所示。

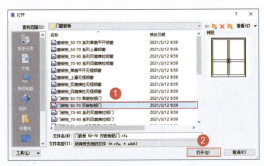

图 6-124

（35）在"类型属性"对话框中选中"横档可见"复选框，然后单击"确定"按钮，如图 6-125 所示。

图 6-125

（36）此时 M-5 类型的门就放置好了，如图 6-126 所示。将放置好的 M-5 门复制到另外一个楼梯间位置。

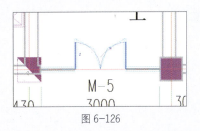

图 6-126

（37）在"建筑"选项卡中单击"窗"按钮，如图 6-127 所示。

图 6-127

（38）在"属性"面板中选择"1F_C_C-1"窗类型，设置窗底高度为"900"，然后在视图中 C-1 窗的位置处依次单击进行放置，如图 6-128 所示。

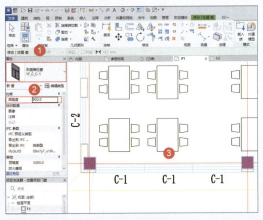

图 6-128

（39）在"属性"面板中选择"1F_C_C-2"窗类型，设置窗底高度为"900"，然后在视图中 C-2 窗的位置处依次单击进行放置，如图 6-129 所示。

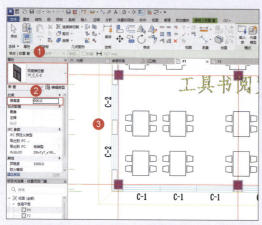

图 6-129

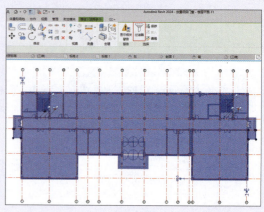

图 6-131

（40）在"属性"面板中选择"1F_C_C-3"窗类型，设置窗底高度为"900"，然后在视图中 C-3 窗的位置处依次单击进行放置，如图 6-130 所示。

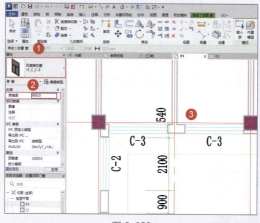

图 6-130

（41）门窗全部放置完成后，框选一层平面的所有图元，然后单击"过滤器"按钮，如图 6-131 所示。

（42）在弹出的"过滤器"对话框中，单击"放弃全部"按钮，然后选中"窗"和"门"两个复选框，最后单击"确定"按钮，如图 6-132 所示。

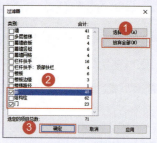

图 6-132

（43）保持选中状态不变，然后单击"复制到剪贴板"按钮，接着单击"粘贴"下拉按钮，在下拉菜单中选择"与选定的标高对齐"，如图 6-133 所示。

（44）在弹出的"选择标高"对话框中选择"F2"标高，然后单击"确定"按钮，如图 6-134 所示。

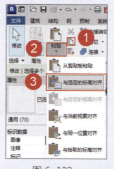

图 6-133

图 6-134

（45）打开 F2 楼层平面，然后按照二层平面图纸情况调整门窗布局，如图 6-135 所示。

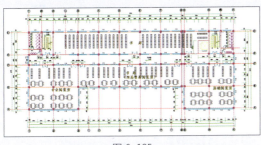

图 6-135

（46）现有门窗布局调整完成后继续布置其他类型的门窗。在"建筑"选项卡中单击"窗"按钮。然后在"属性"面板中选择"2F_C_C-4"窗类型，设置窗底高度为"900"，最后在视图中 C-4 窗的位置处依次单击进行放置，如图 6-136 所示。

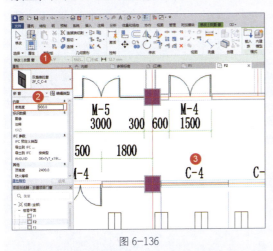

图 6-136

（47）在"属性"面板中选择"1F_C_C-5"窗类型，设置窗底高度为"0"，然后在视图中 C-5 窗的位置处依次单击进行放置，如图 6-137 所示。

（48）选中二层所有的门窗，然后单击"复制到剪贴板"按钮。接着单击"粘贴"下拉按钮，在下拉菜单中选择"与选择的标高对齐"，在弹出的对话框中选择"F5"，然后单击"确定"按钮，如图 6-138 所示。

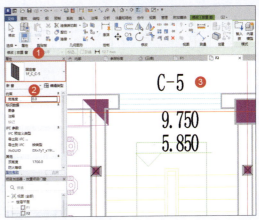

图 6-137

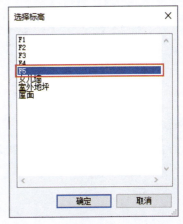

图 6-138

（49）打开 F5 楼层平面，然后按照五层平面图纸情况调整门窗布局，如图 6-139 所示。

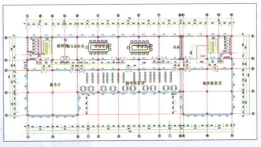

图 6-139

（50）返回 F2 楼层平面，选中外墙模型组，然后在"修改|模型组"选项卡中单击"编辑组"按钮，如图 6-140 所示。

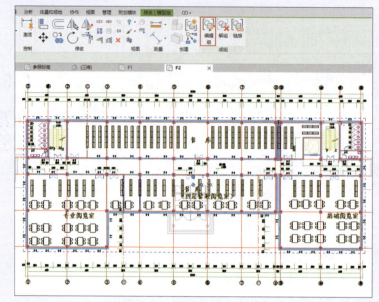

图 6-140

（51）单击"添加"按钮，选择二层所有门窗，将其添加到模型组当中，最后单击"完成"按钮，如图 6-141 所示。

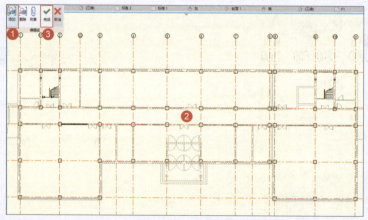

图 6-141

（52）打开三维视图，查看最后完成效果，如图 6-142 所示。

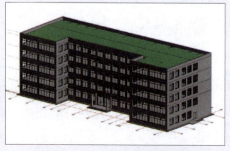

图 6-142

6.2 洞口

建筑中存在各式各样的洞口,包括门窗洞口、楼板洞口、天花板洞口和结构梁洞口等。在 Revit 中可以创建不同类型的洞口,并且可以根据不同情况、不同构件提供多种洞口工具与开洞方式。Revit 共提供了 5 种洞口工具,分别是"按面""竖井""墙""垂直""老虎窗",如图 6-143 所示。

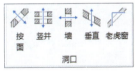

图 6-143

6.2.1 洞口类型

◆ 按面：基于某个特定面(如屋顶、楼板或天花板)创建洞口。

◆ 竖井：是一种垂直贯穿多个标高的洞口,可以同时剪切屋顶、楼板和天花板等水平构件。

◆ 墙：在直墙或弯曲墙中剪切一个矩形洞口。

◆ 垂直：是垂直于当前工作平面的洞口,通常用于在屋顶、楼板或天花板中创建垂直贯穿的洞口。

◆ 老虎窗：剪切屋顶来创建老虎窗的开口。

6.2.2 动手练：创建面洞口

使用"按面"工具可以创建垂直于楼板、天花板、屋顶选定面的洞口,下面进行讲解。

(1) 新建项目文件,绘制任意形状的迹线屋顶,然后在"建筑"选项卡单击"按面"按钮,如图 6-144 所示。

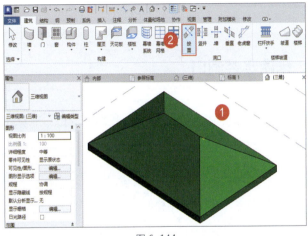

图 6-144

（2）拾取需要开洞的面，然后绘制洞口轮廓，最后单击"完成编辑模式"按钮✓，如图 6-145 所示。

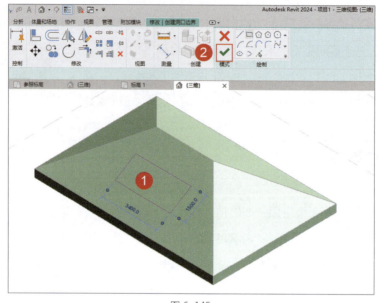

图 6-145

（3）在三维视图中查看开洞之后的效果，如图 6-146 所示。剖面图中的洞口效果如图 6-147 所示。注意，使用"按面"洞口工具开的洞口，其截面和开洞表面为垂直关系，而不是和地面为垂直关系。

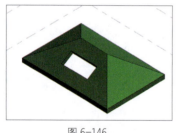

图 6-146

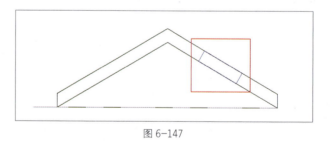

图 6-147

6.2.3 动手练：创建竖井洞口

使用"竖井"洞口工具，可以创建一个跨越多个标高的洞口，贯穿其中的楼板、天花板、屋顶都可以被剪切。在实际绘图过程中，可以将此工具应用于创建电梯井、楼梯间、管道井洞口等方面。

（1）新建一个项目，并在多个楼层绘制楼板，然后在"建筑"选项卡单击"竖井"按钮，如图 6-148 所示。

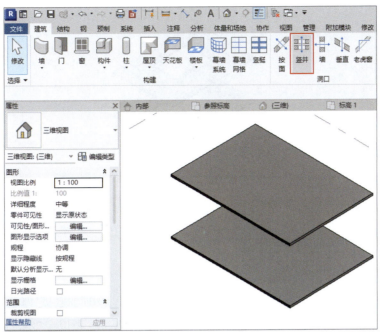

图 6-148

（2）打开平面视图，在"属性"面板中设置洞口顶部及底部需要达到的标高位置，然后选择合适的绘制工具在绘图区域绘制洞口轮廓，最后单击"完成编辑模式"按钮，如图 6-149 所示。

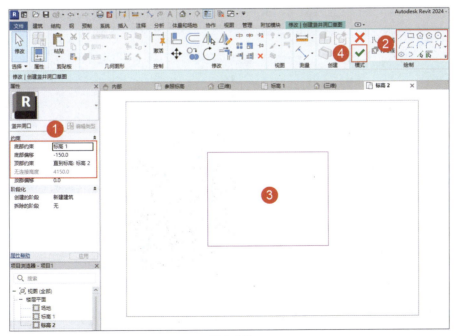

图 6-149

（3）返回到三维视图，查看洞口完成之后的效果，如图 6-150 所示。

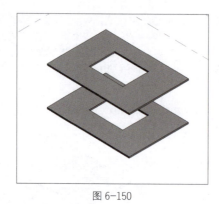

图 6-150

6.2.4 动手练:创建墙洞口

使用"墙"洞口工具,可以在直墙或变曲墙上创建一个矩形洞口。但这个洞口的尺寸无法精确控制参数,只能依靠手动拖曳控制柄来调整洞口尺寸,所以在实际绘图中很少用到此洞口工具。

(1)新建一个项目并绘制一个弧形的墙体,如图 6-151 所示。

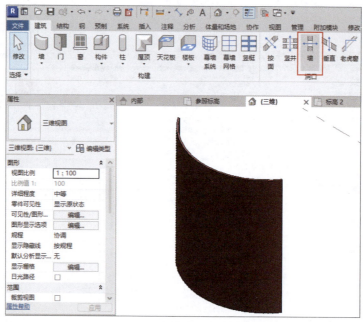

图 6-151

(2)拾取需要开洞的墙面,然后在墙面任意位置单击确定洞口起点,移动鼠标指针,当到达指定位置后再次单击,洞口就创建好了,如图 6-152 所示。

(3)在三维视图中,效果如图 6-153 所示。

图 6-152

图 6-153

6.2.5 动手练：创建垂直洞口

使用"垂直"洞口工具，可以创建一个贯穿楼板、天花板或屋面的垂直洞口。"垂直"洞口工具的使用方法与"按面"洞口工具的相同，不过垂直洞口垂直于标高而不是垂直于主体面。在创建楼板或天花板等预留洞口时，可以使用此工具。

（1）新建一个项目文件，绘制任意形状的迹线屋顶。然后在"建筑"选项卡单击"垂直"按钮，如图 6-154 所示。

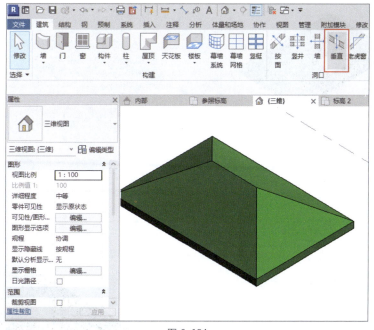
图 6-154

（2）拾取需要开洞的面，然后绘制洞口轮廓，最后单击"完成编辑模式"按钮☑，如图 6-155 所示。

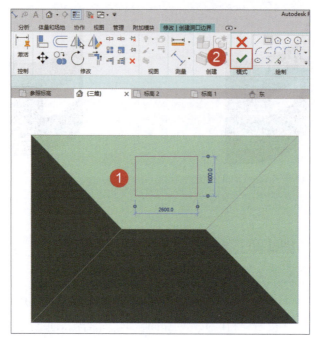

图 6-155

（3）在三维视图中查看开好的洞口效果，如图 6-156 所示。剖面图中的洞口效果如图 6-157 所示。与面洞口不同，垂直洞口和地面为垂直关系。

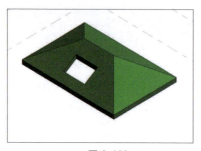

图 6-156

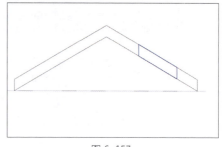

图 6-157

6.2.6 动手练：创建老虎窗洞口

老虎窗洞口主要是针对屋面进行开洞，需要拾取屋面的边缘作为开洞的轮廓线，从而实现对屋顶的剪切。

（1）分别使用"迹线屋顶"与"拉伸屋顶"工具创建两个屋顶并连接，如图 6-158 所示。

（2）切换到"建筑"选项卡，单击"老虎窗"

图 6-158

按钮,如图 6-159 所示。

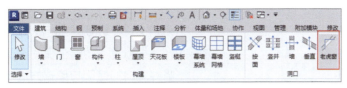

图 6-159

(3)拾取需要开老虎窗的屋顶,然后分别拾取拉伸屋顶和迹线屋顶的边,两条边围合的封闭区域就是开洞的区域,最后单击"完成编辑模式"按钮☑,如图 6-160 所示。在三维视图中查看老虎窗洞口的效果,如图 6-161 所示。

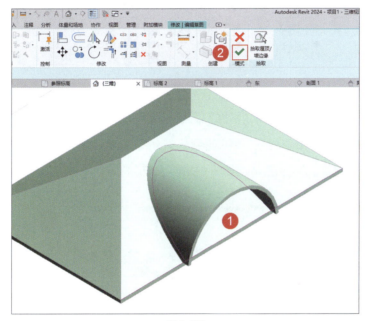

图 6-160

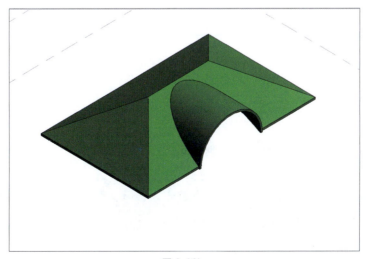

图 6-161

案例实战：创建楼梯间洞口

素材文件	素材文件\第6章\6-2.rvt
成果文件	成果文件\第6章\创建楼梯间洞口.rvt
技术掌握	竖井洞口的使用与编辑方法

（1）打开"素材文件\第6章\6-2.rvt"文件，进入F2楼层平面。然后在"建筑"选项卡中单击"竖井"按钮，如图6-162所示。

图6-162

（2）拾取二层楼板，然后在"属性"面板中设置洞口的"底部约束"为"F2"，"底部偏移"为"-300"，"顶部约束"为"直到标高：F5"。然后在楼梯间绘制矩形洞口轮廓，最后单击"完成编辑模式"按钮✓，如图6-163所示。

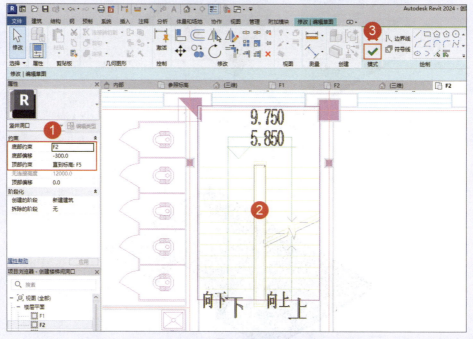

图6-163

（3）选中创建好的竖井洞口，然后单击"选择框"按钮，如图6-164所示。

（4）进入三维视图后，适当调整剖切框的位置，然后查看洞口完成效果，如图6-165所示。

第 6 章　门窗与洞口

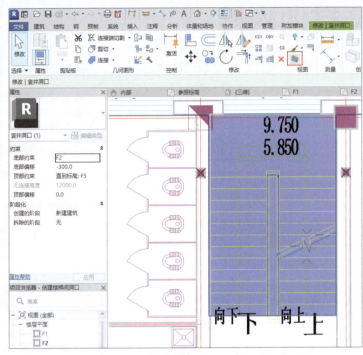

图 6-164

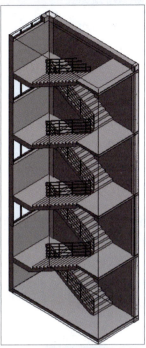

图 6-165

（5）返回 F2 楼层平面，然后选中创建好的竖井洞口复制到右侧楼梯间的位置，如图 6-166 所示。

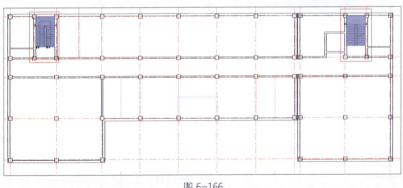

图 6-166

本章小结 ▶▶▶

本章学习了门窗与洞口的创建。门窗作为民用建筑中最常见的建筑构件，其造型也是复杂多变的。为了满足不同的项目需求，我们需要根据项目情况，灵活采用自建族和系统族库两种方式来创建门窗。而洞口的创建相对较为简单，除了可以使用洞口工具，还可以利用编辑墙轮廓和编辑楼板轮廓的操作，来实现墙开洞和板开洞的效果。

第7章 场地及其他构件 | 07

本章将要学习如何创建场地与其他构件。不论是场地还是构件,都是项目当中不可或缺的一部分。相对其他工具而言,场地相关工具会用的比较少一些。而构件则是填补了项目很大一部分空白,所有的非标件(没有固定标准的构件),都可以通过构件的方式来创建,它在项目中的适用性非常强。

学习要点

- 创建场地
- 放置家具
- 放置卫浴装置

效果展示

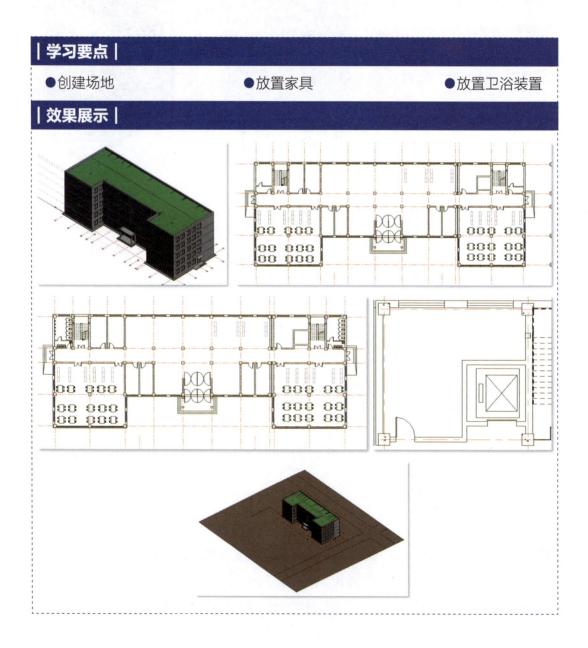

7.1 构件

在 Revit 中，构件是指需要现场交付和安装的建筑图元（如门、窗和家具等）。构件是可载入族的实例，并以其他图元（即系统族的实例）为主体。例如，门以墙为主体，而诸如桌子等独立式构件以楼板或标高为主体，如图 7-1 所示。

图 7-1

7.1.1 构件的分类

所有的可载入族都可以称为构件，但不同的构件又拥有不同的族类别，以方便我们在统计时使用。按照 Revit 中所提供的命令，构件大致可以分为三类。第一类为常规构件，其中包含了常规的家具和其他一些没有明确分类的物体。第二类是场地构件，其中主要包含植物、车位等。第三类是机电构件，其中包含机械设备、卫浴装置、照明设备等。

不同的构件所提供的参数和放置方式有非常大的差异，当选择了某一个构件发现无法放置时，可以通过软件左下角的操作提示来进行下一步的操作。例如，放置桌子时，软件会提示"单击以放置自由实例（按空格键进行旋转）"，如图 7-2 所示。这就代表只需要在视图中任意位置单击就可以放置桌子了。

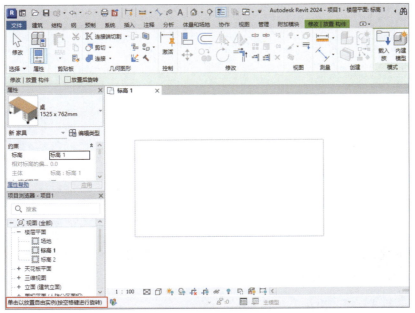

图 7-2

7.1.2 动手练：放置构件

除门窗以外，其他的三维可载入族都可以通过放置构件在项目中创建。

（1）切换到"建筑"选项卡，单击"构件"按钮，如图7-3所示。

图7-3

（2）在"属性"面板中选择需要放置的图元类型，然后视图中单击进行放置，如图7-4所示。

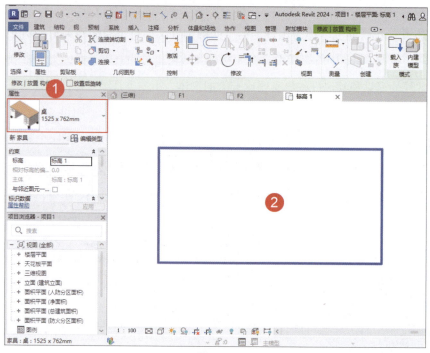

图7-4

> **案例实战：绘制混凝土雨篷**

素材文件	素材文件\第7章\7-1.rvt
成果文件	成果文件\第7章\绘制混凝土雨篷.rvt
技术掌握	利用楼板和墙体工具绘制雨篷的方法

本项目中的雨篷分为两种样式。一种是支承式雨篷，设置有翻边，用在主入口位置。另外一种是悬挑式雨篷，用在走廊两侧出入口位置。

(1)打开"素材文件\第7章\7-1.rvt"文件,进入 F2 楼层平面,然后在"属性"面板中设置"范围:底部标高"为"F1",如图 7-5 所示。

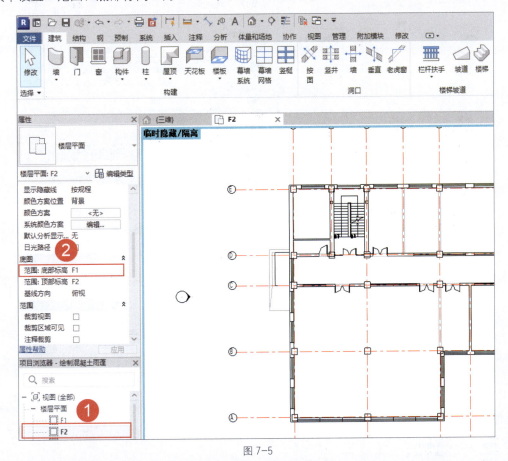

图 7-5

(2)切换至"建筑"选项卡,单击"楼板"按钮,如图 7-6 所示。

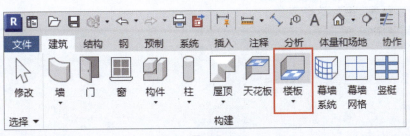

图 7-6

(3)在"属性"面板中选择楼板类型为"常规-150mm",然后单击"编辑类型"按钮,如图 7-7 所示。

(4)在弹出的"类型属性"对话框中单击"复制"按钮,复制新的楼板类型,并命名为"2F_YP_100",然后单击"结构"参数右侧的"编辑"按钮,如图 7-8 所示。

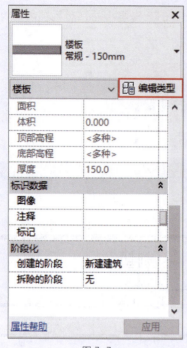

图 7-7

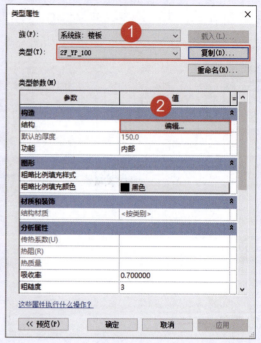

图 7-8

（5）在弹出的"编辑部件"对话框中设置结构层的厚度为"100"，然后单击"确定"按钮，如图 7-9 所示。

（6）选择矩形绘制工具，然后绘制雨篷轮廓，如图 7-10 所示。

图 7-9

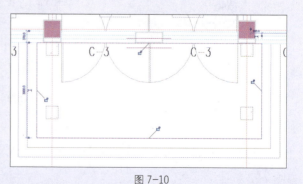

图 7-10

（7）在"修改|编辑边界"选项卡中单击"坡度箭头"按钮，然后在沿墙一侧角点位置单击，开始向下绘制长度为 1000mm 的坡度箭头，如图 7-11 所示。

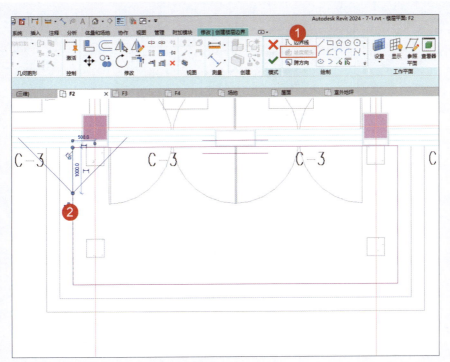

图 7-11

（8）选中坡度箭头，在"属性"面板中设置"尾高度偏移"为"0"，"头高度偏移"为"-20"，最后单击"完成编辑模式"按钮✓，如图 7-12 所示。

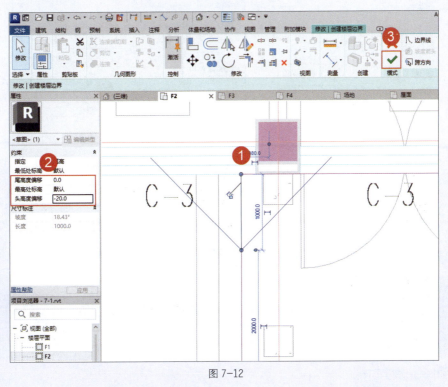

图 7-12

（9）在弹出的"正在附着到楼板"对话框中单击"不附着"按钮，如图 7-13 所示。

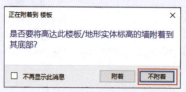

图 7-13

（10）切换到"建筑"选项卡，单击"墙"按钮，如图 7-14 所示。

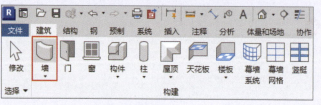

图 7-14

（11）在"属性"面板中选择"常规-200mm"墙类型，然后单击"编辑类型"按钮，如图 7-15 所示。

（12）在弹出的"类型属性"对话框中复制新的墙体类型并命名为"常规-100mm"，然后单击"结构"参数右侧的"编辑"按钮，如图 7-16 所示。

图 7-15

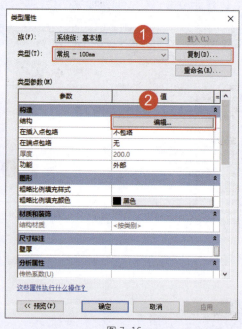

图 7-16

（13）在弹出的"编辑部件"对话框中设置结构层的厚度为"100"，然后单击"确定"按钮，如图 7-17 所示。

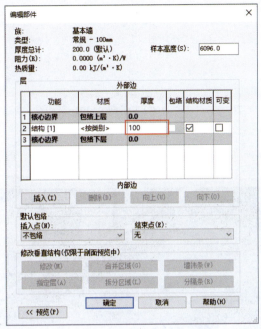

图 7-17

（14）在"属性"面板中设置"顶部约束"为"未连接"，"无连接高度"为"500"，然后在工具选项栏中设置"定位线"为"面层面：外部"，最后沿着绘制好的雨篷板边以顺时针方向绘制，如图 7-18 所示。

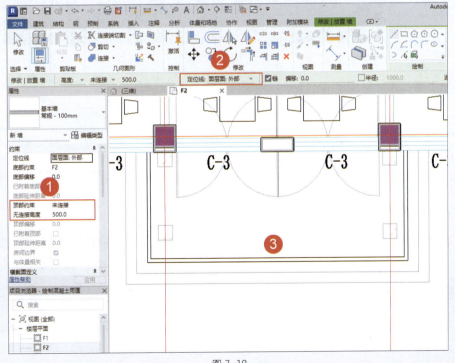

图 7-18

(15)打开三维视图,选中刚刚绘制的翻边,先在"修改|墙"选项卡中单击"附着顶部/底部"按钮,再在工具选项栏中选择"底部",然后拾取雨篷板,如图7-19所示。

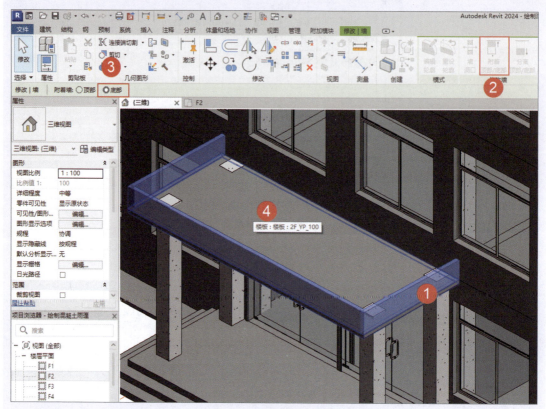

图7-19

(16)在"建筑"选项卡中单击"楼板"按钮,如图7-20所示。

图7-20

(17)在"属性"面板中选择楼板类型为"2F_YP_100",然后设置"目标高的高度偏移"为"-600",接着在走廊右侧出口位置绘制雨篷轮廓,最后单击"完成编辑模式"按钮✓,如图7-21所示。

(18)楼板完成后会弹出"正在附着到楼板"对话框,我们单击"不附着"按钮,如图7-22所示。

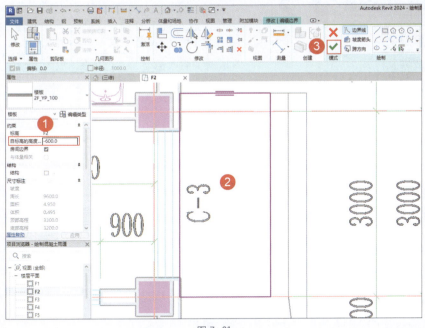

图 7-21

图 7-22

（19）将绘制好的雨篷镜像到另外一侧，然后打开三维视图，查看最终的完成效果，如图 7-23 所示。

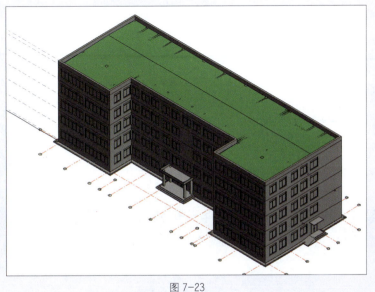

图 7-23

案例实战：布置家具

素材文件	素材文件\第7章\7-2.rvt
成果文件	成果文件\第7章\布置家具.rvt
技术掌握	构件工具的使用方法

（1）打开"素材文件\第7章\7-2.rvt"文件，进入F1楼层平面，然后切换到"插入"选项卡单击"载入族"按钮，如图7-24所示。

图 7-24

（2）在弹出的"载入族"对话框中选择"建筑\家具\3D\桌椅\桌椅组合"文件夹，选择"西餐桌椅组合"，然后单击"打开"按钮，如图7-25所示。

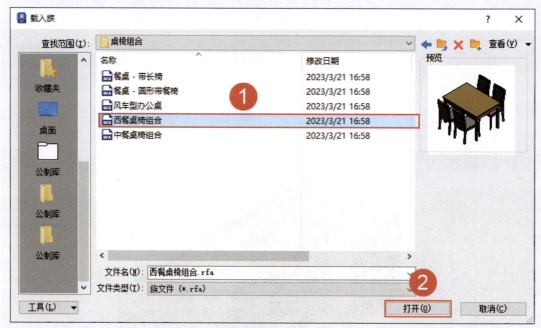

图 7-25

（3）再次单击"载入族"按钮，在弹出的对话框中选择"建筑\家具\3D\柜子"文件夹，选择"书柜7"，然后单击"打开"按钮，如图7-26所示。

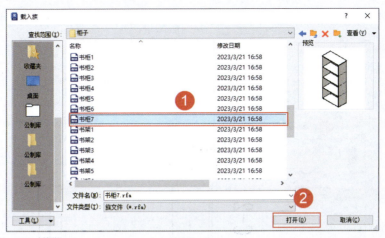

图 7-26

（4）切换到"建筑"选项卡，单击"构件"按钮，如图 7-27 所示。

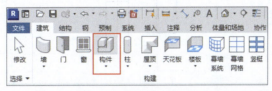

图 7-27

（5）在"属性"面板中选择任意类型的书柜 7，然后单击"编辑类型"按钮，如图 7-28 所示。

（6）在弹出的对话框中复制新的类型并命名为"W1000*D450*H2000mm"，然后修改参数"W"为"1000"，"H"为"2000"，"D"为"450"，最后单击"确定"按钮，如图 7-29 所示。

图 7-28

图 7-29

（7）选择刚刚创建的书柜，然后在视图中依次单击进行放置，完成一组书柜的放置工作，如图 7-30 所示。

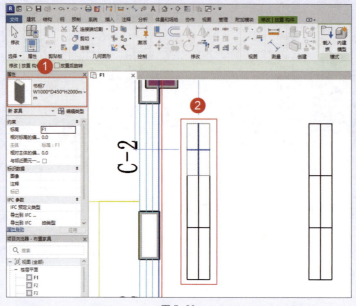

图 7-30

（8）选择放置好的一组书柜，然后在"修改|家具"选项卡中单击"创建组"按钮，在弹出的"创建模型组"对话框中输入"书柜"，最后单击"确定"按钮，如图 7-31 所示。

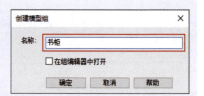

图 7-31

（9）选中创建好的模型组，然后使用复制或者阵列工具快速完成其他位置的书柜放置，如图 7-32 所示。

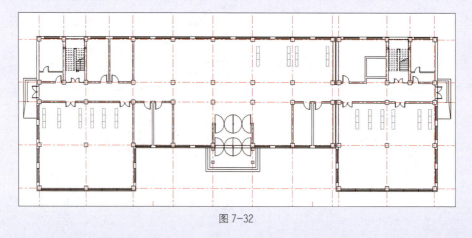

图 7-32

（10）再次单击"构件"按钮，在"属性"面板中选择任意类型的桌椅组合，然后单击"编辑类型"按钮，如图 7-33 所示。

(11)在弹出的"类型属性"对话框中,复制新的类型并命名为"1500x1000x750mm",然后修改"宽度"为"1000","长度"为"1500","高度"为"750",最后单击"确定"按钮,如图 7-34 所示。

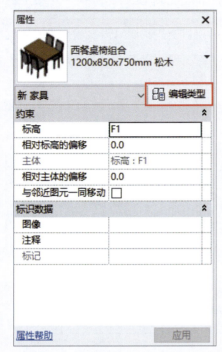

图 7-33　　　　　　　　　　　　　　图 7-34

(12)选择刚刚创建的桌椅组合,然后在视图中依次单击进行放置,完成桌椅的放置工作后,效果如图 7-35 所示。

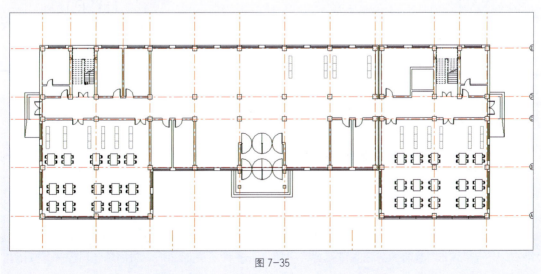

图 7-35

案例实战：布置卫浴装置

素材文件	素材文件\第7章\7-3.rvt
成果文件	成果文件\第7章\布置卫浴装置.rvt
技术掌握	构件工具的使用方法

卫浴装置和家具的布置方法基本相同，但是在本项目中，我们只需要满足平面布置的要求，并不需要使用三维的卫浴构件。所以，本案例中我们将使用更灵活方便的2D构件。

（1）打开"素材文件\第7章\7-3.rvt"文件，进入F1楼层平面，然后切换到"插入"选项卡，单击"载入族"按钮，如图7-36所示。

图7-36

（2）在弹出的"载入族"对话框中选择"建筑\卫生器具\2D\常规卫浴\蹲便器"文件夹，在其中选择"蹲间-多个2D"，然后单击"打开"按钮，如图7-37所示。

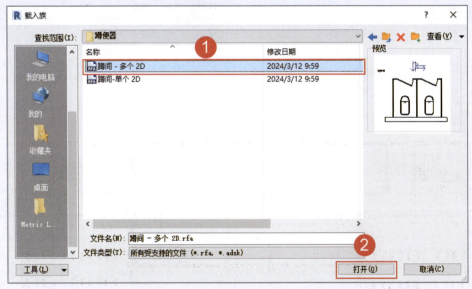

图7-37

（3）再次单击"载入族"按钮，在弹出的"载入族"对话框中选择"建筑\卫生器具\2D\常规卫浴\小便器"文件夹，在其中选择"小便器-多个有隔断2D"，然后单击"打开"按钮，如图7-38所示。

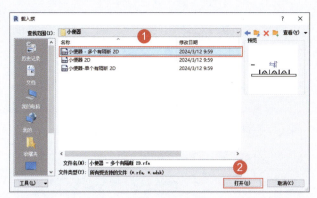

图 7-38

（4）再次单击"载入族"按钮，在弹出的"载入族"对话框中选择"建筑\卫生器具\2D\常规卫浴\洗脸盆"文件夹，在其中选择"洗脸盆-多个有台面 2D"，然后单击"打开"按钮，如图 7-39 所示。

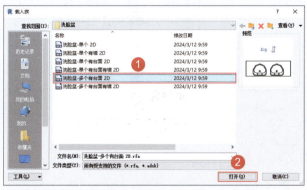

图 7-39

（5）再次单击"载入族"按钮，在弹出的"载入族"对话框中选择"建筑\卫生器具\2D\常规卫浴"文件夹，在其中选择"拖布池2 2D"，然后单击"打开"按钮，如图 7-40 所示。

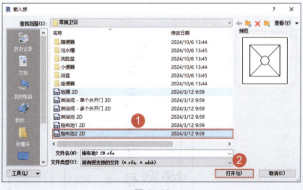

图 7-40

（6）切换至"建筑"选项卡，单击"构件"按钮，如图 7-41 所示。

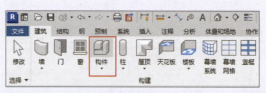

图 7-41

（7）在"属性"面板中选择"蹲间-多个2D 900 x 1200 mm 外开"，然后设置"隔间个数"为"5"，最后在卫生间进行布置，如图 7-42 所示。

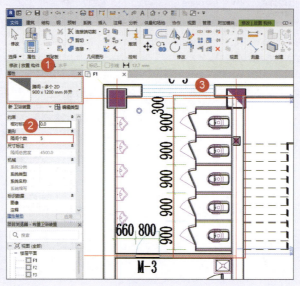

图 7-42

（8）在"属性"面板中选择"小便器-多个有隔断 2D 无隔断"，然后设置"隔间个数"为"5"，最后在卫生间位置进行布置，如图 7-43 所示。

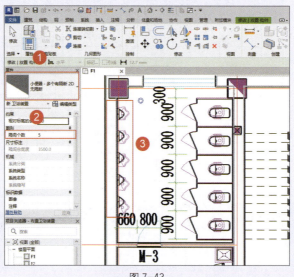

图 7-43

(9)在"属性"面板中选择"洗脸盆－多个有台面2D矩形",然后单击"编辑类型"按钮,如图7-44所示。

(10)在弹出的"类型属性"对话框中,设置"台盆间距"为"600","台盆靠边距离2"和"台盆靠边距离1"均为"300",最后单击"确定"按钮,如图7-45所示。

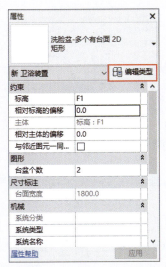
图7-44

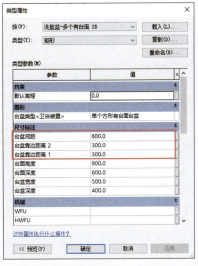
图7-45

(11)在"属性"面板中设置"台盆个数"为"3",然后在卫生间前室位置进行布置,如图7-46所示。

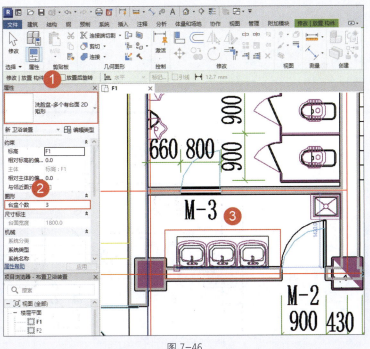
图7-46

(12)在"属性"面板中选择"拖布池2 2D",然后单击"编辑类型"按钮,如图7-47所示。

(13)在弹出的"类型属性"对话框中设置"宽度"为"600",然后单击"确定"按钮,如图7-48所示。

图 7-47

图 7-48

(14)在"属性"面板中选择刚刚编辑的拖布池,然后在卫生间前室位置进行布置,如图7-49所示。

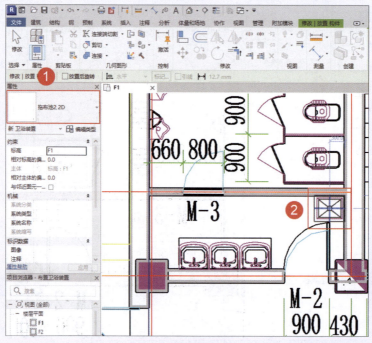

图 7-49

（15）按照相同的方法完成另外一个卫生间的布置，最终完成效果如图 7-50 所示。

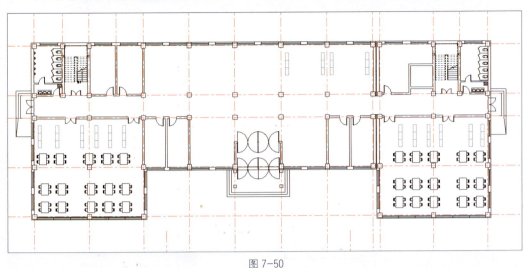

图 7-50

案例实战：布置电梯与电梯门

素材文件	素材文件\第 7 章\7-4.rvt
成果文件	成果文件\第 7 章\布置电梯与电梯门.rvt
技术掌握	构件工具的使用方法

日常我们所见到的电梯分为两个部分，分别是轿厢和电梯门。轿厢是穿梭于整个电梯井道当中的，而电梯门则布置在各个楼层中的电梯间。

（1）打开"素材文件\第 7 章\7-4.rvt"文件，进入 F1 楼层平面，切换至"建筑"选项卡，单击"构件"按钮，如图 7-51 所示。

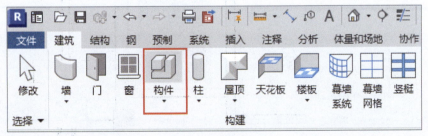

图 7-51

（2）在"属性"面板中选择"高速电梯 P16"，然后在电梯井位置单击进行放置，如图 7-52 所示。

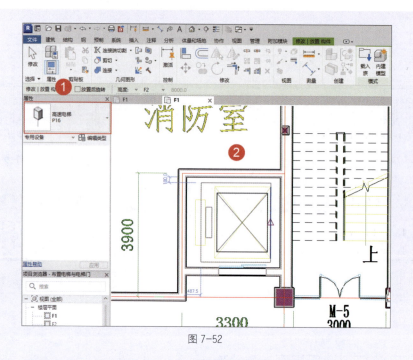

图 7-52

（3）选中放置好的电梯，然后在"属性"面板中设置"顶部标高"为"屋面"，如图 7-53 所示。

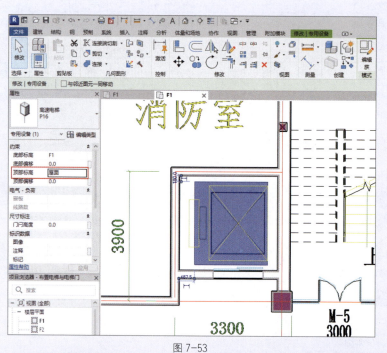

图 7-53

（4）在"属性"面板中选择"电梯门 1100mm_入口宽度"，然后单击"编辑类型"按钮，如图 7-54 所示。

（5）在弹出的"类型属性"对话框中复制类型并命名为"1500mm_入口宽度"，然后设置"入口宽度"为"1500"，最后单击"确定"按钮，如图7-55所示。

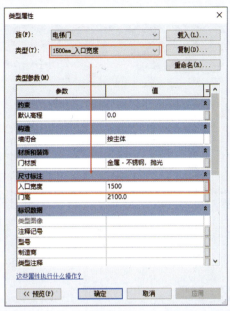

图 7-54　　　　　　　　　　　图 7-55

（6）在"属性"面板中选择刚刚新建的电梯门，然后在电梯间墙体位置处单击进行放置，如图7-56所示。

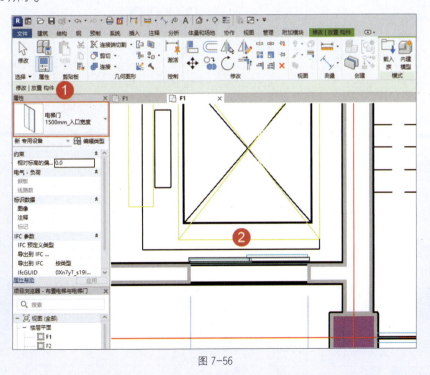

图 7-56

（7）选择放置好的电梯门，先单击"复制到剪贴板"按钮，再单击"粘贴"下拉按钮，然后在下拉菜单中选择"与选定的标高对齐"，如图 7-57 所示。

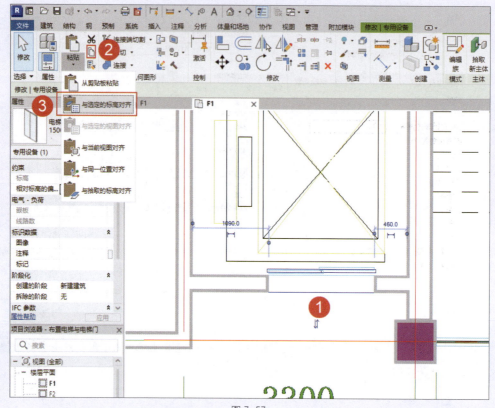

图 7-57

（8）此时会弹出"选择标高"对话框，在其中选择 F2~F5 层的标高，然后单击"确定"按钮，如图 7-58 所示。

图 7-58

（9）依次打开不同楼层，查看电梯轿厢及电梯门的布置情况，效果如图 7-59 所示。

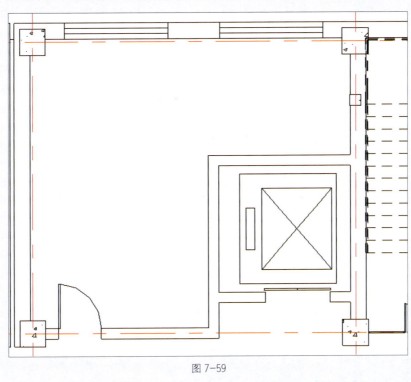

图 7-59

7.2 场地

在建筑设计领域，场地是一个至关重要的概念，它不仅是建筑物所处的物理空间，还包含了与建筑项目相关的所有环境、条件及限制因素。也就是说，场地通常指的是建筑物及其配套设施所占用的土地及其周边环境。在进行建筑设计时，必须充分考虑场地的特性和限制，以实现建筑与环境、法规及可持续发展要求的和谐统一。

7.2.1 动手练：场地建模

在建筑设计过程中，首先要确定项目的地形结构。Revit 提供了多种建立地形的方式，根据勘测到的数据，可以将场地的地形直观地复原到电脑中，以便为后续的建筑设计提供有效参考。

1. 从草图创建地形

对于简单的地形，可以通过绘制草图的方式进行创建，非常的方便快捷，但与真实的地形条件可能存在较大的差异。

（1）打开三维视图或场地平面视图，切换至"体量和场地"选项卡，单击"地形实体"按钮，如图 7-60 所示。

图 7-60

（2）在"属性"面板选择合适的地形，然后选择合适的绘制工具在视图中绘制地形边界，最后单击"完成编辑模式"按钮，如图 7-61 所示。

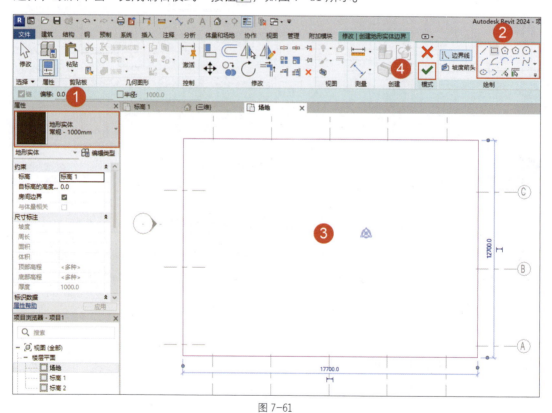

图 7-61

（3）默认情况下，地形表面高程处于"±0"的位置。可以根据需要在"属性"面板调整地形所处的标高及高度偏移，如图 7-62 所示。

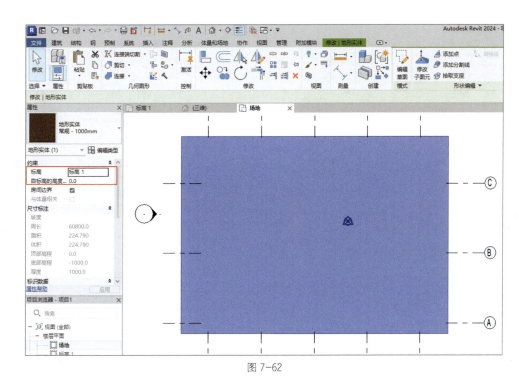

图 7-62

（4）如果需要对地形进行进一步编辑，可以利用"形状编辑"组中的工具对地形进行控制。例如，单击"添加点"按钮，然后在地形表面任意位置单击放置高程点，如图 7-63 所示。

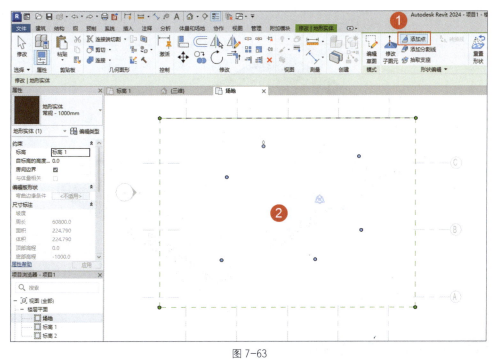

图 7-63

（5）单击"修改子图元"按钮，依次拾取高程点并修改高程数据，如图 7-64 所示。

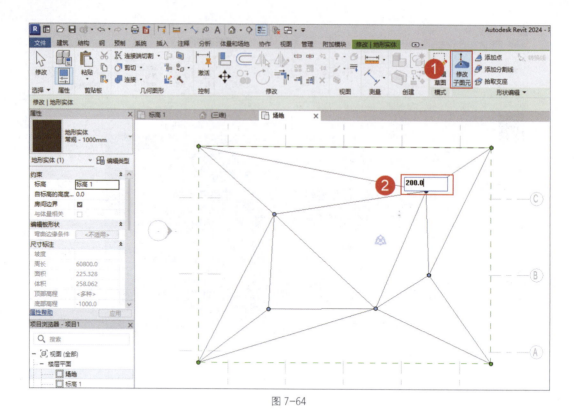

图 7-64

（6）编辑完成后，按键盘上的"Esc"键退出当前命令，然后切换到三维视图观察修改后的地形样式，如图 7-65 所示。

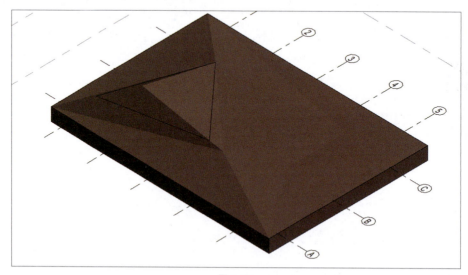

图 7-65

2. 使用 CAD 地形图生成地形

除了可以手动放置高程点创建地形，还可以根据现有的带高程的 CAD 地形图文件来创建地形。这样所创建的地形会更加真实，还原实际的地形情况。

(1)打开"场地"视图,切换到"插入"选项卡,单击"导入CAD"按钮,如图7-66所示。

图7-66

(2)在弹出的"导入CAD格式"对话框中,选择要导入的地形图文件,然后设置"导入单位"为"米",接着单击"打开"按钮,如图7-67所示。

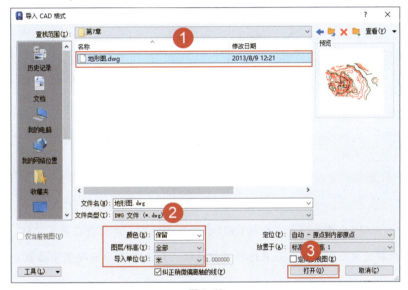

图7-67

(3)切换至"体量和场地"选项卡,然后单击"地形实体"下拉按钮,在下拉菜单中选择"从导入创建",如图7-68所示。

图7-68

(4)在"属性"面板中选择需要创建的地形类型,然后单击"从CAD创建"按钮,接着拾取导入的CAD地形图,如图7-69所示。

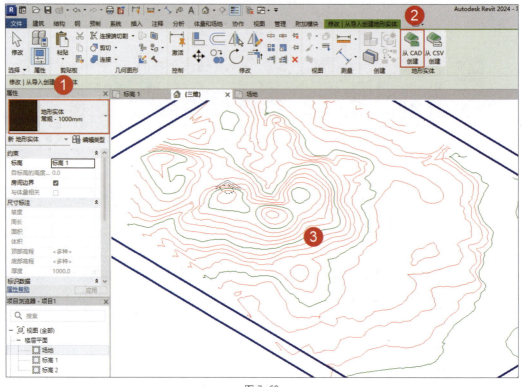

图 7-69

> **提示**
>
> 如果导入 CAD 文件后,无法拾取 CAD 图形生成地形,请检查在导入 CAD 文件时,是否选择了"仅当前视图"选项。如果选择了该选项,则无法在平面视图中拾取 CAD 文件。

(5)此时会弹出"从所选图层添加点"对话框,在其中选取有效的图层,然后单击"确定"按钮,如图 7-70 所示。

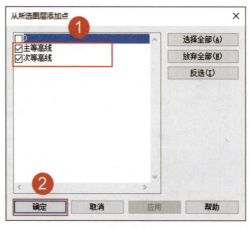

图 7-70

（6）单击"完成表面"按钮，即可完成地形创建。然后打开三维视图，查看生成的地形，效果如图 7-71 所示。

图 7-71

3. 使用点文件生成地形

点文件和地形图文件的作用异曲同工，都是通过勘察的地质数据来还原地形的真实面貌。

（1）切换至"体量和场地"选项卡，然后单击"地形实体"下拉按钮，在下拉菜单中选择"从导入创建"，如图 7-72 所示。

图 7-72

（2）在"修改|从导入创建地形实体"选项卡中，单击"从 CSV 创建"按钮，如图 7-73 所示。

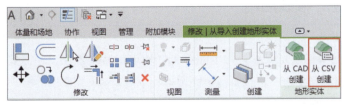

图 7-73

（3）在弹出的"选择文件"对话框中，设置文件类型为"逗号分隔文本（*.txt）"，然后选择要导入的高程点文件，单击"打开"按钮，如图 7-74 所示。

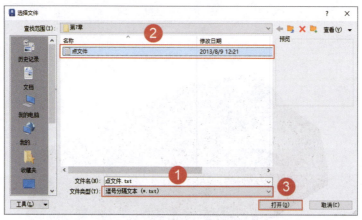

图 7-74

（4）在弹出的"格式"对话框中，设置单位为"米"，如图 7-75 所示。然后单击"确定"按钮，完成地形创建。

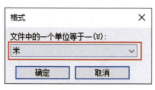

图 7-75

（5）切换至三维视图，查看生成的地形，效果如图 7-76 所示。

图 7-76

7.2.2 动手练：修改场地

当原始地形模型建立完成后，为了能够更好地进行后续工作，还需要对生成之后的地形模型进行一些修改与编辑，包括对地形的拆分和平整等操作。

1. 细分地形实体

一个地形实体可以细分为多个不同的地形实体，然后分别编辑，细分出的地形实体继承原始地形的表面形状，但必须高于原始地形表面。在细分地形实体后，可以分别为这些地形实体指定不同的材质来表示公路、湖、广场或丘陵等。

（1）选中现有的地形实体，然后在"修改|地形实体"选项卡中单击"细分"按钮，如图 8-77 所示。

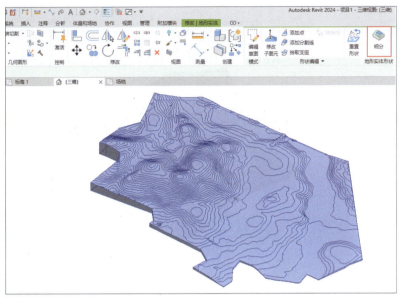

图 7-77

（2）选择合适的绘制工具，绘制需要细分的地形的边界，绘制完成后单击"完成编辑模式"按钮☑，如图 7-78 所示。

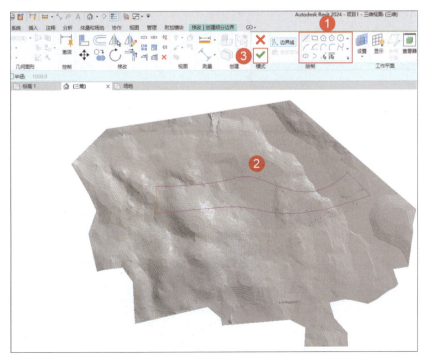

图 7-78

（3）选中细分出的地形实体，在"属性"面板中可以设置细分高度及材质，如图 7-79 所示。

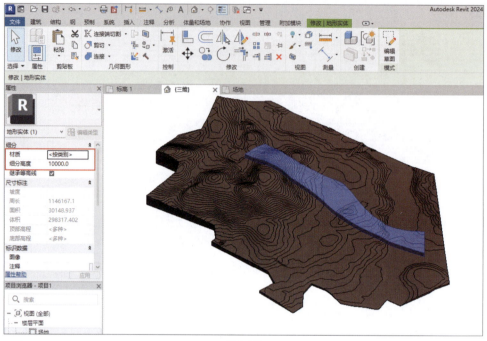

图 7-79

2. 连接地形

当遇到两种不同材质的地形时，接壤的部分必定会发生重叠的现象。这样不仅会导致地形显示上出现问题，也会导致地形体积计算错误。对于这种情况，应该使用连接工具将其按照正确的连接方式连接到一起。

（1）绘制两种不同类型的地形实体，并且发生部分重叠，如图 7-80 所示。

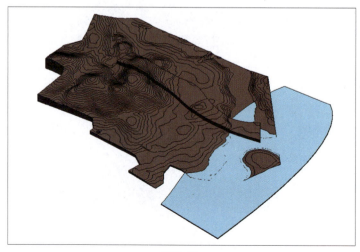

图 7-80

(2)切换至"修改"选项卡,单击"连接"按钮,然后依次拾取需要连接的地形实体,如图 7-81 所示。

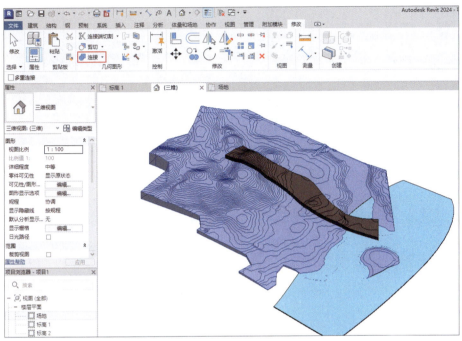

图 7-81

(3)连接成功后如果发现地形没有按照正确的顺序进行抠减,可以单击"连接"下拉按钮,在下拉菜单中选择"切换连接顺序"。接着依次拾取连接的地形,如图 7-82 所示。

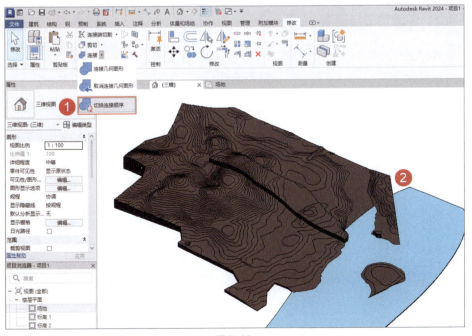

图 7-82

（4）连接顺序切换成功后，可以选中任意地形，在"属性"面板观察地形体积的变化，确认是否连接成功，如图 7-83 所示。

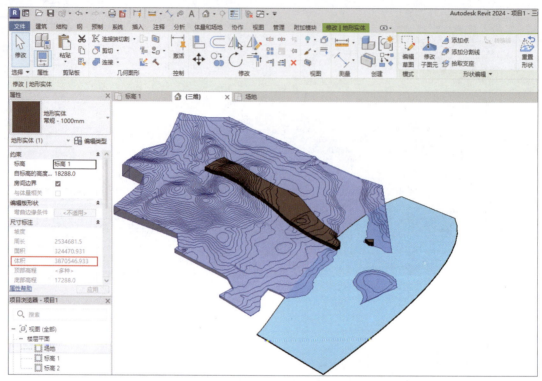

图 7-83

案例实战：创建地形与道路

素材文件	素材文件 \ 第 7 章 \7-5.rvt
成果文件	成果文件 \ 第 7 章 \ 创建地形与道路 .rvt
技术掌握	地形创建与编辑的方法

在建筑设计过程中，首先要确定项目的地形结构。Revit 提供了多种建立地形的方式，根据勘测到的数据，可以将场地的地形直观地复原到电脑中，以便为后续的建筑设计提供有效参考。在本项目中因为没有确切的地形数据，所以我们采用绘制草图的方式来创建简单地形。

（1）打开"素材文件\第 7 章\7-5.rvt"文件，进入场地楼层平面，选择"建筑"选项卡，单击"参照平面"按钮，如图 7-84 所示。

图 7-84

（2）在建筑物四周绘制四条参照平面线段作为辅助线，如图 7-85 所示。

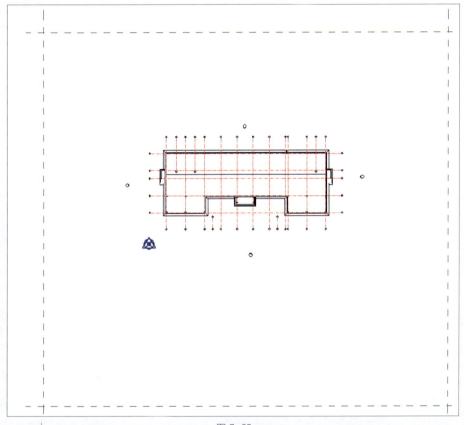

图 7-85

（3）切换到"体量和场地"选项卡，单击"地形实体"按钮，如图 7-86 所示。

图 7-86

（4）在"属性"面板中选择需要的地形类型，然后设置"目标高的高度偏移"参数为"-450"。接着选择矩形绘制工具沿着绘制好的参照平面绘制地形边界，最后单击"完成编辑模式"

按钮✓，如图 7-87 所示。

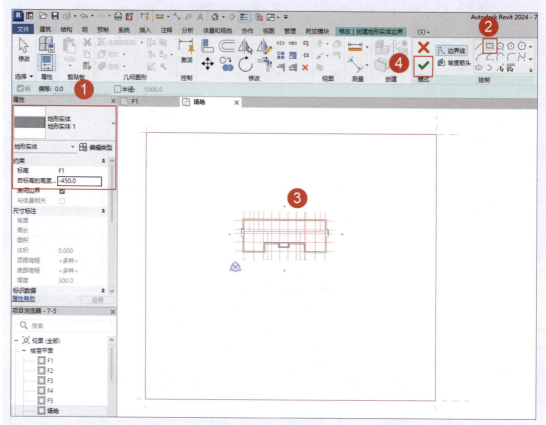

图 7-87

（5）选中创建好的地形，然后，在"修改|地形实体"选项卡中，单击"细分"按钮，如图 7-88 所示。

图 7-88

（6）选择直线绘制工具，然后在工具选项栏中设置"半径"为"2000"，接着在地形上方绘制道路轮廓线，如图 7-89 所示。

（7）在工具选项栏中取消选中"半径"复选框，然后使用直线连接各个开放路口，使其成为封闭的轮廓，接着在"属性"面板中设置"细分高度"为"10"，最后单击"完成编辑模式"按钮✓，如图 7-90 所示。

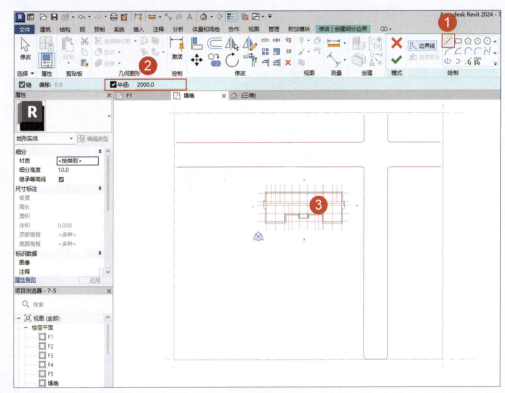

图 7-89

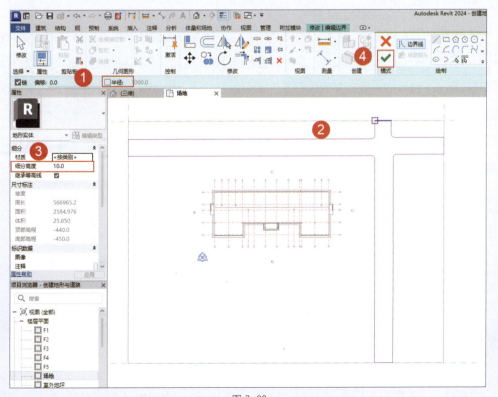

图 7-90

（8）道路完成后打开三维视图，查看场地效果，如图 7-91 所示。

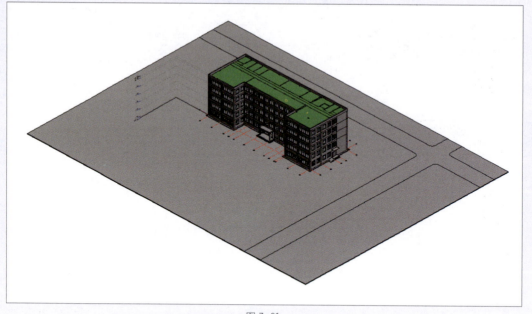

图 7-91

本章小结 ▶▶▶

本章学习了常规构件和场地的创建方法。除了特定的类别，绝大多数族都归属于构件类别，例如，我们所用到的家具、卫浴装置都属于构件，也都可以通过放置构件的方式进行布置。所以，当我们不确定某个族归属于哪个类别的话，可以通过放置构件的方式来处理。对于场地而言，主要包括地形和依附于地形所创建的各类构件，如道路、停车位等。所以建立场地的时候，只需要分为两个步骤即可完成，即第一步创建原始地形，第二步对原始地形进行编辑并创建附属构件。

第8章 材质与渲染 | 08

本章将要学习如何创建材质,并赋予不同构件中进行渲染。当模型被赋予了材质之后,必须通过渲染的方式才能够将材质的特性表现出来,所以创建材质和模型渲染是密不可分的两项工作。

学习要点

- 创建材质
- 赋予模型材质
- 模型静态渲染

效果展示

8.1 材质

Revit 中的材质代表实际的材质,如混凝土、木材和玻璃。这些材质可应用于设计的各个部分,使对象具有真实的外观和行为。在部分设计环境中,由于项目的外观十分重要,因此材质具有详细的外观属性，如反射率和表面纹理。在其他情况下，材质的物理属性（如屈服强度和热传导率）更为重要，因此材质必须支持工程分析。

8.1.1 材质库

材质库是材质和相关资源的集合。Revit 提供了部分库，其他库则由用户创建。可以通过创建库来组织材质，还可以与团队的其他人共享库。在 Autodesk Inventor 和 AutoCAD 中，使用相同的库支持使用一致的材质。软件默认提供了 AEC 材质库，其中包含了大量常用的材质，如图 8-1 所示。

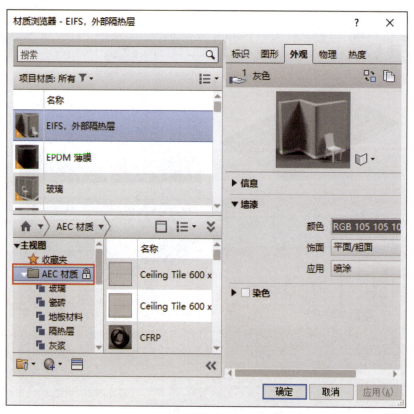

图 8-1

8.1.2 材质的属性

Revit 中所提供的材质都包含若干个属性，分为 5 个类别，分别是"标识""图形""外观""物理""热度"，每个类别下的参数用于控制对象的不同属性。"标识"选项卡提供有关材质的常规信息，如说明、制造商和成本数据等，如图 8-2 所示。

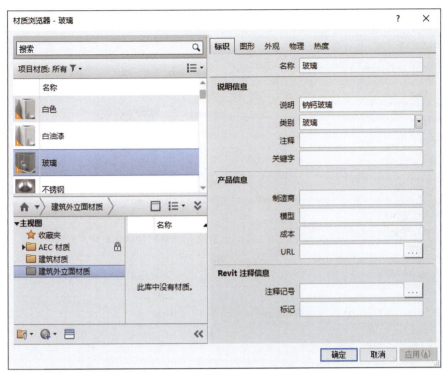

图 8-2

在"图形"选项卡中,可以修改材质在着色视图中的显示方式,以及材质表面和截面在其他视图中的显示方式,如图 8-3 所示。

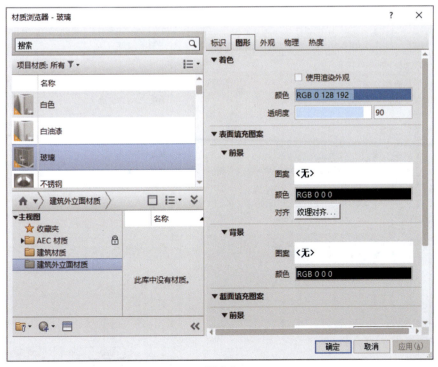

图 8-3

"外观"选项卡中的信息用于控制材质在渲染中的显示方式,如图 8-4 所示。

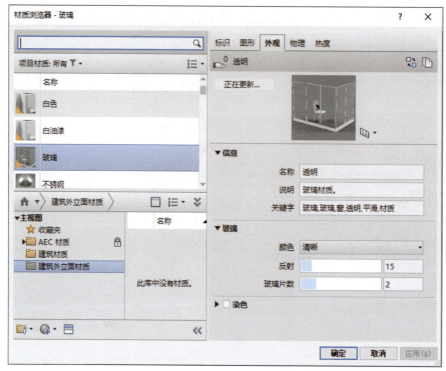

图 8-4

"物理"选项卡中的信息在建筑的结构分析和建筑能耗分析中使用,如图 8-5 所示。

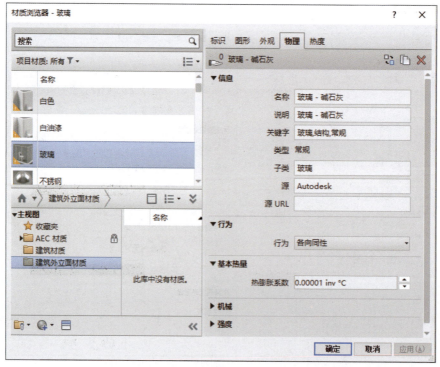

图 8-5

"热度"选项卡中的信息在建筑的热分析中使用,如图 8-6 所示。

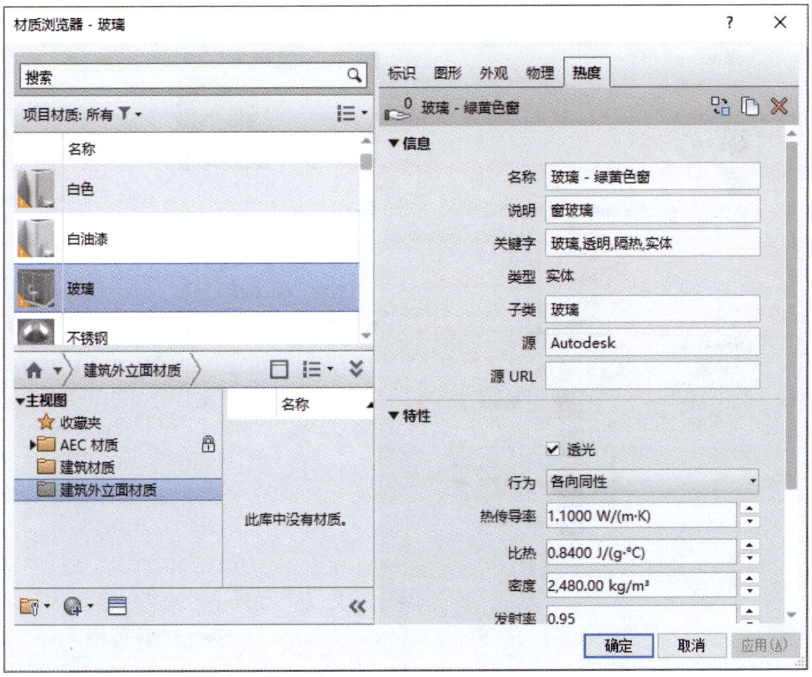

图 8-6

案例实战:创建并赋予材质

素材文件	素材文件\第 8 章\8-1.rvt
成果文件	成果文件\第 8 章\创建并赋予材质 .rvt
技术掌握	材质创建与赋予到对象的方法

本项目中的材质较为简单,外立面主要是使用棕色瓷砖和褐色大理石两种材质,室内墙体则是采用白色乳胶漆。所以,我们只需要创建这三种材质就可以了。

(1)打开"素材文件\第 8 章\8-1.rvt"文件,切换至"管理"选项卡,单击"材质"按钮,如图 8-7 所示。

图 8-7

(2)在材质浏览器中输入"涂料",然后在搜索结果中选择"涂料-黄色",并右击,在弹出的快捷菜单中选择"复制"命令,如图 8-8 所示。

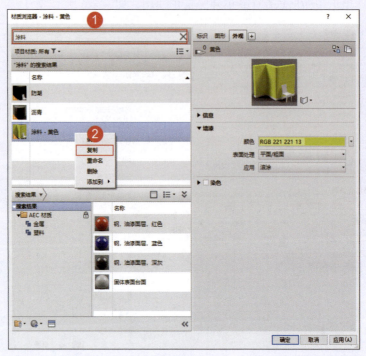

图 8-8

（3）修改复制出来的材质名称为"白色乳胶漆"，然后单击"复制此资源"按钮，接着单击"颜色"后方的色卡，如图 8-9 所示。

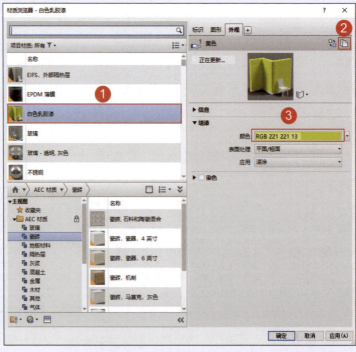

图 8-9

(4)在弹出的"颜色"对话框中选择白色,然后单击"确定"按钮,如图 8-10 所示。

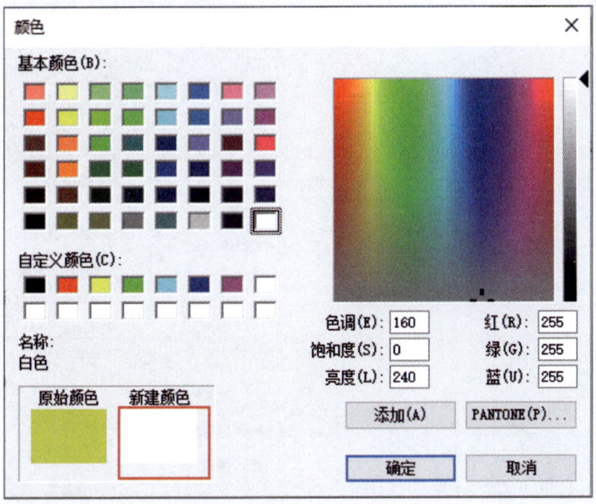

图 8-10

(5)在材质浏览器中搜索"大理石",然后双击大理石材质添加到项目材质中,如图 8-11 所示。

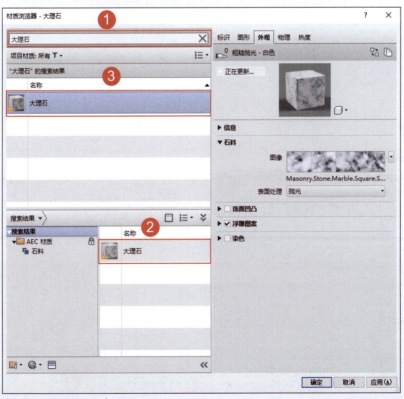

图 8-11

(6)复制大理石材质,然后命名为"褐色大理石"。接着单击"复制此资源"按钮,再单击材质贴图路径替换新贴图,如图 8-12 所示。

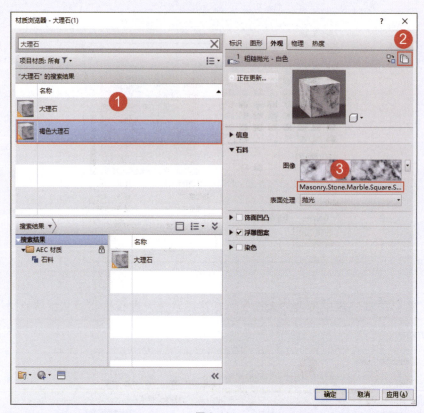

图 8-12

（7）在弹出的"选择文件"对话框中，进入"素材文件/第 8 章"文件夹选择"褐色大理石"贴图，然后单击"打开"按钮，如图 8-13 所示。

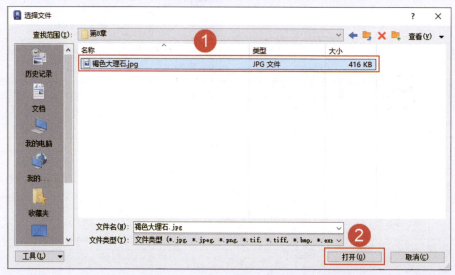

图 8-13

（8）切换到"图形"选项卡，选中"使用渲染外观"复选框，如图 8-14 所示。

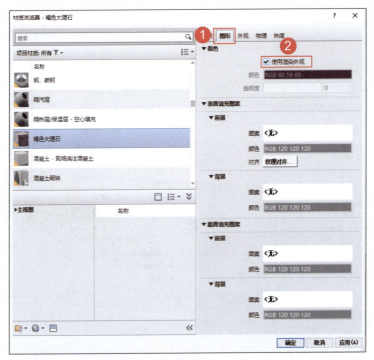

图 8-14

（9）在材质浏览器中搜索"瓷砖"，然后单击"瓷砖"类别，双击"瓷砖，机制"材质将其添加到项目材质中，如图 8-15 所示。

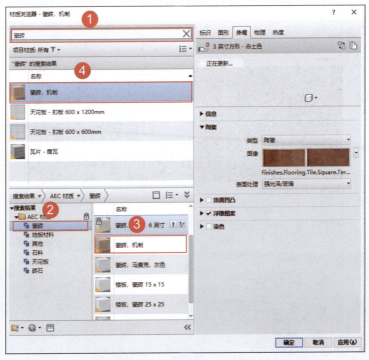

图 8-15

（10）选中"瓷砖，机制"复制出新材质，命名为"棕色瓷砖"，接着单击"复制此资源"按钮，最后单击瓷砖缩略图，如图 8-16 所示。

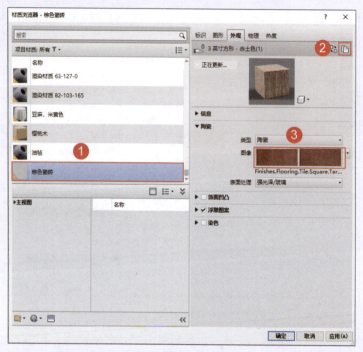

图 8-16

（11）在弹出的"纹理编辑器"对话框中，将样例尺寸修改为"600mm"，然后单击"完成"按钮，如图 8-17 所示。

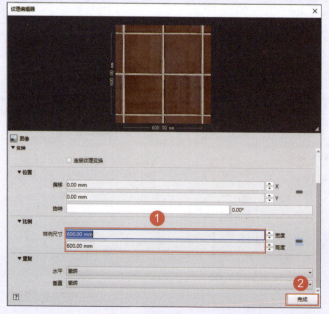

图 8-17

（12）返回材质浏览器，切换到"图形"选项卡，选中"使用渲染外观"复选框，最后单击"确定"按钮，如图 8-18 所示。

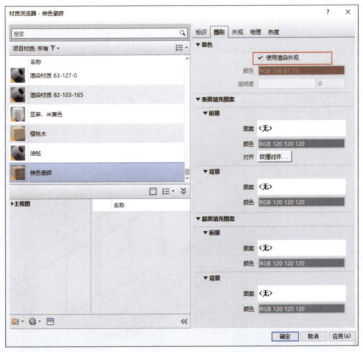

图 8-18

（13）切换到三维视图，然后选中二层的外墙，在"修改|模型组"选项卡中单击"编辑组"按钮，如图 8-19 所示。

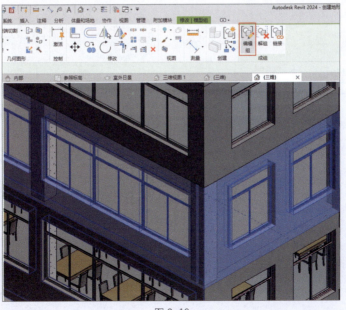

图 8-19

（14）进入编辑组模式后，选中二层任意一面外墙，然后在"属性"面板中单击"编辑类型"按钮，如图 8-20 所示。

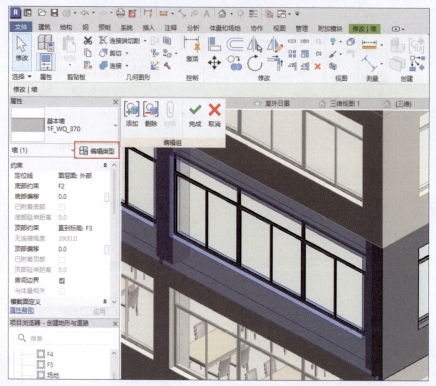

图 8-20

（15）在弹出的"类型属性"对话框中复制新的墙体类型，并命名为"2-5F_WQ_370"，然后单击"结构"参数右侧的"编辑"按钮，如图 8-21 所示。

（16）在弹出的"编辑部件"对话框中，单击"插入"按钮插入两个结构层，分别设置它们的层功能为"面层 1[4]"和"面层 2[5]"，然后设置厚度分别为"20"和"10"，如图 8-22 所示。

（17）单击"面层 1[4]"材质参数中的"浏览"按钮，如图 8-23 所示。

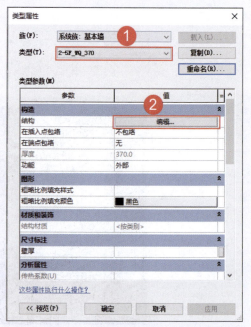

图 8-21

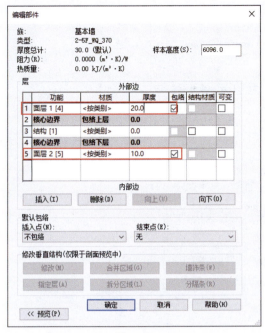 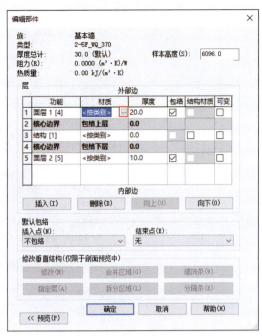

图 8-22　　　　　　　　　　　　　图 8-23

（18）在材质浏览器中搜索"棕色"，然后选择"棕色瓷砖"材质，最后单击"确定"按钮，如图 8-24 所示。

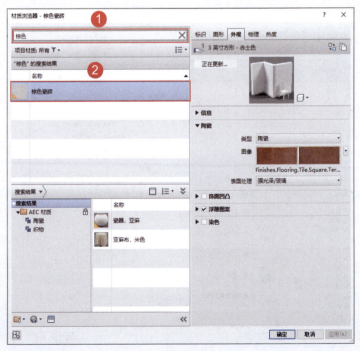

图 8-24

（19）单击"面层 2[5]"材质参数中的"浏览"按钮，如图 8-25 所示。

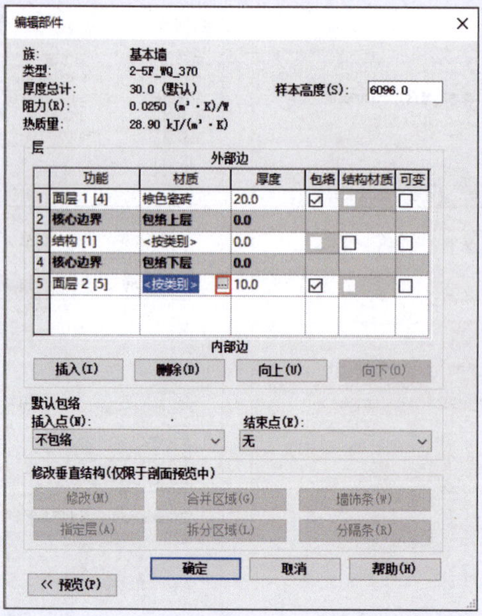

图 8-25

（20）在材质浏览器中搜索"白色"，然后选择"白色乳胶漆"材质，最后单击"确定"按钮，如图 8-26 所示。

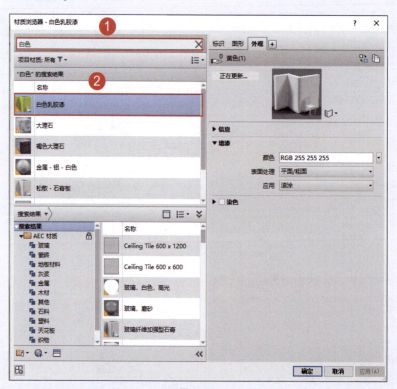

图 8-26

（21）切换到"修改"选项卡，单击"匹配类型属性"按钮，如图 8-27 所示。

图 8-27

（22）首先拾取已经修改好材质的墙体，然后拾取其他墙体进行类型匹配，最后单击"完成"按钮，如图 8-28 所示。除首层外，将其他层墙体也替换成为刚刚新建的墙体类型。

图 8-28

（23）选中首层的外墙，在"属性"面板中单击"编辑类型"按钮，在弹出的"类型属性"对话框中，单击结构参数右侧的"编辑"按钮。在弹出的"编辑部件"对话框中，单击"插入"按钮插入两个面层，并分别设置其厚度为"20"和"10"，然后单击"预览"按钮，如图 8-29 所示。

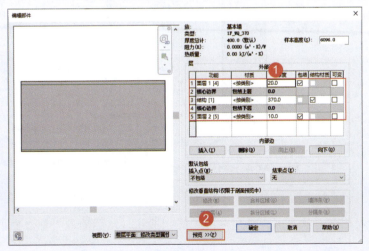

图 8-29

(24)修改视图类型为"剖面：修改类型属性"，然后单击"拆分区域"按钮，接着在预览视图中将外面层进行拆分，如图 8-30 所示。

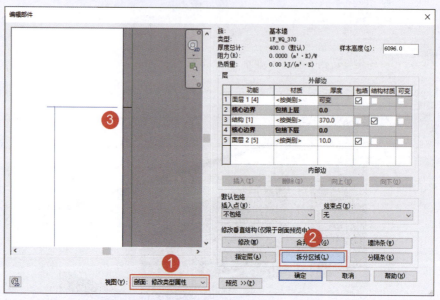

图 8-30

(25)单击"修改"按钮，拾取外面层的分隔线，然后单击尺寸标注，并将其修改为"1350"，如图 8-31 所示。

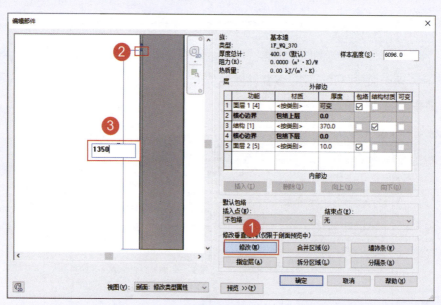

图 8-31

(26)插入一个新的面层，单击"指定层"按钮，然后拾取上部外面层，如图 8-32 所示。

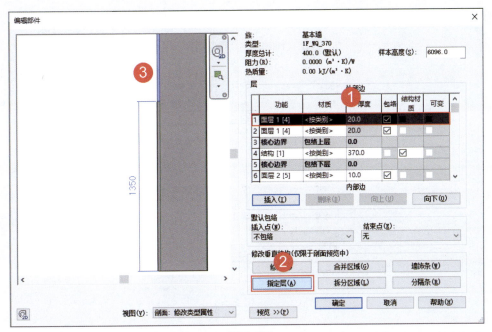

图 8-32

（27）按照从上至下的顺序，将各个面层的材质分别设置为"棕色瓷砖""褐色大理石""白色乳胶漆"，最后单击"确定"按钮，如图 8-33 所示。

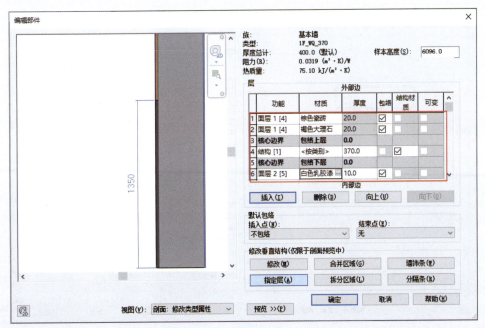

图 8-33

（28）在"属性"面板中选择双扇推拉窗，然后单击"编辑类型"按钮，如图 8-34 所示。

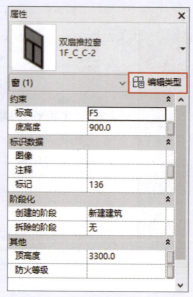

图 8-34

（29）在弹出的"类型属性"对话框中，设置"玻璃"和"窗框"的材质分别为"玻璃"和"钢"，如图 8-35 所示。接着依次选择其他类型的窗，分别设置玻璃和窗框的材质，最后单击"确定"按钮关闭对话框。

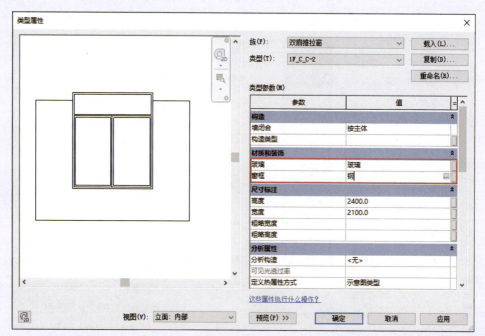

图 8-35

（30）选中场地中的道路，然后在"属性"面板中单击材质参数的"浏览"按钮，如图 8-36 所示。

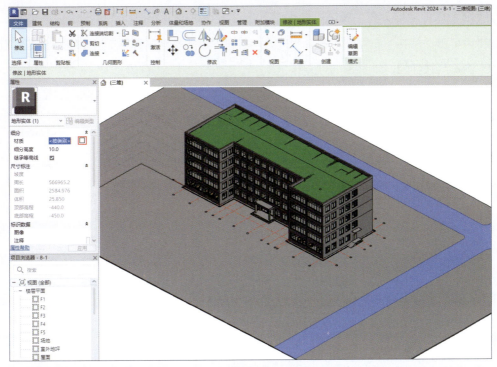

图 8-36

（31）在材质浏览器中搜索"沥青"，然后选中"沥青"材质，最后单击"确定"按钮，如图 8-37 所示。

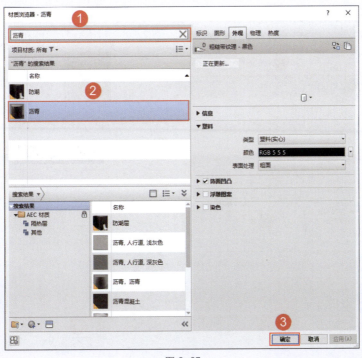

图 8-37

（32）选中地形，在"属性"面板中单击"编辑类型"按钮，在弹出的"类型属性"对话框中单击"结构"右侧的"编辑"按钮，再在弹出的"编辑部件"对话框中单击材质参数的"浏览"按钮，如图8-38所示。

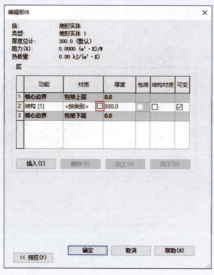

图 8-38

（33）在材质浏览器中搜索"草"，然后选中"草"材质并双击，将其添加到项目材质中，最后选中"草"材质，单击"确定"按钮，如图8-39所示。

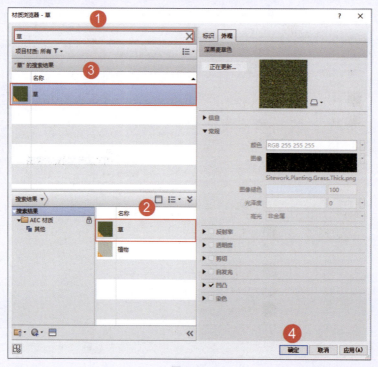

图 8-39

（34）将视图视觉样式调整为"真实"，查看最终效果，如图 8-40 所示。

图 8-40

8.2 图像渲染

Revit 集成了第三方的 AccuRender 渲染引擎，可以在项目的三维视图中使用各种效果，创建照片级真实的图像。目前，Revit 2024 提供多种渲染方式，本节主要介绍本地渲染和云渲染两种。

8.2.1 本地渲染

实现本地渲染的操作，可分为以下 5 个步骤。

第 1 步：创建三维视图。

第 2 步：（可选）指定材质的渲染外观，并将材质应用于模型中。

第 3 步：定义照明。

第 4 步：渲染设置。

第 5 步：开始渲染并保存图像。

8.2.2 云渲染

使用 Autodesk 360 中的渲染，可从任何计算机上创建照片级真实的图像和全景。从联机渲染库中，可以访问渲染的多个版本，可以将渲染图像转换为全景图，可以更改渲染质量，以及将背景环境应用于渲染素材。云渲染的优势在于方便、快捷，以及完全不占用本地资源。云渲染的整个渲染过程相较于本地渲染而言，会节省大约 2/3 的时间。但目前，使用 Autodesk 360 云渲染功能，需要用户向软件方付费成为"速博用户"，并且在渲染图像时，根据图像的不同，要按要求扣除相应的云积分，云积分用完后则需要再次向 Autodesk 付费购买。

使用云渲染功能，分为以下 3 个步骤。

第 1 步：登陆 Autodesk 360。

第 2 步：渲染设置（视图、输出类型和渲染质量等）。

第 3 步：查看渲染效果，并做相应调整。

案例实战：室内外效果图渲染

素材文件	素材文件\第 8 章\8-2.rvt
成果文件	成果文件\第 8 章\室内外效果图渲染.rvt
技术掌握	图像渲染与后期编辑的方法

（1）打开"素材文件\第 8 章\8-2.rvt"文件，进入场地平面，切换到"视图"选项卡，单击"三维视图"下拉按钮，然后在下拉菜单中选择"相机"，如图 8-41 所示。

图 8-41

（2）在视图左下角单击，确定相机位置，然后向右上角移动光标再次单击，确定目标点位置，如图 8-42 所示。

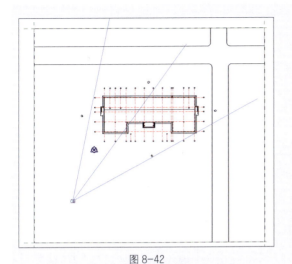

图 8-42

(3) 进入相机视图后,通过拖动裁剪框控制点调整相机范围,如图 8-43 所示。

图 8-43

(4) 在"视图"选项卡中,单击"渲染"按钮,如图 8-44 所示。

图 8-44

(5) 在弹出的"渲染"对话框中,设置质量为"中",在"分辨率"中选中"打印机"单选按钮,并设置为"150 DPI",然后单击"日光设置"右侧的"浏览"按钮,如图 8-45 所示。

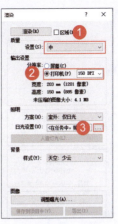

图 8-45

(6) 在弹出的"日光设置"对话框中,选择"来自右上角的日光",然后单击"确定"按钮,如图 8-46 所示。

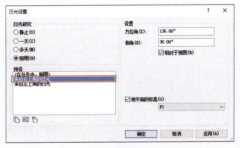

图 8-46

(7) 接着设置背景样式为"天空:非常少的云",然后单击"渲染"按钮,如图 8-47 所示。

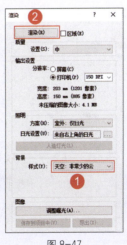

图 8-47

（8）渲染完成后，但整体色调偏暗，这时需要单击"调整曝光"按钮对图形进行后期处理，如图 8-48 所示。

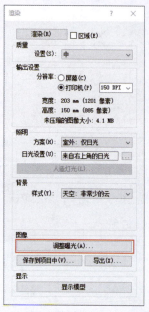

图 8-48

（9）在弹出的"曝光控制"对话框中设置"曝光值"为"12.5"，"高亮显示"为"0.3"，然后单击"应用"按钮来观察图像亮度是否合适，如图 8-49 所示。确认效果没有问题后，单击"确定"按钮。

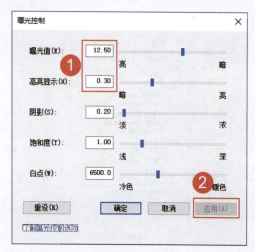

图 8-49

（10）然后在"渲染"对话框中单击"保存到项目中"按钮，如图 8-50 所示。

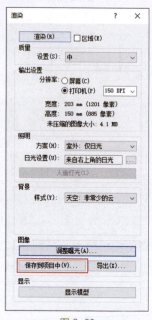

图 8-50

（11）在弹出的"保存到项目中"对话框中，输入名称为"室外日景"，然后单击"确定"按钮，如图 8-51 所示。

图 8-51

（12）关闭"渲染"对话框，在项目浏览器中打开"渲染"卷展栏，然后双击打开"室外日景"渲染图，查看最终渲染效果，如图 8-52 所示。

（13）室外效果图渲染完成后，开始进行室内效果图渲染。进入 F1 楼层平面，切换到"视图"选项卡，单击"三维视图"下拉按钮，然后在下拉菜单中选择"相机"，如图 8-53 所示。

图 8-52

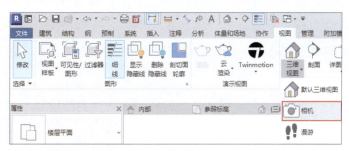

图 8-53

（14）在视图中阅览室位置的右侧角单击，确定相机位置，然后向左侧移动光标再次单击，确定目标点位置，如图 8-54 所示。

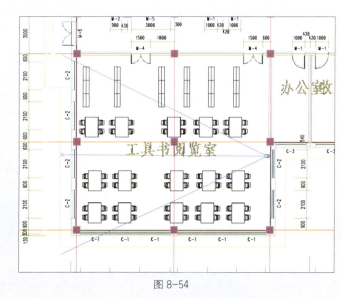

图 8-54

（15）进入相机视图后，通过拖动裁剪框控制点调整相机范围，如图 8-55 所示。

图 8-55

（16）在"视图"选项卡中，单击"渲染"按钮，如图 8-56 所示。

图 8-56

（17）在弹出的"渲染"对话框中，设置质量为"中"，在"分辨率"组中，选中"打印机"单选按钮，并设置为"150 DPI"，然后单击"日光设置"右侧的"浏览"按钮，如图 8-57 所示。

（18）在弹出的"日光设置"对话框中，选择"来自左上角的日光"，然后单击"确定"按钮，如图 8-58 所示。

图 8-57

图 8-58

（19）调整照明方案为"室内：仅日光"，设置背景样式为"天空：无云"，然后单击"渲染"按钮，如图 8-59 所示。

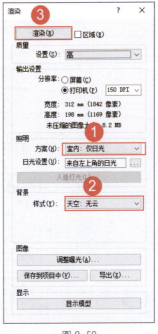

图 8-59

（20）渲染完成后发现窗户部分的桌椅存在曝光过度的情况，如图 8-60 所示。需要在"渲染"对话框中单击"调整曝光"按钮，对图形进行后期处理，如图 8-61 所示。

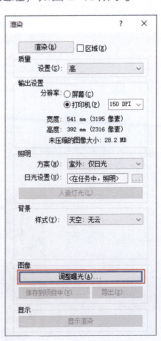

图 8-60　　　　　　图 8-61

（21）在弹出的"曝光控制"对话框中设置"高亮显示"的数值为0，然后单击"应用"按钮来观察图像亮度是否合适，如图8-62所示。确认效果没有问题后，单击"确定"按钮。

（22）然后在"渲染"对话框中单击"保存到项目中"按钮，如图8-63所示。

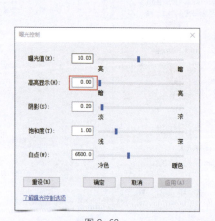
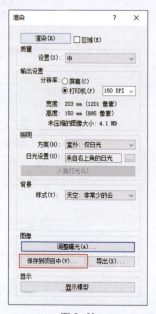

图8-62　　　　　　图8-63

（23）在弹出的"保存到项目中"对话框中，输入名称为"阅览室日景"，然后单击"确定"按钮，如图8-64所示。

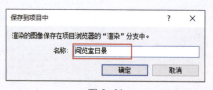

图8-64

（24）关闭"渲染"对话框，在项目浏览器中打开"渲染"卷展栏，然后双击打开"室外日景"渲染图，查看最终渲染效果，如图8-65所示。

图8-65

本章小结

本章学习了材质的创建方法,并且将材质赋予不同的构件当中。在此基础上,创建相机视图,然后进行渲染。通过以上操作,完整地将建筑效果进行可视化表达,能够直观地表现建筑外观及室内空间的设计效果。

第二篇
Navisworks 篇

Navisworks 是 Autodesk 公司推出的一款强大的建筑可视化和分析软件，主要用于建筑、基础设施和工业项目。它支持多种文件格式，能够将不同来源的设计数据集成到一个统一的三维环境中，从而实现项目的可视化、协调、分析和仿真，能够更容易地进行项目管理和沟通。

主要特点：

- **多格式支持**：支持多种设计文件格式，包括 Revit、AutoCAD、SketchUp 等，方便不同来源的数据集成。
- **集成与协作**：允许多个用户在同一个模型上工作，实现团队协作和数据共享。
- **冲突检测**：能够自动检测模型中的冲突和碰撞问题，帮助提前解决设计和施工中的问题。
- **四维和五维分析**：支持时间和成本分析，帮助用户理解项目的时间和成本影响。
- **虚拟现实和增强现实**：支持虚拟现实技术和增强现实技术，提供沉浸式的体验。

- **动画和仿真：** 可以创建动画和进行仿真，展示项目的不同阶段和施工过程。
- **性能分析：** 提供光照、热能、声学等性能分析工具，帮助优化设计。
- **文档和报告：** 能够生成详细的冲突检测报告和分析结果，方便项目管理和决策。

使用场景：

- **设计协调：** 在设计阶段，使用 Navisworks 能够进行多专业模型的集成和冲突检测，确保设计一致性。
- **施工规划：** 在施工前，通过四维和五维分析，优化施工计划和资源分配。
- **项目演示：** 向客户和团队成员展示项目的三维视图，提高沟通效率。
- **性能优化：** 利用性能分析工具，评估和改进建筑的环境性能。
- **设施管理：** 在项目交付后，用于设施的运营和维护管理。

Navisworks 作为一个多功能的可视化和分析平台，可帮助用户在整个建筑生命周期中提高项目的质量和效率，减少风险，并提供更好的决策支持。

第9章 认识 Navisworks | 09

本章将要学习 Navisworks，除了了解其主要功能，还会介绍其工作界面组成。在其工作界面中，不同的组成部分所实现的功能各有不同。此外，还将对 Navisworks 原生格式及支持的第三方格式做详细的介绍，让大家能更好地了解 Navisworks。

| 学习要点 |

- 软件界面
- 数据格式
- 交互方式

| 效果展示 |

9.1 Navisworks 简介

相比于 Revit 而言，大家对于 Navisworks 可能会陌生一些。但丝毫不能小瞧这款软件的能量，在被 Autodesk 收购之前，它可谓是 AEC（建筑、工程和施工）及三维校审领域的领头羊。下面来详细了解一下这款软件的前世今生。

Navisworks 能够将 AutoCAD 和 Revit 等应用软件创建的设计数据，与来自其他设计工具的几何图形和信息相结合，将其作为整体的三维项目，通过多种文件格式进行实时审阅。Navisworks 可以帮助所有建筑相关方将项目作为一个整体来看待，从而优化从设计决策、建筑实施、性能预测、设施管理到运营维护等各个环节。

1. Navisworks 的历史

Navisworks 软件起源于 20 世纪 90 年代中期，由 Tim Wiegand 在英国剑桥大学开发。作为一款三维协调、协作和流程管理软件，Navisworks 旨在解决设计和施工领域中的复杂问题，提高项目的整体质量和完成效率。2007 年，Navisworks 公司被 Autodesk 收购，成为其 BIM 解决方案的重要组成部分。

在被 Autodesk 收购后，Navisworks 软件得到了进一步的发展和完善。Autodesk 为 Navisworks 提供了更多的资源和技术支持，使其能够更好地满足用户的需求。同时，Navisworks 也与 Autodesk 的其他产品进行了深度整合，如 Revit 系列软件等，实现了数据在不同软件之间的无缝共享和交换。

如今，Navisworks 软件已经发展成为一款功能强大的三维协调、协作和流程管理软件。它支持多种三维设计模型的导入和整合，提供了强大的冲突检测和协调工具，以及丰富的报告和演示功能。Navisworks 软件已经成为建筑、工程和施工等领域中不可或缺的工具之一，为项目的成功实施提供了有力的支持。

2. Navisworks 的主要功能

通过模型合并、3D 漫游、碰撞检查和 4D 模拟等功能，Navisworks 能够为工程行业的设计数据提供完整的设计审核方案，延伸了设计数据的用途。

Navisworks 凭借着其强大的功能和广泛的应用领域，在 3D 模型漫游和设计审核市场中占据领先地位，目前在建筑工程、基础设施、工业项目等领域，它的易用性和高效性受到了广泛的关注和认可。

在 AEC 行业，Navisworks 为施工总包和分包提供了一个与业主和设计单位共享的 3D 技术平台；通过这个平台，各方可以更方便地共享和讨论设计信息。

在规划和工厂制造领域，Navisworks 同样具有广泛的应用价值，被广泛用于投标、设计、施工和运营之中，其独有的 3D 漫游和检视技术，为设计者和施工单位提供了极大的便利。

9.2 开启你的 Navisworks 之旅

通过前面的介绍，相信大家对 Navisworks 这款软件已经有了大致的了解。其实，Navisworks 真正的核心功能在于它强大的整合和轻量化能力。举个简单的例子，假设我们接手了一个工业项目，其中所涉及的专业繁多，所用到的各类设计建模软件自然也是种类颇多。在这种情况下，如何对各专业的设计模型进行整合协调就成了一件非常棘手的事情。而 Navisworks 显然就成了得力的帮手。其可以兼容市面上几乎所有主流的 2D、3D 设计建模的原生格式。例如，Revit、CAD、SketchUp、CATIA、SolidWorks 等软件的设计模型可以直接导入，避免了因互相转换格式而导致丢失数据的风险。而其强大的轻量化功能又能将庞大的文件体积进行有效压缩，使得设计校审、项目展示这些工作变得异常高效而轻松。

9.2.1 认识一下 Navisworks

本次教学我们采用的是 Navisworks 2024（这里特指 Navisworks Manage 2024）。在我们安装好 Navisworks 2024 之后，可以通过双击桌面上的快捷图标 来启动，或者在 Windows 的"开始"菜单中找到 Navisworks 2024 的程序来启动，如图 9-1 所示。

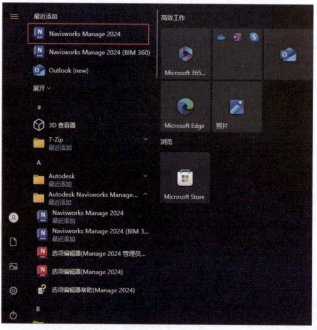

图 9-1

当启动 Navisworks 软件后，就可以进入 Navisworks 的工作界面了，如图 9-2 所示。

Navisworks 2024 使用了 Ribbon 界面。相对于传统界面方式而言，Ribbon 界面不再将命令隐藏于各个菜单下，而是按照日常使用习惯，将不同命令归类后放入不同的选项卡。当我们选择相应的选项卡时，便可直接找到自己需要的命令，这样的界面方式极大提高了工作效率。

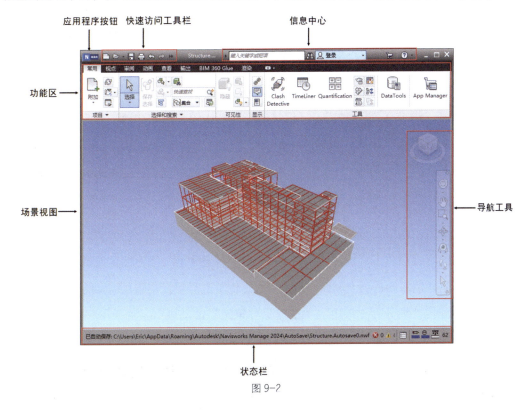

图 9-2

9.2.2 软件界面介绍

1. 应用程序按钮和菜单

单击界面左上角的应用程序按钮 N，就打开了应用程序菜单，如图 9-3 所示。应用程序菜单左侧包括"新建"、"打开"、"保存"、"另存为"、"导出"、"发布"、"打印"和"通过电子邮件发送"共 8 项命令，右侧包括最近使用的文档、"选项"按钮和"退出 Navisworks"按钮。关于最近打开的文档数量，可以在"选项"中设置。以上基本操作与 Autodesk 系列软件相似，在后面的案例中会进行介绍。

图 9-3

2. 快速访问工具栏

快速访问工具栏默认位于界面最顶端，它集成了一些常用的命令和按钮，工作时便于查找，默认情况下包含"新建"、"打开"、"保存"、"打印"、"撤销"、"恢复"、"刷新"、"选择"和"自定义"这9个功能命令，如图9-4所示。

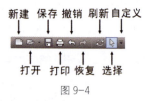

图9-4

3. 信息中心

在Autodesk公司的系列软件中，"信息中心"是比较常用的功能，如图9-5所示。它由标题栏右侧的一组工具组成，根据Autodesk产品类型和配置，这些工具可能有所不同，读者可以使用这些工具访问许多与产品相关的信息源。

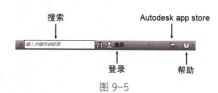

图9-5

4. 功能区

Navisworks界面中位于"快速访问工具栏"和"信息中心"下方的区域是"功能区"，由显示任务工具和按钮的选项卡和面板组成，它提供了进行项目实施所需要的全部工具。一般情况下，功能区共划分为"常用"、"视点"、"审阅"、"动画"、"查看"、"输出"、"BIM 360 Glue"、"渲染"、"项目工具"和"剖分工具"等10个选项卡，如图9-6所示。每个选项卡下都有一个集成多项工具的面板，用以完成某种特定的任务。其中，"项目工具"和"剖分工具"选项卡只有在选中了构件及启动了剖分工具时才会显示。

图9-6

（1）"常用"选项卡。"常用"选项卡内包括"项目"、"选择和搜索"、"可见性"、"显示"和"工具"5个面板，如图9-7所示。这些都是项目运行的常用工具。

图9-7

◆ 项目：控制整个场景，包括附加文件和刷新CAD文件，重置在Autodesk Navisworks中所做的更改，以及设置文件选项。

◆ 选择和搜索：为在场景视图中选择和搜索几何图像提供了多种方式。

◆ 可见性：显示和隐藏模型中的项目。

◆ 显示：显示和隐藏信息，包括特性和链接。

◆ 工具:启动 Autodesk Navisworks 模拟和分析工具。

(2)"视点"选项卡。"视点"选项卡内包括"保存、载入和回放"、"相机"、"渲染样式"、"导航"、"剖分"和"导出" 6 个面板,如图 9-8 所示。

图 9-8

◆ 保存、载入和回放:保存、录制、载入和回放保存的视点和视点动画。

◆ 相机:应用相机的各种设置。

◆ 渲染样式:控制光源和渲染设置。

◆ 导航:设置运动的线速度和角速度,选择导航工具,设置三维鼠标,设置应用的真实效果(如重力和碰撞)。

◆ 剖分:在三维工作空间中启用视点的交叉剖分。

◆ 导出:使用 Autodesk 或视口渲染器将当前视图或场景导出为其他文件格式。

(3)"审阅"选项卡。"审阅"选项卡内包括"测量"、"红线批注"、"标记"和"注释" 4 个面板,如图 9-9 所示。

图 9-9

◆ 测量:包括测量距离、角度和面积。

◆ 红线批注:在当前视点上绘制红线批注标记,并进行样式设置。

◆ 标记:在场景中添加和定位标记。

◆ 注释:在场景中查看和定位注释。

(4)"动画"选项卡。"动画"选项卡内包括"创建"、"回放"、"脚本"和"导出" 4 个面板,如图 9-10 所示。

图 9-10

◆ 创建:使用动画制作工具创建对象动画或者录制视点动画。

- 回放：选择和回放动画。
- 脚本：启用脚本，或使用动画互动工具创建新脚本。
- 导出：将项目中的动画导出为 AVI 文件或一系列图像文件。

（5）"查看"选项卡。"查看"选项卡内包括"导航辅助工具"、"轴网和标高"、"场景视图"、"工作空间"和"帮助"等面板，如图 9-11 所示。

图 9-11

- 导航辅助工具：打开/关闭导航控件，包括导航栏、ViewCube、HUD 元素和参考视图。
- 轴网和标高：显示或隐藏轴网线，并可以自定义标高的显示方式。
- 场景视图：控制"场景视图"窗口，包括进入全屏、拆分视图及设置背景样式/颜色。
- 工作空间：控制显示的浮动窗口，并可以设置载入/保存工作空间的配置。
- 帮助：为用户深入学习提供更多帮助。

（6）"输出"选项卡。"输出"选项卡内包括"打印"、"发送"、"发布"、"导出场景"、"视觉效果"和"导出数据"6 个面板，如图 9-12 所示。

图 9-12

- 打印：打印和预览当前视点，然后进行打印设置。
- 发送：发送以当前文件为附件的电子邮件。
- 发布：将当前场景发布为 NWD 文件。
- 导出场景：将当前场景发布为三维 DWF/DWFx、FBX 或 Google Earth KML 文件。
- 视觉效果：输出图像和动画。
- 导出数据：从 Autodesk Navisworks 导出数据，包括碰撞检测、搜索集、视点及 PDS 标记等。

（7）"BIM 360 Glue"选项卡。"BIM 360 Glue"选项卡内包括"BIM 360 Glue"、"模型"、"审阅"和"设备"4 个面板，如图 9-13 所示。

图 9-13

◆ BIM 360 Glue：从 BIM 360 Glue 账户中加载项目或模型文件。

◆ 模型：对 BIM 360 Glue 账户进行附加设置或刷新模型。

◆ 审阅：同步 BIM 360 Glue 账户中的视图信息。

◆ 设备：把设备特性添加到 BIM 360 Glue 模型中。

（8）"渲染"选项卡。"渲染"选项卡内包括"系统"、"交互式光线跟踪"和"导出"3 个面板，如图 9-14 所示。

图 9-14

◆ 系统：用于设置渲染引擎和调整渲染质量等全局参数。

◆ 交互式光线跟踪：选择渲染质量并直接在场景视图中进行渲染，以及暂停或取消渲染过程。

◆ 导出：保存和导出当前视点的渲染图像。

（9）"项目工具"选项卡。"项目工具"选项卡内包括"返回"、"持定"、"观察"、"可见性"、"变换"、"外观"和"链接"7 个面板，如图 9-15 所示。

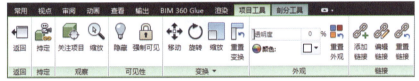

图 9-15

◆ 返回：切换回当前视图中兼容的设计应用程序。

◆ 持定：持定选中的项目，以便它们在围绕场景导航时一起移动。

◆ 观察：将当前视图聚焦于选中的项目，以及对当前视图进行缩放。

◆ 可见性：控制选中项目的可见性。

◆ 变换：移动、旋转和缩放选中的项目，或重置变换为原始值。

◆ 外观：更改选中项目的颜色和透明度，或重置外观为原始值。

◆ 链接：管理附加到选中项目的链接，或重置链接为原始值。

（10）"剖分工具"选项卡。"剖分工具"选项卡内包括"启用"、"模式"、"平面设置"、"变换"和"保存"5 个面板，如图 9-16 所示。

◆ 启用：启用/禁用当前视点的剖分。

◆ 模式：在"平面"模式和"框"模式之间切换剖分模式。

图 9-16

◆ 平面设置：控制剖面。

- 变换：移动、旋转和缩放剖面/框。
- 保存：保存当前视点。

5. 场景视图

场景视图是指查看三维模型所在的区域。启动 Navisworks 时，场景视图部分默认仅包含一个场景视图，如图 9-17 所示。但用户可以根据需要添加更多的场景视图，自定义场景视图将会被命名为"视图 1"，其中 1 表示当前视图的编号。如果继续添加新的视图，编号将按照顺序增加。

图 9-17

6. 导航工具

导航栏提供了在模型中进行交互式导航和定位的相关工具，如图 9-18 所示。用户可以根据需要显示的内容来自定义导航栏，还可以在"场景视图"中更改导航栏的固定位置，通过单击导航栏中的按钮就可以启用相应的导航工具。

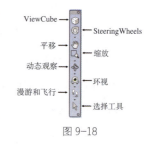

- ViewCube：指示模型的当前方向，并用于重定向模型的当前视图。

图 9-18

- SteeringWheels：在专用导航工具之间快速切换的控制盘集合。
- 平移：激活平移工具并平行于屏幕移动视图。
- 缩放：用于放大或缩小模型的当前视图比例。
- 动态观察：在视图保持固定时，用于围绕轴心点旋转模型的一组导航工具。
- 环视：垂直和水平旋转当前视图的一组导航工具。
- 漫游和飞行：模拟正常行走或空中飞行的效果。
- 选择工具：几何图形选择工具。

7. 状态栏

状态栏显示在 Navisworks 软件界面的底部，用户无法对其进行自定义或移动。状态栏中包含可在多页文件中的图纸/模型之间进行导航的控件，可显示或隐藏"图纸浏览器"窗口的按钮，以及 4 个性能指示器（可显示当前所执行操作的进度和内存使用情况），如图 9-19 所示。

图 9-19

9.3 Navisworks 软件的交互性

Navisworks 支持众多主流三维设计软件的原生格式，可以直接打开这些文件。但文件经过 Navisworks 编辑后，将会被统一保存为 Navisworks 软件的原生格式。对于无法直接打开的文件，可以将其转换为 DWG 等通用格式，或者使用 Navisworks 提供的插件，将模型转换为 Navisworks 软件的原生格式。

1. 交互方式

下面将以 Revit 这款软件为例，介绍其与 Navisworks 软件进行交互的三种转换方式，如图 9-20 所示。

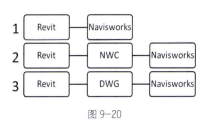

图 9-20

（1）Revit 模型可以直接使用 Navisworks 打开。

（2）Revit 模型可以通过插件转换为 NWC 格式后由 Navisworks 打开。

（3）Revit 模型可以导出为 DWG 格式后由 Navisworks 打开。

2. 原生格式

Navisworks 的原生格式共有 3 种，在不同的使用环境下会生成不同的文件格式。下面将详细介绍 3 种文件格式的区别。

（1）NWD 格式。NWD 格式文件存储所有的 Navisworks 特定数据，外加模型的几何图形。NWD 文件一般比原始的 CAD 文件更加紧凑，可以更快地载入 Navisworks 中。此文件格式通常在项目交付时使用，即使对方没有 Navisworks，他们也可以通过使用 Navisworks 的免费查看器 Freedom 来审阅这些文件。

（2）NWC 格式。默认情况下，用 Navisworks 软件打开或添加模型文件或点云文件时，将在原始文件所在的目录中创建一个与原始文件同名，但扩展名为 .nwc 的缓存文件，也可以通过"文件导出器"插件生成 .nwc 文件，这种格式文件中包含模型数据。

当下次载入或附加该文件时，如果相应的缓存文件比原始文件新，Navisworks 会从该缓存文件读取数据，不需要再次从原始文件进行转换。如果原始文件已经修改，Navisworks 在下次载入时会重建它的缓存文件。

（3）NWF 格式。NWF 格式包含正在使用的所有模型文件的索引，它还存储其他的 Navisworks 数据。此文件格式不会保存模型的几何图形，这使得 NWF 格式的文件要比 NWD 格式的文件小很多。在项目实施过程中，通常会使用此文件格式，以便于在使用过程中对模型数据实时更新。

3. 外部文件格式

除了原生格式，Navisworks 还兼容多达数百种外部文件格式，如 AutoCAD 的 NWF、NWC，Revit 的 VRT、RFA、RTE，SketchUp 的 SKP，CATIA 的 STEP、CGR 等等。

案例实战：Revit 与 Navisworks 联动

素材文件	素材文件\第 9 章\9-1.rvt
成果文件	成果文件\第 9 章\Revit 与 Navisworks 联动.rvt
技术掌握	Revit 与 Navisworks 之间数据同步的方法

掌握软件的理论知识固然重要，但只有通过实际操作才能检验是否掌握了应用技能。我们先跳过软件的基本操作环节，直接在具体操作中来了解 Revit 和 Navisworks 之间是如何实现数据传递与联动的。

（1）打开"素材文件\第 9 章\9-1.rvt"文件，并切换到三维视图，如图 9-21 所示。

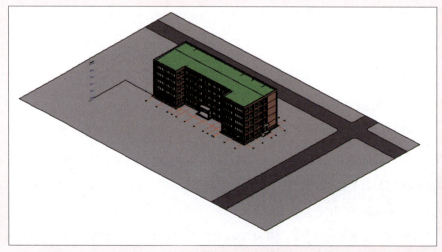

图 9-21

（2）切换至"附加模块"选项卡，单击"外部工具"按钮，然后在下拉菜单中选择"Navisworks 2024"，如图 9-22 所示。

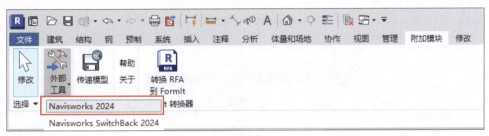

图 9-22

> **提示**
>
> 应该提前安装"Navisworks_Exporters"插件，才能完成此步操作。

（3）随后会弹出"导出场景为"对话框，首先设置文件要保存的位置，然后对要导出的文件进行命名，最后单击"Navisworks 设置"按钮，如图 9-23 所示。

（4）在弹出的"Navisworks 选项编辑器 –Revit"对话框中，首先设置"导出"为"整个项目"，然后设置"坐标"为"项目内部"，最后单击"确定"按钮，如图 9-24 所示。

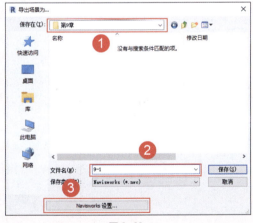

图 9-23

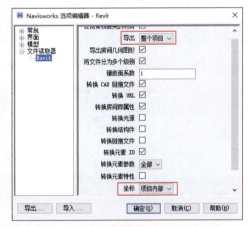

图 9-24

> **提示**
>
> 设置"导出"为"整个项目"，是为了保证导出模型的完整性，不会因为视图的某些设置条件而导致部分模型丢失。而设置"坐标"为"项目内部"，则是为了能够和其他专业模型的坐标保持一致，在整合阶段能够按照统一的坐标进行定位。

（5）返回"导出场景为"对话框，直接单击"保存"按钮即可实现文件的导出。导出进度通过进度条可以看到，如图9-25所示。

图9-25

（6）进入"附加模块"选项卡，单击"外部工具"按钮，然后在下拉菜单中选择"Navisworks SwitchBack 2024"选项，如图9-26所示。这个选项的作用是能够在Navisworks和Revit之间实现数据联动。

图9-26

（7）打开Navisworks软件，然后单击"打开"按钮，在弹出的"打开"对话框中选择刚刚导出的文件，最后单击"打开"按钮，如图9-27所示。

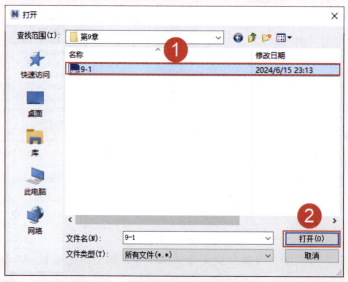

图9-27

（8）单击视图场景右上角的主视图按钮，可以调整模型的视角，如图9-28所示。

第 9 章 认识 Navisworks

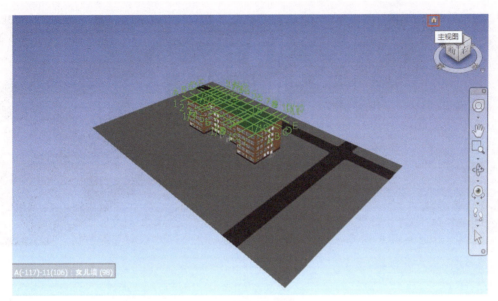

图 9-28

（9）通过鼠标滚轮放大模型，然后选中主入口位置的雨篷板并右击，在弹出的快捷菜单中选择"返回"命令，如图 9-29 所示。

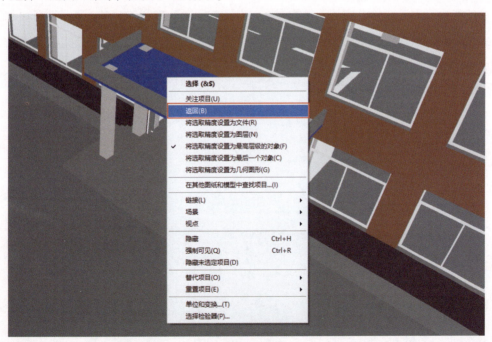

图 9-29

（10）此时返回 Revit，可以发现，软件自动创建了一个和 Navisworks 视角相同的三维视图，并且雨篷板也保持选中的状态，如图 9-30 所示。这样做的目的是在 Navisworks 中审阅模型时，如果发现问题可以快速地返回 Revit 中进行定位修改。

263

图 9-30

本章小结 ▶▶▶

本章主要学习了三部分的内容。第一部分讲到了 Navisworks 软件的由来及在行业中的作用。第二部分讲到了软件的界面,以及常用功能按钮的分布。第三部分讲到了 Navisworks 与其他软件的交互方法,以及软件所支持的数据格式。通过学习以上的内容,能够更好地理解后续案例实战练习的内容。

第 10 章 Navisworks 的基础操作

本章我们将要学习 Navisworks 的基础操作，主要包括三部分内容。第一部分会讲解模型的载入、删除等操作。第二部分会讲解如何使用常规浏览工具和 Navisworks 特有的漫游工具来浏览模型。第三部分则会讲解如何控制模型的外观颜色、查看模型的对象信息等。

学习要点

- 文件的加载与删除
- 浏览模型的方式
- 调整模型外观

效果展示

10.1 文件管理

在进行审阅工作之前，必须进行的操作就是将各类模型进行整合。Navisworks 提供了多种模型加载的方式供我们选择，接下来就让我们一起来了解一下。

10.1.1 动手练：打开文件

Navisworks 与其他软件的相同点是，可以直接打开所支持格式的文件。不同点在于，其他软件通常一次只能打开一个文件，如果同时打开多个文件，则会出现多个窗口。而在 Navisworks 中，如果一次选择了多个文件，它会将这些文件统一加载到一个场景视图中，供我们操作。

（1）单击"应用程序"按钮，在下拉菜单中选择"打开"，如图 10-1 所示。

（2）在弹出的"打开"对话框中，选择需要打开的文件，然后单击"打开"按钮，如图 10-2 所示。

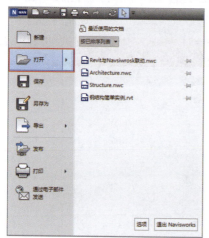

图 10-1

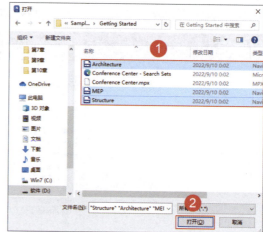

图 10-2

（3）此时，所有文件都被成功打开并加载到一个场景中，如图 10-3 所示。

图 10-3

10.1.2 动手练：附加文件

如果已经完成了打开文件的操作，但是中途又需要添加新的文件，则需要使用"附加"命令。在已经打开的文件中，我们可以随时添加新的文件，即使这个文件已经在软件中存在，依旧可以进行添加；根据添加的次数，软件中则会出现相同数量的模型。由于Navisworks无法对原始模型进行复制操作，因此可以通过附加方式得到完全相同的若干模型。

（1）新建或者打开一个文件，然后切换到"常用"选项卡，单击"附加"按钮，如图10-4所示。

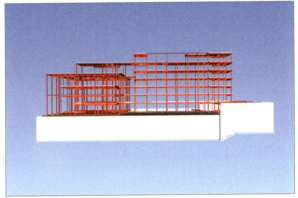

图10-4

（2）在弹出的"打开"对话框中选择需要加载的文件，然后单击"打开"按钮，如图10-5所示。

（3）文件被成功加载到现有的项目中，效果如图10-6所示。

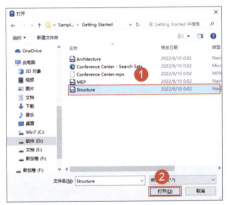

图10-5　　　　　　　　　　图10-6

10.1.3 动手练：合并文件

"合并"和"附加"功能在操作步骤和使用效果上基本相同，都可以在项目实施过程中任意阶段向其中添加文件。不同点在于，如果使用"合并"功能，向一个项目重复添加项目文件时，它只会添加一次，后续的项目文件则会被直接"忽略"掉。这其中主要的原因在于，当多个文件同时引用同一模型，在此基础上进行批注、动画编辑等操作时，如果重复加载只会增加项目体积，而不会带来任何好处。所以，当使用"合并"功能时，与现有文件重复的内容将自动删除，而只保留不同的部分，这样就大大减少了计算机重复计算的工作。

（1）新建或者打开一个文件，然后切换到"常用"选项卡，单击"附加"下拉按钮，在下拉菜单中选择"合并",如图10-7所示。

(2)在弹出的"合并"对话框中,选择需要合并的文件,然后单击"打开"按钮,如图10-8所示。

(3)文件被成功合并到现有的项目中,效果如图10-9所示。

图10-7

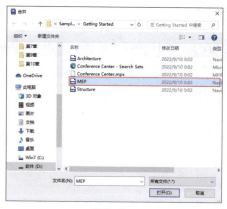

图10-8

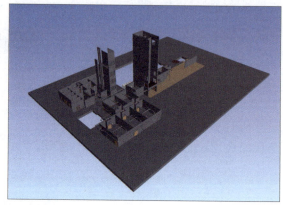

图10-9

10.1.4 动手练:删除文件

不论是通过"合并"还是"附加"添加到场景中的文件,都可以进行删除操作。但是只能删除整个文件,不能针对文件的某一部分模型进行删除,因为Navisworks只有浏览功能,不能实现对源文件的二次编辑。

(1)在"常用"选项卡中单击"选择树"按钮,打开"选择树"窗口。在"选择树"面板中,选择需要删除的文件,然后右击,在弹出的快捷菜单中选择"删除"命令,如图10-10所示。

图10-10

（2）在弹出的对话框中单击"是"按钮，如图10-11所示。文件将被成功删除，如图10-12所示。

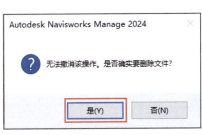

图10-11

图10-12

10.1.5 动手练：发布文件

经过编辑的文件，默认的保存格式为.nwf格式，其中只包含索引信息，而没有任何模型文件。如果需要将文件交付给他人，则需要将文件发布为.nwd格式。这时所有的文件都会被打包在一个文件中，避免了因为项目移交路径改变而导致部分文件丢失的现象。

（1）打开需要发布的文件，然后单击"应用程序"按钮，在下拉菜单中选择"发布"命令，如图10-13所示。

（2）在弹出的"发布"对话框中输入文档信息，并指定所需的文档保护，然后单击"确定"按钮，如图10-14所示。"发布"对话框中的文本框最多可以保存最后5个条目的历史记录，单击文本框最右端的下拉按钮，可以选择某个条目。

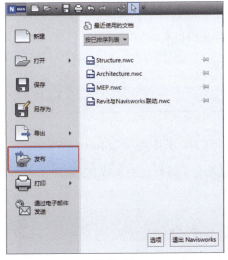

图10-13

图10-14

（3）在弹出的"另存为"对话框中，可以设置文件的保存路径，然后输入文件名，最后单击"保存"按钮即可,如图 10-15 所示。

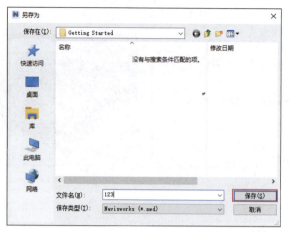

图 10-15

10.2 模型浏览

Navisworks 浏览模型的方式大致可以分为两种。

一种是使用常规浏览工具,操作与 Revit 基本一致。同样可以使用 ViewCube 工具与导航工具,也可以对视图进行旋转、平移、缩放等操作。同时,还可以使用剖分工具对建筑进行切分,能够更方便地观看到建筑内部的情况。

另一种则是使用仿真浏览工具,即 Navisworks 特有的漫游工具。它可以模拟真实世界中人行走的状态,接近于真实世界中人员检查建筑物问题的状态。与之功能相近的还有飞行工具,但是由于其本身不容易控制,因此在项目实践中使用较少。

10.2.1 常规浏览工具

常规浏览工具主要是导航栏中的 5 个工具,其中包括"SteeringWheels""平移""缩放""动态观察""环视"工具。接下来将针对这几个工具作进一步的介绍。

1. "SteeringWheels"工具

"SteeringWheels"工具的控制盘被分成不同的按钮,每个按钮都包含用于重新设置模型当前视图方向的导航工具,如图 10-16 所示。

图 10-16

（1）"中心"工具。通过"中心"工具，用户可以定义模型的当前视图中心。若要定义中心，需要按住鼠标左键并将光标放到模型上，这时会显示一个球体（轴心点），如图 10-17 所示。当释放鼠标按键后，模型中光标下方的点将成为当前视图的中心，模型将以该球体为中心。

图 10-17

> **提示**
>
> 如果光标不在模型上，则无法设置中心，并且只显示光标，不会显示球体。

（2）"环视"工具。通过"环视"工具，用户可以垂直和水平地旋转当前视图。旋转视图时，视线会绕当前视点位置进行旋转，就像一个人站在固定位置向上、向下、向左或向右看。

使用"环视"工具时，用户可以通过拖动光标来调整模型的视图。拖动光标时，光标将变为"环视"光标，并且模型绕当前视图的位置旋转，如图 10-18 所示。

（3）"动态观察"工具。使用"动态观察"工具可以更改模型的方向，光标将变为动态观察图标，如图 10-19 所示。拖动光标时，模型将绕轴心点旋转，而视图保持固定。

图 10-18

图 10-19

轴心点是采用"动态观察"工具旋转模型时使用的基点，可以按以下方式指定轴心点。

◆ **默认轴心点**：第一次打开模型时，当前视图的目标点将用作动态观察模型时的轴心点。

◆ **选择对象**：当选中某个对象时，使用"动态观察"工具，将会以这个对象作为轴心点使用。

◆ **"中心"工具**：可以在导航控制盘中单击"中心"按钮，按住鼠标左键移动鼠标指针，到达指定位置后释放鼠标，此时轴心点将被移动到指定位置。

◆ **"Ctrl"键 + 鼠标左键**：按住键盘上的"Ctrl"键，同时按住鼠标左键并移动鼠标指针，到合适的位置后释放鼠标，此时轴心点将被移动到指定位置。

（4）"平移"工具。当"平移"工具处于活动状态时，会显示"平移"光标（四向箭头），如图10-20所示。此时拖曳鼠标可以沿拖动方向移动模型，向上拖动时将向上移动模型，而向下拖动时将向下移动模型。

（5）"回放"工具。使用导航工具重新设置模型视图的方向时，会将先前的视图保存到导航历史中。系统会为每个窗口保留单独的导航历史，在关闭窗口后，将不会保留该窗口的导航历史。回放导航历史是针对特定视图的。

图10-20

通过"回放"工具，用户可以从导航历史中检索先前的视图。在导航历史中，用户可以恢复先前的视图或滚动浏览所有已保存的视图，如图10-21所示。

（6）"向上/向下"工具。与"平移"工具不同，用户使用"向上/向下"工具可以调整当前视点在模型Z轴方向上的高度。若要调整当前视图的垂直标高，需要向上或向下拖曳光标。拖曳光标时，当前标高和允许的运动范围将显示在被称为垂直距离指示器的图形元素上。

图10-21

垂直距离指示器上有两个标记，显示视图可以具有的最高（顶部）和最低（底部）标高，如图10-22所示。通过垂直距离指示器更改标高时，当前标高将以亮橙色指示器显示，而之前标高以暗橙色指示器显示。

（7）"漫游"工具。通过"漫游"工具，用户可以像漫游一样在模型中导航。启动"漫游"工具后，中心点图标将显示在视图底部附近，且光标将显示一组箭头，如图10-23所示。若要在模型中漫游，应向移入的方向拖动光标。

图10-22

图10-23

（8）"缩放"工具。使用"缩放"工具可以更改模型的缩放比例，如图10-24所示。

通过单击鼠标和快捷键组合使用，可以控制"缩放"工具的行为，具体如下。

◆ 单击：如果单击控制盘上的"缩放"工具，当前视图将放大25%。

◆ 按住"Shift"键并单击：如果按住"Shift"键，然后单击控制盘上的"缩放"工具，则当前视图将缩小25%，系统会从光标所在位置而不是当前轴心点执行缩放。

图 10-24

◆ 按住"Ctrl"键并单击：如果按住"Ctrl"键，然后单击控制盘上的"缩放"工具，则当前视图将放大25%，系统会从光标所在位置而不是当前轴心点执行缩放。

◆ 单击并拖动：单击"缩放"工具，按住鼠标左键并拖动，可以调整模型的比例。

◆ 鼠标控制盘：当显示控制盘时，向上或向下滚动鼠标，控制盘可以放大或缩小模型的视图。

> **提示**
>
> 使用"缩放"工具更改模型的比例时，无法将模型缩小到小于焦点范围，也无法放大至超出模型范围。用户放大和缩小模型时，所朝的方向由"中心"工具所设置的中心点控制。

2. 平移工具

使用平移工具可以平行于屏幕移动视图。单击导航栏上的"平移"按钮可激活平移工具。"平移"按钮的作用与SteeringWheels上可用的平移工具的作用相同。

打开任意模型，单击导航栏中的"平移"按钮，如图10-25所示。

图 10-25

按住鼠标左键，沿着上、下、左、右任意方向，即可实现对模型的平移查看，如图10-26所示。

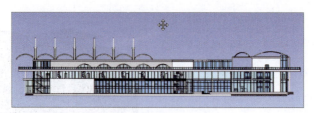

图 10-26

3. 缩放工具

单击"缩放"按钮的下拉按钮，通过选择下拉菜单中不同的选项，可以实现视图的放大或者缩小操作，如图 10-27 所示。

图 10-27

- 缩放窗口：允许绘制一个框并放大到该区域。
- 缩放：通过上下拖动鼠标实现对模型的缩放。
- 缩放选定对象：将选中的模型以最大化的形式在场景视图中显示。
- 缩放全部：通过缩放视图，将所有模型全部显示在场景中。

4. 动态观察工具

在视图中确定中心点后单击"动态观察"按钮，可以围绕中心点任意的方向旋转模型。单击"动态观察"按钮的下拉按钮，如图 10-28 所示。

图 10-28

- 动态观察：围绕模型的焦点移动相机，始终保持向上方向，且不能进行相机滚动。
- 自由动态观察：在任意方向上围绕焦点旋转模型。
- 受约束的动态观察：围绕向上方向矢量旋转模型，就好像模型坐在转盘上一样，会始终保持向上方向。

5. 环视工具

单击"环视"按钮，可以对视图中的模型进行垂直和水平两个方向的旋转。单击"环视"按钮的下拉按钮，如图 10-29 所示。

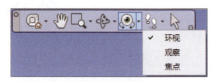

图 10-29

- 环视：从当前相机位置环视场景。
- 观察：观察场景中的某个特定点，移动相机以与该点对齐。
- 焦点：观察场景中的某个特定点，相机保持在原位。

10.2.2 仿真浏览工具

仿真浏览工具主要是指漫游和飞行工具，除了这两个工具本身所具有的功能，还可以结合真实效果选项，进一步模拟真实世界中的状态。

1. 漫游和飞行工具

单击"漫游"和"飞行"按钮，可以实现模拟正常行走和空中飞行的效果，如图10-30所示。

行走速度或飞行速度可以根据鼠标移动速度来决定，也可以通过参数设定来进行调整。

图10-30

- 漫游：在模型中移动，就好像在其中行走一样。
- 飞行：在模型中移动，就好像在飞行模拟器中一样。

如需要更改"漫游"或"飞行"时的速度，可以进入"视点"选项卡，单击"导航"面板的下拉按钮，然后可以快速调整当前视点运动的线速度和角速度，如图10-31所示。

- 线速度：设置漫游工具和飞行工具在场景中移动的速度。
- 角速度：设置漫游工具和飞行工具在场景中转动的速度。

图10-31

2. 真实效果

对三维模型进行导航时，可以使用真实效果工具来控制导航的速度和真实效果，如图10-32所示。

- 碰撞：打开此功能，场景中将会出现一个虚拟的物体（默认不可见），在漫游时将产生真实世界碰撞的效果。当遇到不可穿越的物体时会被阻挡。

图10-32

- 重力：打开此功能，将产生真实世界中的重力效果。结合碰撞功能，当遇到楼梯、坡道等物体时，视角会跟随其表面起伏同步上升或下降。当由高处向低处漫游时，会产生跌落效果。
- 蹲伏：打开此功能后，当漫游至上表面高度低于碰撞量设置的高度时，会产生向下蹲的效果，如图 10-33 所示。

◆ **第三人**：激活该功能后，将能够看到一个人物模型，该模型表示浏览者自己，如图 10-34 所示。在打开此功能的基础上，使用上述其他功能，将会对上述功能有更直观的感受。

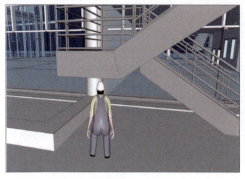
图 10-33

图 10-34

10.2.3 动手练：室内空间漫游

通过前面的内容，我们已经对常规浏览工具和仿真浏览工具有所了解。关于常规浏览工具的使用方法，想必大家已经比较熟悉，所以没有花费太多的篇幅进行介绍。而仿真浏览工具大家基本上是第一次接触，所以了解完工具的基本功能后，我们可以通过一个小小的练习，来验证一下这些工具的实用性。

（1）单击"应用程序"按钮，在下拉菜单中选择"打开"→"样例文件"命令，如图 10-35 所示。

（2）在弹出的"打开"对话框中，进入"Getting Started"文件夹，然后选择"Architecture"文件，单击"打开"按钮，如图 10-36 所示。

图 10-35

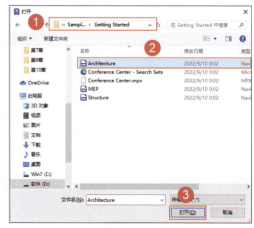
图 10-36

> **提示**
>
> 如果发现打开文件夹是空白状态,可以将对话框中文件类型更改为"所有文件(*.*)"。

(3)文件打开之后,向上滚动鼠标滚轮,可以放大视图到充满整个屏幕的状态,如图 10-37 所示。

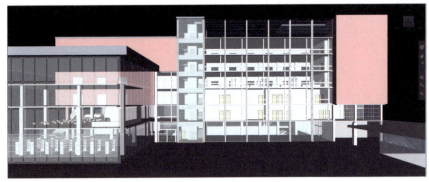

图 10-37

(4)在视图右侧单击"漫游"下拉按钮,然后在下拉菜单中选择"第三人"选项,此时视图中将出现第三人的虚拟人物,如图 10-38 所示。

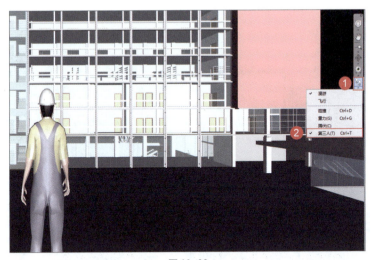

图 10-38

> **提示**
>
> 第三人实际是一个物体参照,主要帮助我们从视觉上判断空间的高度是否合理,以及较为狭窄的地方是否能够正常通行。

(5)按住鼠标左键缓慢向前移动鼠标,这时视角会跟随第三人一起向前移动。进入室内空间后,再次单击"漫游"下拉按钮,在下拉菜单中选择"碰撞""重力""蹲伏"选项,此时因为空间高度的问题,第三人已经变成蹲伏状态,如图 10-39 所示。

图 10-39

(6)缓慢向左侧移动鼠标,视角也会同步旋转,这时第三人因为开启"碰撞"和"重力"的原因,可能会卡在两个楼层之间,自身颜色也会变成红色,代表发生了碰撞,如图 10-40 所示。

图 10-40

(7)此时可以通过平移工具,将场景位置移动到当前层或者下一层,第三人会自动掉落到地面开始正常的移动。当移动到门或者墙的位置时,因为开启了"碰撞",所以第三人无法正常通过。这时可以暂时取消设置"碰撞"效果,待第三人通过后再进行选择,如图 10-41 所示。

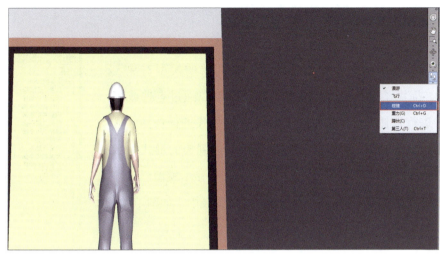

图 10-41

（8）穿越木门后，继续按住鼠标左键向右侧移动，将会看到楼梯。此时选择"碰撞"向前移动，可以观察到第三人会自动攀爬楼梯，如图 10-42 所示。大家可以按照浏览路径继续进行漫游，查看整个建筑空间内部的情况。

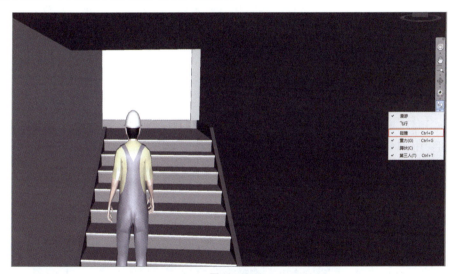

图 10-42

10.3 模型选择与修改

浏览模型时可能会发现一些问题，这时就需要选择不同的构件以获得更多的信息。同时针对与多专业协同的项目，可能还需要对个别模型进行简单的编辑，例如，进行位置移动、变换大小等操作。

10.3.1 动手练：选择对象

当模型体量较大时，很难准确地选择需要的模型对象。Navisworks 提供了多种选择模型的方法，既可以通过点选或框选的方式进行选择，也可以通过条件搜索的方式进行选择。最重要的是软件还提供了选择树，将文件结构以列表的形式显示出来，方便进一步精确选择。"选择树"面板中显示模型层级结构，它按照不同模型类别将模型归纳到不同层级中，如图10-43所示。

关于"选择树"的组织结构形式，默认情况下有以下4个选项，分别是"标准"、"紧凑"、"特性"和"集合"。

图 10-43

> **提示**
>
> "集合"选项只有在当前项目存在选择集的情况下才会显示。如果是初次打开原始设计模型，则不会显示"集合"选项，只有在项目文件中添加了选择集之后才会显示。

1. 使用"选择树"选择对象

（1）在"常用"选项卡中单击"选择树"按钮，打开"选择树"面板，然后选择"标准"选项，如图10-44所示。

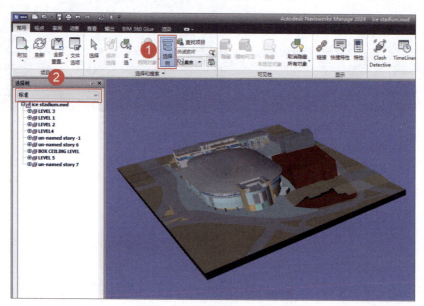

图 10-44

（2）在"选择树"面板中单击想要选择的对象，这样即可选择场景视图中对应的几何图形，如图10-45所示。

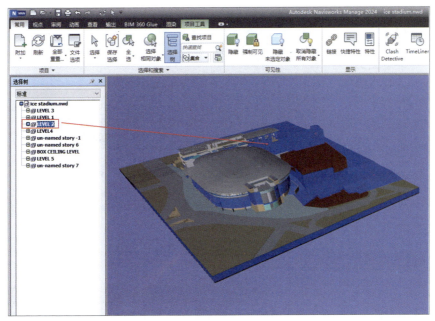

图10-45

（3）要同时选择多个项目，可使用"Shift"键和"Ctrl"键。使用"Ctrl"键可以逐个选择多个项目，使用"Shift"键可以连续选择多个项目，即选定的第一个项目和最后一个项目之间的多个项目，如图10-46所示。

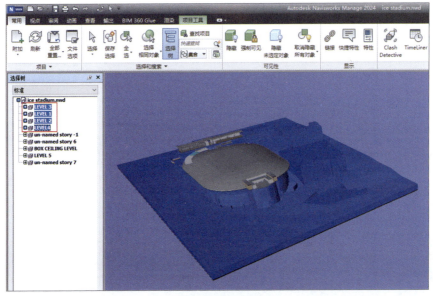

图10-46

（4）要取消选择"选择树"中的对象，可按"Esc"键，如图10-47所示。

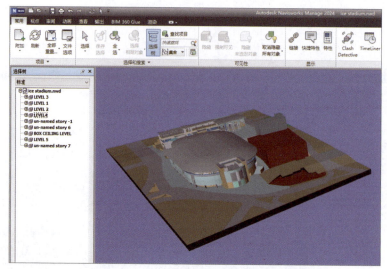

图 10-47

2. 点选与框选

在"常用"选项卡中,"选择和搜索"面板中提供两个选择工具,分别是"选择"和"选择框",可用于控制选择几何图形的方式,如图 10-48 所示。

图 10-48

(1)在场景视图中选择几何图形时,将在"选择树"中自动选中对应的对象。按住"Shift"键并在场景视图中选择项目时,可在选择精度之间切换。在场景视图中右击,然后在弹出的快捷菜单中选择相应的精度,也可以达到相同的目的,如图 10-49 所示。

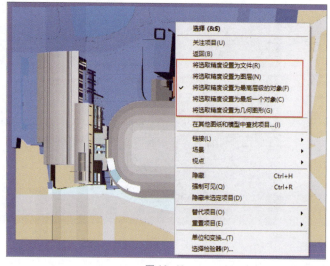

图 10-49

（2）在"常用"选项卡中单击"选择"下拉按钮，然后在下拉菜单中单击"选择"按钮，如图10-50所示。单击选择任意对象，然后在"常用"选项卡中单击"特性"按钮，将打开"特性"面板，在其中会显示选中对象的特性信息，如图10-51所示。

图10-50

图10-51

（3）单击"选择"下拉按钮，在下拉菜单中单击"选择框"按钮，如图10-52所示。使用该按钮可以选择模型中的多个项目，方法是要在进行当前选择的区域拖动矩形框。

图10-52

（4）启用"选择框"工具后，在场景视图中将鼠标指针放置于起点位置，然后按住鼠标左键拖曳出一个矩形区域，释放鼠标后，选择框内的对象将被选中，如图10-53所示。

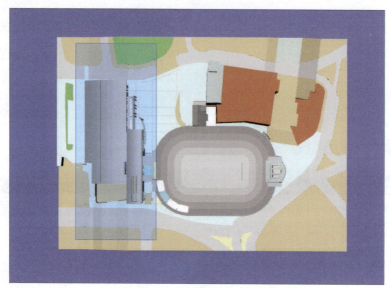

图 10-53

3. 设置拾取半径

在 Navisworks 中用鼠标选择对象时,鼠标指针与被选择对象之间的距离被定义为拾取半径,而这个拾取半径要设置为多少比较合适,则需要根据实际情况来决定。

当选择一条线时,如果拾取半径设置为 1(像素),那么将很难选中这条线,因为只有鼠标指针距离这条线小于或等于 1 像素时才能被有效选中。如果设置拾取半径为 9(像素),那就比较容易选中这条线,因为这个选取范围更大一些。当拾取半径值为 1(像素)时,选择效果如图 10-54 所示;当拾取半径值为 9(像素)时,选择效果如图 10-55 所示。

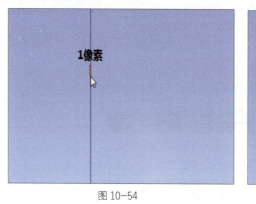

图 10-54

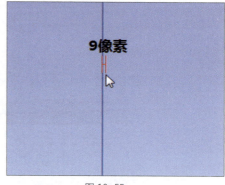

图 10-55

下面来介绍一下如何设置拾取半径。

(1)单击"应用程序"按钮,在弹出的下拉菜单中单击"选项"按钮,如图 10-56 所示。

(2)在弹出的"选项编辑器"对话框中展开"界面"节点,并选择"选取"选项,如图 10-57 所示。

图 10-56

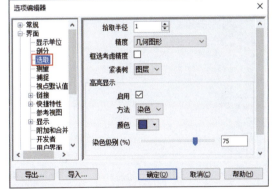
图 10-57

（3）在"选择"参数的面板中设置"拾取半径"（以像素为单位），有效值介于1和9之间，项目必须在此半径内才可以被选中，最后单击"确定"按钮，如图 10-58 所示。

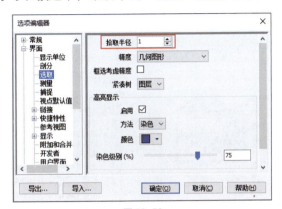
图 10-58

4. 设置默认选择精度

在场景视图中单击对象时，Navisworks 不知道要从哪个项目级别开始选择。可以通过"常用"选项卡中的"选择和搜索"面板来自定义默认的选择精度，如图 10-59 和图 10-60 所示。

图 10-59

图 10-60

另外，还可以使用"选项编辑器"来设置默认的选择精度，具体操作如下。

（1）单击"应用程序"按钮，在弹出的下拉菜单中单击"选项"按钮，如图 10-61 所示。

（2）在弹出的"选项编辑器"对话框中展开"界面"节点，并选择"选取"选项，如图 10-62 所示。

图 10-61

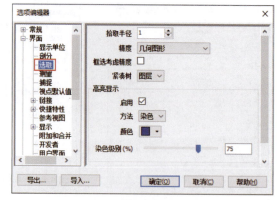
图 10-62

（3）在"精度"下拉列表中选择默认精度，如图 10-63 所示，最后单击"确定"按钮。

（4）通过"选择树"也可以设置选择精度，在"选择树"中的任何项目上右击，然后在弹出的快捷菜单中选择"将选取精度设置为……"命令，选择任一选项后，即可将其设置为默认选择精度，如图 10-64 所示。

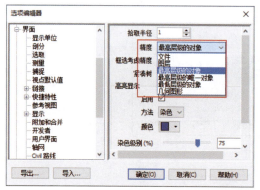
图 10-63

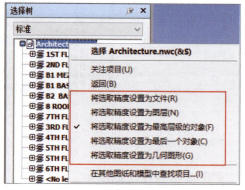
图 10-64

5. 设置高亮显示

通过"选项编辑器"对话框，用户可以自定义被选中对象的高亮显示颜色和模式，有 3 种类型的高亮显示模式，分别是"着色"、"线框"和"染色"，如图 10-65 所示，这 3 种显示模式均可以自行设定显示颜色。

图 10-65

下面讲解一下自定义对象的高亮显示的方法。

(1)单击"应用程序"按钮,在下拉菜单中单击"选项"按钮,如图 10-66 所示。

(2)在弹出的"选项编辑器"对话框中展开"界面"节点,并选择"选取"选项,如图 10-67 所示。

图 10-66

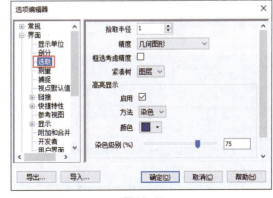

图 10-67

(3)选中"启用"复选框,在"方法"下拉列表中选择高亮显示类型("着色"、"线框"或"染色"),如图 6-68 所示。

(4)单击"颜色"下拉按钮,然后在颜色选项板中选择高亮显示的颜色,如图 10-69 所示。

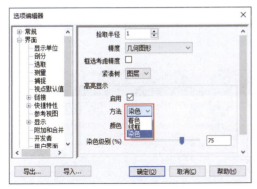

图 10-68

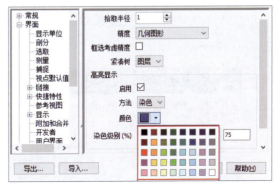

图 10-69

(5)如果在"方法"列表中选择了"染色",可使用滑块工具调整"染色级别",最后单击"确定"按钮,如图 10-70 所示。

6. 动手练:隐藏对象

Navisworks 提供了用于隐藏和显示对象的工具,控制场景视图中不需要显示的对象。下面来介绍一下如何隐藏不需要的对象。

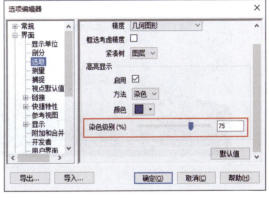

图 10-70

（1）打开任意模型，在"常用"选项卡中单击"选择"按钮，然后选中需要隐藏的对象，如图 10-71 所示。

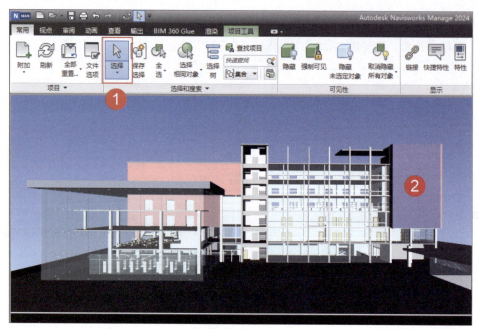

图 10-71

（2）单击"可见性"面板中的"隐藏"按钮，所选中的对象就被成功地隐藏了，如图 10-72 所示。

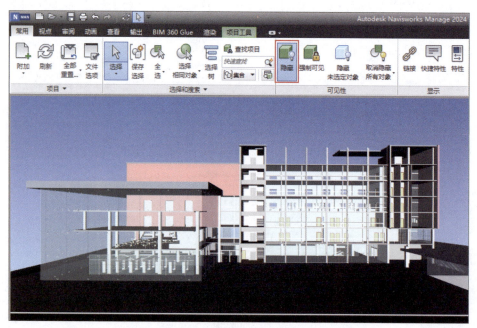

图 10-72

(3)保持所选对象的选中状态不变,再次单击"可见性"面板中的"隐藏"按钮,所选中的对象又会重新显示在视图中,如图 10-73 所示。

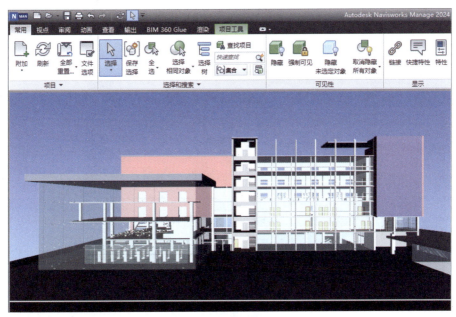

图 10-73

(4)如果取消隐藏对象的选中状态,则只能单击"取消隐藏所有对象"按钮,如图 10-74 所示,才能将隐藏对象重新显示出来。

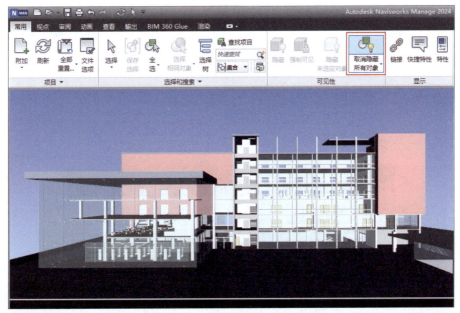

图 10-74

10.3.2 动手练：查找对象

查找是一种基于项目的特性或属性来快速定位和选择项目的快速而有效的方法。使用"查找项目"对话框可以设置查找信息和运行搜索，然后可以保存该搜索，并在后续的工作中使用该搜索结果。此外，使用"快速查找"文本框也是一种更快的搜索方法，它仅在附加到场景中的项目的所有特性名称和值中查找指定的字符串。

通过"查找项目"对话框，可以搜索具有公共特性或特性组合的项目。在左侧的栏目中选择要搜索的范围，在右侧栏目中设定要搜索对象的条件，最后单击"查找全部"按钮，在场景中将会选中符合搜索条件的全部对象，如图 10-75 所示。

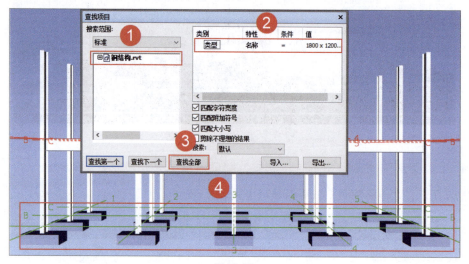

图 10-75

除了使用"查找项目"方式来查找特定的对象，用户还可以通过关键词来快速搜索对象。

（1）进入"常用"选项卡，在"选择和搜索"面板的"快速查找"文本框中输入关键词，如图 10-76 所示。这里可以是一个词或几个词，对于英文，搜索不区分大小写。

图 10-76

（2）单击"快速查找"按钮，Navisworks 将在"选择树"中查找并选择与输入的文字匹配的第一个项目，并在场景视图中选中它，然后停止搜索，如图 10-77 所示。

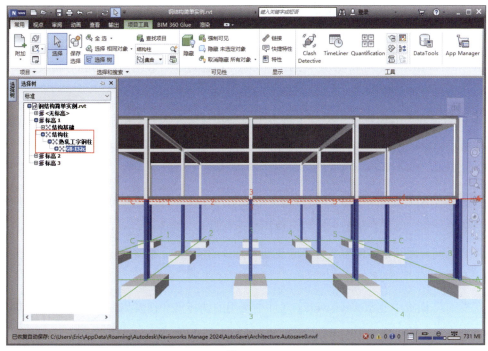

图 10-77

（3）要查找更多的项目，可再次单击"快速查找"按钮。如果有多个项目与输入的文字相匹配，则 Navisworks 会在下一次单击"快速查找"按钮时按照顺序选择下一个项目，并在场景视图中选中它，然后停止搜索，如图 10-78 所示。

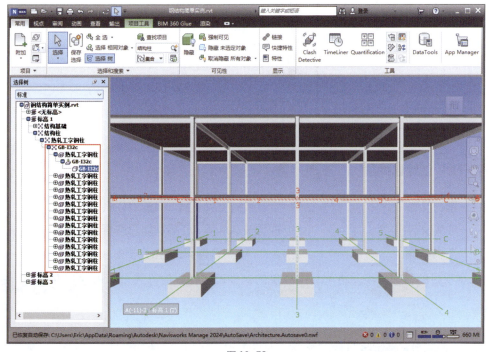

图 10-78

10.3.3 创建和使用对象集

在 Navisworks 中，可以创建并使用对象集，这样可以更轻松地查看和分析模型，对象集包括选择集和搜索集。

选择集是静态的项目组，类似于将多个模型构件保存为一个组的效果。如果模型完全发生更改，再次调用选择集时仍会选择相同项目，但如果对应的对象被删除或被替换，选择集将变为无效。

搜索集是动态的项目组，它们与选择集的工作方式类似，只是它们保存搜索条件而不是保存选择结果，因此在模型更改后可以再次运行搜索。搜索集的功能更为强大，并且可以节省搜索时间，尤其是在模型文件不断更新和修订的情况下。搜索集还可以被导出，并与其他用户共享。

"集合"面板中显示 Navisworks 文件中可用的选择集和搜索集，选择集由图标■进行标识，搜索集由图标■进行标识，如图 10-79 所示。

图 10-79

案例实战：创建选择集

素材文件	素材文件\第 10 章\10-1.rvt
成果文件	成果文件\第 10 章\创建选择集.nwf
技术掌握	选择集的创建方法

根据项目的需求，需要将项目中各层的构件以选择集的方式进行保存，方便后期进行调用。

（1）使用 Navisworks 打开"素材文件\第 10 章\10-1.rvt"文件，切换至"常用"选项卡，单击"选择树"按钮打开"选择树"面板。然后在"选择树"面板中，单击文件前的小加号展开节点。为了方便使用，可以单击小图钉按钮 将窗口进行固定，如图10-80所示。

（2）在"常用"选项卡中单击"集合"按钮，然后在下拉菜单中单击"管理集"按钮，如图10-81所示。

图10-80

图10-81

（3）在"选择树"面板中，展开"<无标高>"节点，然后选中"地形"将其拖曳到"集合"面板中，并命名为"地形"，如图10-82所示。

（4）在"选择树"面板中，展开"室外地坪"节点，然后选中"墙饰条"，拖曳到"集合"面板中，并命名为"散水"，如图10-83所示。

图10-82

图10-83

（5）在"选择树"面板中，展开"F1"节点，然后依次选中"结构柱"和"墙"，将其拖曳到"集合"面板中，并分别命名为"F1结构柱"和"F1墙"，如图10-84所示。

（6）对于其他层的构件，也按照相同的办法创建选择集，并按照"楼层＋构件类型"的方式进行命名，如图10-85所示。

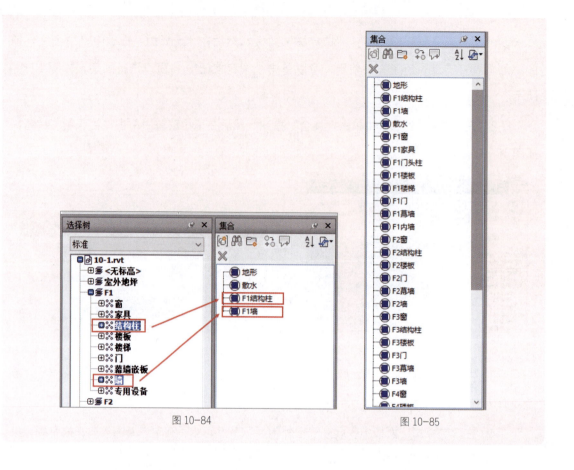

图 10-84　　　　　　　　　图 10-85

10.3.4　动手练：比较对象

在日常工作中，经常会遇到同一个项目有两个或多个模型版本的情况，导致无法确定不同模型中有哪些地方是修改过的。此时就可以通过比较对象功能来解决这个问题。

比较对象可以是文件、图层、实例、组，或者仅仅是几何图形，使用比较对象功能还可以用来调查同一模型的两个不同版本之间的差异。在比较过程中，Navisworks 从每个项目的级别开始，以递归方式向下搜索"选择树"上的每个路径，从而按照我们要求的条件比较它遇到的每个项目。比较完成后，可以在场景视图中高亮显示结果。默认情况下，使用以下颜色进行标记。

◆ 白色：匹配的项目。

◆ 红色：具有差异的项目。

◆ 黄色：第一个项目包含在第二个项目中未找到的内容。

◆ 青色：第二个项目包含在第一个项目中未找到的内容。

（1）选择两个需要比较的模型，进入"常用"选项卡，单击"比较"按钮，如图10-86所示。

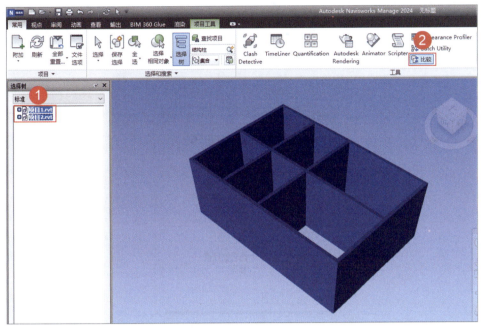

图10-86

（2）在弹出的"比较"对话框中，选择所有需要对比的内容和结果，然后单击"确定"按钮，如图10-87所示。

（3）在场景视图中显示对比后的结果，如图10-88所示。红色表示修改部分，黄色表示新增部分，而白色则代表完全一致。

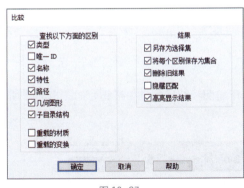

图10-87

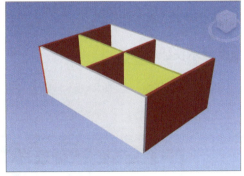

图10-88

10.3.5 动手练：查看对象特性

（1）选择某个对象，然后切换到"常用"选项卡，单击"特性"按钮，如图10-89所示。

图 10-89

（2）可以在"特性"面板中查看选中对象的各类信息，如图 10-90 所示。

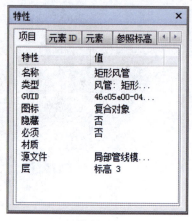

图 10-90

10.3.6 动手练：编辑快捷特性

启用"快捷特性"功能后，将光标放置于场景中某个模型构件上时，会显示当前模型的快捷特性值。默认情况下，快捷特性显示对象的名称和类型。通过"选项编辑器"对话框，可以重新设置显示哪些特性。

1. 显示快捷特性

（1）进入"常用"选项卡，在"显示"面板中单击"快捷特性"按钮，如图 10-91 所示，可以启用快捷特性功能。

图 10-91

（2）将鼠标指针放置于场景视图中任意对象上时，便会显示对应的快捷特性值，如图 10-92 所示。

第 10 章　Navisworks 的基础操作

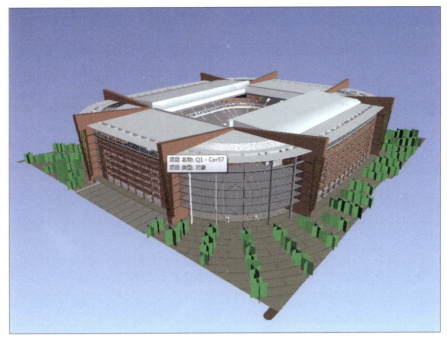

图 10-92

2. 添加快捷特性

（1）单击"应用程序"按钮，在打开的菜单中单击"选项"按钮，如图 10-93 所示。

（2）在弹出的"选项编辑器"对话框中展开"界面"节点，然后展开"快捷特性"节点，最后选择"定义"选项，如图 10-94 所示。

图 10-93

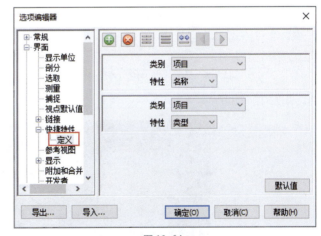

图 10-94

（3）在"定义"的参数面板中单击"轴网视图"按钮，将快捷特性定义为表格形式显示，如图 10-95 所示。

（4）单击"添加元素"按钮，在表格的顶部将添加一个新行，如图 10-96 所示。

图 10-95

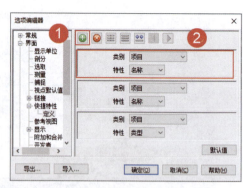
图 10-96

（5）单击"类别"参数列，然后从下拉列表中选择特性类别（如"项目"），如图 10-97 所示。

（6）单击"特性"参数列，从下拉列表中选择特性名称（如"材质"），最后单击"确定"按钮，如图 10-98 所示。

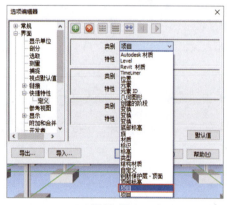
图 10-97

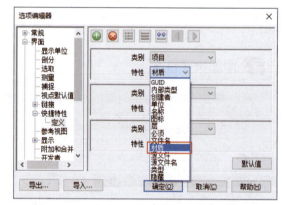
图 10-98

（7）此时在场景视图中，将光标停留于任意对象上时，将会出现刚刚设置的对象特性值，如图 10-99 所示。

图 10-99

10.4 项目工具

在 Navisworks 中，项目工具可以控制对象的变换，还可以更改对象的外观。所有对象操作都是在场景视图中执行的。如果对修改的结果不满意，还可以选择将对象属性重置为初始状态。

10.4.1 动手练：对象观察

在"项目工具"选项卡中，Navisworks 提供了大量的对象观察工具。其中包含"返回"、"持定"、"关注项目"、"缩放"、"隐藏"和"强制可见"。通过这些工具可以实现对单个或多个构件的观察，并且可以将某个构件以现有显示状态，返回到原始设计软件中进行浏览。

1. 返回

借助"返回"功能，可以在 Navisworks 中选择某个对象，然后以同样的视角返回原始设计软件中进行显示。此外，"返回"功能可以与 AutoCAD 2024、Revit 2024 等相关设计软件配合使用。

2. 持定

在 Navisworks 中围绕模型导航，当需要将某个构件保持固定的角度及位置进行查看时，可将其选中，并单击"持定"按钮。此时，所选定的构件将在屏幕中定格，不论是平移还是旋转视图，都不会对其产生影响。

（1）在场景视图或"选择树"面板中选择要持定的对象，如图 10-100 所示。

图 10-100

(2)切换到"项目工具"选项卡,然后单击"持定"按钮 ,现在,选定对象处于保持状态,并将在使用导航工具(如"漫游""平移"等)时在模型中移动,如图10-101所示。

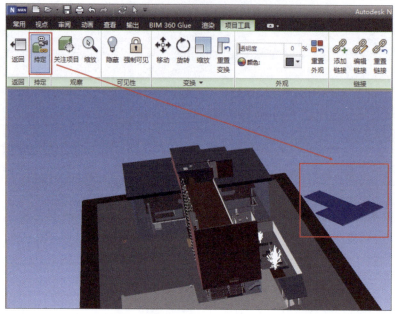

图 10-101

(3)要释放持定的对象,请再次单击"持定"按钮 。如果要将对象重置为其原始位置,可单击"重置变换"按钮 ,如图10-102所示。

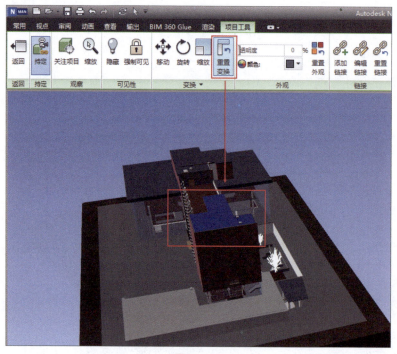

图 10-102

3. 关注项目

通过"关注项目"工具可以将选中的构件定位到视图中心进行显示。

（1）在场景视图中选中任意图元，如图 10-103 所示。

图 10-103

（2）选择"项目工具"选项卡，在"观察"面板中单击"关注项目"按钮，此时所选图元将显示在场景视图的中心位置，如图 10-104 所示。

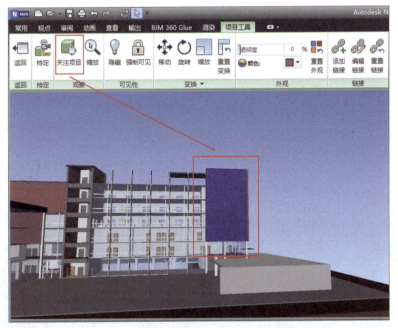

图 10-104

4. 缩放

使用缩放工具可以将所选定的图元进行缩放，以匹配屏幕大小。如果要查看整体模型中某一个构件，使用缩放工具会非常合适。此工具与导航栏中的"缩放"功能相同。

（1）在场景视图中选中任意图元，如图10-105所示。

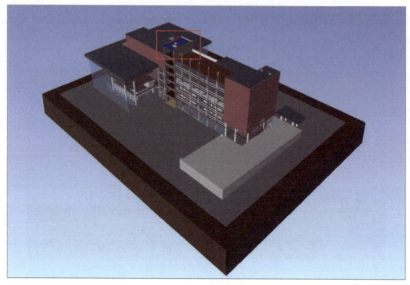

图10-105

（2）选择"项目工具"选项卡，在"观察"面板中单击"缩放"按钮，这时所选对象将布满场景视图，如图10-106所示。

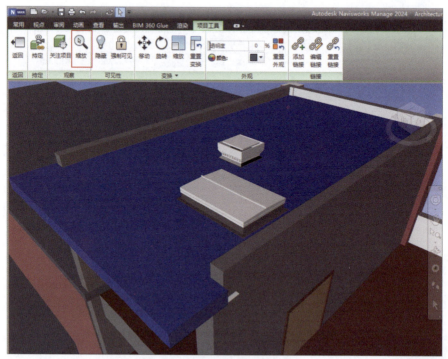

图10-106

5. 隐藏

如果隐藏当前选择的对象，它们将不会在场景视图中显示。在浏览模型或在模型中漫游时，如果遇到遮挡视线的对象，可以将其隐藏，以达到可以看到其他对象的目的。在"选择树"面板中，被隐藏的项目将显示为灰色。

（1）在场景视图中，选择要隐藏的所有项目，如图10-107所示。

图 10-107

（2）选择"项目工具"选项卡，在"可见性"面板中单击"隐藏"按钮（或使用快捷键"Ctrl+H"），可以发现看不到选定的对象了，如图10-108所示。

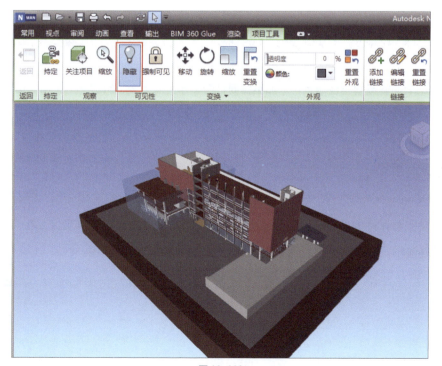

图 10-108

（3）再次单击"隐藏"按钮，将显示不可见的对象，如图10-109所示。

图 10-109

> **疑难解答：隐藏的对象在场景中找不到了，如何重新显示出来？**
>
> 可以在"选择树"中选择相应的对象，然后单击"隐藏"按钮，或使用快捷键"Ctrl+H"，这时隐藏对象将重新显示在场景中。如果需要批量显示隐藏对象，可以在"常用"选项卡中的"可见性"面板中单击"取消隐藏所有对象"按钮。

6. 强制可见

虽然 Navisworks 在场景中能以智能方式排定进行消隐的对象的优先级，但有时它会忽略需要在导航时保持可见的模型。通过使对象成为强制可见项目，可以确保其在交互式导航过程中始终显示。在"选择树"面板中，强制可见的对象显示为红色。

（1）在场景视图中，选择要在导航过程中保持可见的几何图形项目，如图10-110所示。

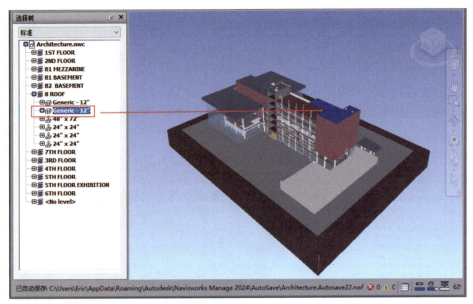

图 10-110

（2）在"项目工具"选项卡中的"可见性"面板中单击"强制可见"按钮,强制可见的项目在"选择树"中将以红色突出显示,如图 10-111 所示。

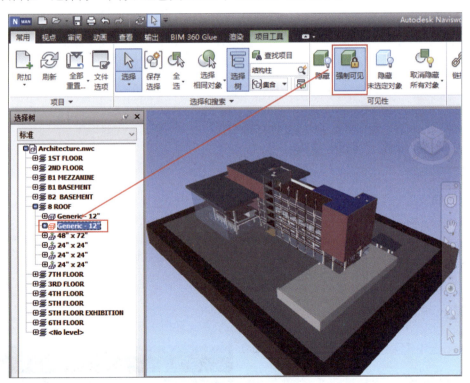

图 10-111

（3）再次单击"强制可见"按钮,将取消选定对象的强制可见设置,如图 10-112 所示。

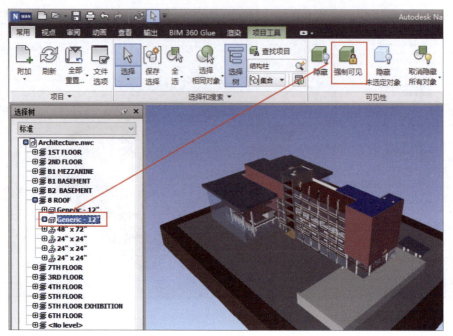

图 10-112

> **提示**
>
> 切换到"常用"选项卡,单击"显示全部"下拉按钮,在下拉菜单中选择"取消强制所有项目",可以实现批量取消所有项目的强制可见属性。

10.4.2 动手练:对象变换

从不同软件当中载入模型后,要进行重新定位,便需要用到对象变换功能。Navisworks中提供了三种变换工具,它们分别是"移动""旋转""缩放"。通过这三个工具,可以调整模型的位置、方向、大小。除了可以手动调整,还可以通过输入数值精确地控制模型的位置、角度及大小。

1. 移动对象

(1)选中需要移动的对象,切换到"项目工具"选项卡,单击"移动"按钮,如图10-113所示。

(2)场景视图中将会出现移动控件,

图 10-113

将光标放置于 Z 轴，然后按住鼠标左键向上拖动至合适的位置，最后释放鼠标左键，对象位置将发生移动，如图 10-114 所示。

图 10-114

2. 旋转对象

（1）选中需要旋转的对象，切换到"项目工具"选项卡，单击"旋转"按钮，如图 10-115 所示。

图 10-115

（2）将光标放置于需要旋转方向的扇形区域，然后按住鼠标左键，移动鼠标完成旋转操作，如图 10-116 所示。

图 10-116

3. 缩放对象

（1）选中需要缩放的对象，切换到"项目工具"选项卡，单击"缩放"按钮，如图 10-117 所示。

（2）将光标放置于需要缩放的坐标轴

图 10-117

上，按住鼠标左键，移动鼠标进行缩放，如果要进行等比例缩放，可以将光标放置于三轴交叉的圆球上进行缩放，如图10-118所示。

图10-118

10.4.3 动手练：更改对象外观

有时为了观察空间内部，但又不想隐藏遮挡的物体。这种情况下便需要调整遮挡部分构件的透明度，将其调整为透明状态。这样既可以保证模型的完整性，又可以很好地观察内部其他构件的情况。

除了上述情况，我们还可能需要对某个构件进行颜色更改，以使其在视图中更加突显。不论是修改颜色还是透明度，都可以在Navisworks中同时实现。所做修改需在"着色"模式下才能起作用，在"完全渲染"状态下无效。

1. 更改对象颜色

（1）在场景视图中选择要修改的对象，如图10-119所示。

图10-119

(2)在"项目工具"选项卡中的"外观"面板中单击"颜色"下拉按钮,然后在颜色面板中选择所需要的颜色,如图10-120所示。

图10-120

(3)取消选择对象,对象将变成所设定的颜色,如图10-121所示。

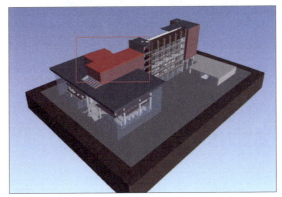

图10-121

2. 更改对象透明度

(1)在场景视图中选择要修改的对象,如图10-122所示。

图10-122

(2)在"项目工具"选项卡中的"外观"面板中,移动透明度的滑块可以调整选定对象的透明度或不透明度,如图10-123所示。

图 10-123

（3）取消选择对象，可以发现对象的透明度发生变化，如图 10-124 所示。

图 10-124

10.4.4 动手练：重置对象

模型在 Navisworks 中进行编辑后，如果需要将某一对象或全部对象恢复为原始状态时，可使用"重置"功能。Navisworks 提供了一项重量级的功能，即"重置"，类似于恢复出厂设置的效果。通过这个功能，可以重置对象变换、对象颜色和对象链接。重置过程大都相似，限于篇幅将不一一叙述。

1. 重置单个对象

（1）在场景视图中选择所需的对象，如图 10-125 所示。

图 10-125

（2）在"项目工具"选项卡中的"变换"面板中单击"重置变换"按钮，移动过的屋面将回到原始位置，如图 10-126 所示。

图 10-126

（3）如需恢复其他属性，在面板中单击相应的按钮即可，如单击"重置外观"或"重置链接"按钮，如图 10-127 所示。

图 10-127

2. 重置所有对象

（1）在"常用"选项卡中的"项目"面板中单击"全部重置"下拉按钮，在下拉菜单中可以根据需要选择"外观"、"变换"或"链接"，如图 10-128 所示。

（2）选择任意选项，则视图中全部对象的对应参数都将被重置为原始状态，如图 10-129 所示。

图 10-128

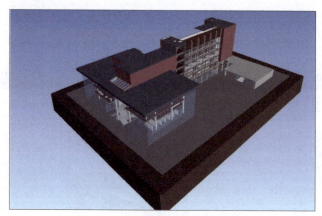

图 10-129

10.5 控制模型外观

在 Navisworks 中，用户可以实时控制场景视图中模型的外观和渲染质量，可以创建实时渲染以使用真实视觉样式显示模型，也可以使用"Autodesk 渲染"来渲染模型（创建真实照片级的图像）。

10.5.1 动手练：控制模型外观

在"视点"选项卡中，可以通过"渲染样式"面板来控制模型在场景视图中显示的方式，用户可以选择 4 种交互照明模式（"全光源"、"场景光源"、"头光源"和"无光源"）、4 种渲染模式（"完全渲染"、"着色"、"线框"和"隐藏线"）之一，并可以单独打开和关闭 5 种图元类型（"曲面"、"线"、"点"、"捕捉点"和"文字"）中的任一种。

在 Navisworks 中，用户可以使用 4 种渲染模式来控制项目的渲染方式，图 10-130 所示的效果表明了渲染模式对模型外观的影响，从左到右依次为"完全渲染"、"着色"、"线框"和"隐藏线"。

图 10-130

1. "完全渲染"模式

在"完全渲染"模式下，将使用平滑着色渲染模型。

切换到"视点"选项卡，单击"模式"下拉按钮，在下拉菜单中选择"完全渲染"，如图 10-131 所示。

图 10-131

2. "着色"模式

在"着色"模式下，将使用平滑着色且不使用纹理渲染模型。

切换到"视点"选项卡，单击"模式"下拉按钮，在下拉菜单中选择"着色"，如图 10-132 所示。

图 10-132

3. "线框"模式

在"线框"模式下，将以线框形式渲染模型。因为 Navisworks 使用三角形表示曲面和实体，所以在此模式下所有三角形的边都可见。

切换到"视点"选项卡，单击"模式"下拉按钮，在下拉菜单中选择"线框"，如图 10-133 所示。

图 10-133

4. "隐藏线"模式

在"隐藏线"模式下，将在线框中渲染模型，但仅显示对相机可见的曲面轮廓和镶嵌面边。

切换到"视点"选项卡，单击"模式"下拉按钮，在下拉菜单中选择"隐藏线"，如图 10-134 所示。

图 10-134

10.5.2 动手练：控制照明

Navisworks 共提供 4 种光源方式来照亮场景，分别是"全光源"、"场景光源"、"头光源"和"无光源"。在"视点"选项卡中，可以通过"渲染样式"面板中的"光源"工具来设置光源，如图 10-135 所示。

图 10-135

1. 全光源

在全光源模式下，所使用的灯光为项目中自定义的光源，如图 10-136 所示。当需要使用自己设定的灯光时，可以使用此模式。例如，渲染夜晚室内效果时，需要添加人造光，则应该使用此模式。

图 10-136

2. 场景光源

这种照明模式直接读取原始文件中的光源，如果文件中没有光源，则软件自行添加两个相对光源，如图 10-137 所示。此模式会将整个场景照亮，即使背光区域也不会特别暗。

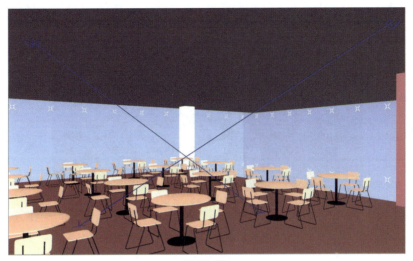

图 10-137

设置"场景光源"的操作步骤如下。

(1)切换到"常用"选项卡,单击"文件选项"按钮,如图 10-138 所示。

(2)在弹出的"文件选项"对话框中,选择"场景光源"选项卡,移动"环境"滑块可调整场景的亮度,如图 10-139 所示。

图 10-138

图 10-139

提示

如果已经打开"场景光源"模式,再执行此操作,则可以立即看到更改后的效果变化。

3. 头光源

这种模式使用位于相机上的一束平行光,它始终与相机指向同一方向。不论以哪个方向漫游,都会照亮视点的正前方,如图 10-140 所示。对于相反方向,光会变暗。在此模式状态下,场景明暗关系比较明显。

图 10-140

设置"头光源"的操作步骤如下。

（1）切换到"常用"选项卡，单击"文件选项"按钮，如图 10-141 所示。

（2）在弹出的"文件选项"对话框中选择"头光源"选项卡，移动"环境"滑块可调整场景的亮度，移动"头光源"滑块可调整平行光的亮度，如图 10-142 所示。

图 10-141

图 10-142

4. 无光源

这种模式将关闭所有光源，场景使用平面渲染进行着色。场景中将不会显示光影效果，所以对象都以色块的形式体现，如图 10-143 所示。一般情况下不会用到此模式。

图 10-143

10.5.3 动手练：选择背景效果

在 Navisworks 中，用户可以设置要在场景视图中使用的背景效果，软件主要提供了以下 3 种背景效果。

◆ **单色**：使用选定的颜色填充背景，如图 10-144 所示。这是默认的背景样式，此背景可用于三维模型和二维图纸。

◆ **渐变**：使用两个选定颜色的渐变效果来填充背景，如图 10-145 所示。此背景可用于三维模型和二维图纸。

图 10-144

图 10-145

◆ **地平线**：三维场景的背景在地平面分开，从而生成天空和地面的效果，如图 10-146 所示。二维图纸不支持此背景。

图 10-146

1. 设置单色背景

（1）切换到"查看"选项卡，单击"背景"按钮，如图 10-147 所示。

图 10-147

（2）在弹出的"背景设置"对话框中，从"模式"下拉列表中选择"单色"选项，如图 10-148 所示。

（3）单击"颜色"模块下拉按钮，从颜色面板中选择所需的颜色，如图 10-149 所示。

 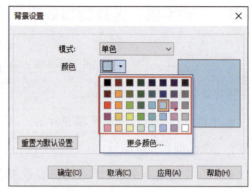

图 10-148　　　　　　　　　　图 10-149

（4）在颜色预览框中查看新的背景效果，然后单击"确定"按钮，如图 10-150 所示。

图 10-150

2. 设置渐变背景

（1）切换到"查看"选项卡，单击"背景"按钮，如图 10-151 所示。

图 10-151

（2）在弹出的"背景设置"对话框中，在"模式"下拉列表中选择"渐变"选项，如图 10-152 所示。

（3）单击"顶部颜色"下拉按钮，在弹出的颜色面板中选择第 1 种颜色，再单击"底部颜色"下拉按钮，在弹出的颜色面板中选择第 2 种颜色，如图 10-153 所示。

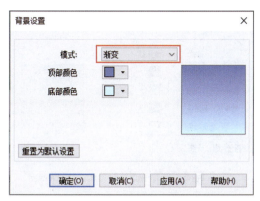
图 10-152

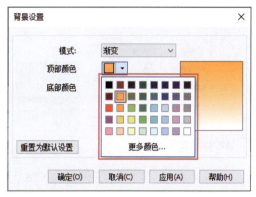
图 10-153

（4）在预览框中查看新的背景效果，然后单击"确定"按钮，如图 10-154 所示。

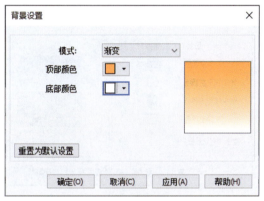
图 10-154

3. 设置地平线背景

（1）切换到"查看"选项卡，单击"背景"按钮，如图 10-155 所示。

图 10-155

（2）在弹出的"背景设置"对话框中，在"模式"下拉列表中选择"地平线"选项，如图 10-156 所示。

（3）要设置渐变天空颜色，可使用"天空颜色"和"地平线天空颜色"的颜色面板；要设置渐变地面颜色，可使用"地平线地面颜色"和"地面颜色"的颜色面板，如图 10-157 所示。

图 10-156

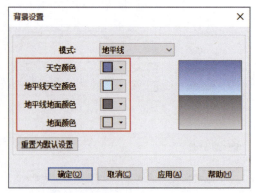
图 10-157

（4）在预览框中查看新的背景效果，然后单击"确定"按钮，如图 10-158 所示。

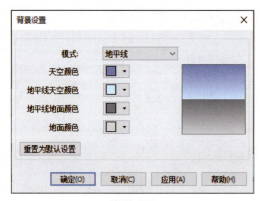
图 10-158

10.5.4 动手练：调整图元的显示

Navisworks 可以在场景视图中显示或隐藏"曲面"、"线"、"点"、"捕捉点"和"文字"等图形元素。

（1）切换到"视点"选项卡，单击"曲面"按钮，可以显示或隐藏曲面，如图 10-159 所示。

图 10-159

（2）"线"在视图中的显示或隐藏也是可以通过选项卡中的按钮控制的，还可以使用"选项编辑器"对话框更改线的宽度。切换到"视点"选项卡，单击"线"按钮，可以显示或隐藏线，如图 10-160 所示。

图 10-160

（3）"点"是模型中实际可见的点，例如，在激光扫描文件中点云中的点。切换到"视点"选项卡，单击"点"按钮，可以显示或隐藏点，如图 10-161 所示。

图 10-161

（4）"捕捉点"是模型中虚拟的点，例如，球的中心点或管道的端点。切换到"视点"选项卡，单击"捕捉点"按钮，可以显示或隐藏捕捉点，如图 10-162 所示。

图 10-162

（5）Navisworks 还可以控制"三维文字"的显示或隐藏。切换到"视点"选项卡，单击"文字"按钮 A ，可以显示或隐藏三维文字，如图 10-163 所示。二维图纸不支持此功能。

图 10-163

10.5.5 动手练：控制对象的渲染

在 Navisworks 中浏览场景模型时，通常会用到"文件选项"对话框的两个选项卡来控制模型的外观，一个是"消隐"选项卡，可以设置几何图形消隐；另一个是"速度"选项卡，可以调整帧频速度。

1. 设置区域消隐

使用"消隐"功能，可以在工作时以智能方式隐藏不太重要的对象，从而保证能够流畅地导航和操作大型复杂场景。在 Navisworks 中，可以使用以下消隐对象的方法。

◆ 区域：控制模型在满足多少像素的情况下不显示。

◆ 背面：控制在浏览模型时，是否显示被遮挡的面。

◆ 剪裁平面：通过修改剪裁平面，可以控制场景显示深度。

在"文件选项"对话框中有一个"消隐"选项卡，里面的相关参数可以用来设置消隐，其中的"区域"参数栏如图 10-164 所示。

◆ 启用：指定是否使用区域消隐。

◆ 指定像素数：为屏幕区域指定一个像素值，低于该值就会消隐对象。例如，将该值设置为 100 像素，那么小于 100 像素的对象都会被消隐。

"背面"参数栏如图 10-165 所示。

◆ 关闭：关闭背面消隐。

◆ 立体：仅为三维实体对象打开背面消隐。

◆ 打开：为所有对象打开背面消隐。

图 10-164

图 10-165

"剪裁平面"参数栏如图 10-166 所示。

◆ 自动：选择此参数，Navisworks 将自动控制近（远）剪裁平面位置，以提供模型的最佳视图，此时"距离"不可用。

◆ **受约束**：选择此参数，可将近（远）剪裁平面约束为"距离"文本框中设置的值。但如果按照设定的距离值，影响系统性能导致模型不可见，系统将会自动调整剪裁平面的位置。

◆ **固定**：选择此参数，可将近（远）剪裁平面设置为"距离"文本框中提供的值。与"受约束"选项不同，在任何情况下软件都会严格执行距离参数所设定的值。

◆ **距离**：在"受约束"或"固定"模式下，控制相机近或远剪裁的深度。

提示

当浏览大场景模型时，可能会发生远剪裁情况。即放大模型时，远处的模型会被裁剪掉而不显示。如果不希望出现这种情况，可以将远剪裁方式设定为固定，然后设置距离值为大于当前模型最长边的值。

虽然 Navisworks 在场景中以智能方式确定要消隐对象的优先级，但有时它会忽略需要在导航时保持可见的几何图形。通过使对象成为强制项目，可以确保这些对象在导航过程中始终保持可见，具体操作如下。

（1）在"选择树"面板中，选择要在导航过程中保持可见的几何图形项目，如图 10-167 所示。

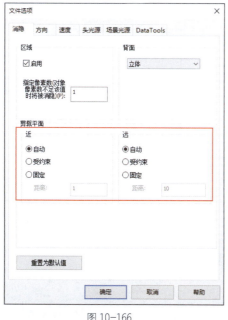

图 10-166　　　　　　　　　　图 10-167

（2）切换到"常用"选项卡，在"可见性"面板中单击"强制可见"按钮，如图 10-168 所示。

（3）在"选择树"面板中，被设置为强制可见的对象显示为红色，如图 10-169 所示。

图 10-168　　　　　　　　　　　　　　　图 10-169

2. 设置漫游速度

在实时浏览场景时，Navisworks 会根据项目的大小、与相机的距离和指定的帧频自动计算要首先显示的模型。当电脑性能不能满足场景显示需求时，为了保证帧频正常，将不显示没有时间进行渲染的项目。停止漫游时，将显示这些忽略的项目。

设置目标帧频的具体方法如下。

（1）切换到"常用"选项卡，单击"文件选项"按钮，如图 10-170 所示。

（2）在弹出的"文件选项"对话框中，在"速度"选项卡中设置"帧频"参数，最后单击"确定"按钮，如图 10-171 所示。

图 10-170　　　　　　　　　　　　　　　图 10-171

提示

在模型中漫游时，如果模型出现大面积显示不完整。建议将帧频适当降低，以保证漫游时场景的完整性。

3. 设置显示效果

（1）单击"应用程序"按钮，在打开的菜单中单击"选项"按钮，如图 10-172 所示。

（2）在弹出的"选项编辑器"对话框中展开"界面"节点，然后选择"显示"选项，如图 10-173 所示。

图 10-172

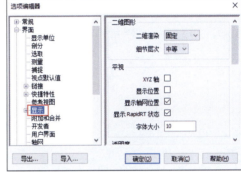
图 10-173

（3）在"详图"参数栏中，选中"保证帧频"复选框，可以在导航过程中保证目标帧频；如果取消选中该复选框，则在导航过程中会渲染完整的模型，这样会消耗大量的时间。如果选中"填充到详情"复选框，可在导航停止时渲染完整的模型；如果取消选中该复选框，则在导航停止时不会填充导航过程中忽略的项目，如图 10-174 所示。

（4）如果显卡支持"OpenGL"技术，则可以通过选中"硬件加速"和"GPU 阻挡消隐"复选框来提高图形性能，如图 10-175 所示。使用硬件加速通常会使渲染效果更佳，速度更快。

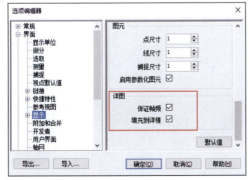
图 10-174

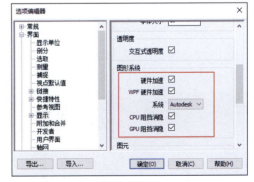
图 10-175

本章小结

本章主要学习了三部分内容。第一部分讲到了 Navisworks 打开文件、删除文件等基本操作。第二部分讲到了如何通过不同的方式浏览模型。第三部分则讲到了如何控制模型的外观、大小、位置等。此部分内容虽然较为基础，但在日后的学习中起到了非常重要的作用，需要认真学习掌握。

第 11 章 模型审阅

本章我们将要学习如何使用 Navisworks 进行模型审阅。主要分成两部分进行讲解，第一部分主要讲解视点及剖分工具的使用方法，第二部分则主要讲解测量、红线批注工具的用法。在实际项目中，这两部分内容经常会结合到一起来使用。

学习要点

- 视点的保存与查看
- 剖分工具的应用
- 测量工具的应用
- 红线批注的应用

效果展示

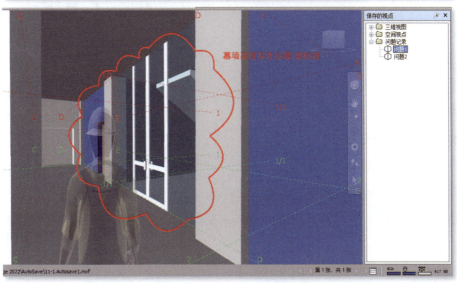

11.1 创建和修改视点

本节主要介绍如何使用视点工具,其中包括如何创建视点、编辑视点,以及了解视点在项目当中的实际用途。视点的使用范围非常广泛,既可以用于模型固定视角的保存,也可作为动画的关键帧进行使用,还可以与其他工具结合使用。

11.1.1 视点概述

视点是为场景视图中显示的模型创建的快照。重要的是,视点并非仅仅用于保存关于模型视图的信息,还可以将与视图相关的信息一起存储。

11.1.2 动手练:视点保存与编辑

在当前项目中浏览模型时,可以将固定的视角进行保存,这些保存的视角被称为视点。当下次打开项目时,可以直接单击这些视点,以便直接跳转到对应的相机位置。同时还可以对视点进行精确控制,以及对已保存的视点进行更新等操作。

1. "保存的视点"窗口

"保存的视点"窗口主要用于创建与存储视点,如图 11-1 所示。除了视点,该窗口还可以创建文件夹、视点动画等内容。使用文件夹,可以将视点与视点动画等内容进行归纳,以方便后期查看。

图 11-1

文件夹 📁:表示可以包含所有其他元素的文件夹。

正视图 ⌀:表示以正视模式保存的视点。

透视图 ⌀:表示以透视模式保存的视点。

动画 ◻:表示视点动画剪辑。

剪切 ✂:表示剪切视点动画。

打开软件后,如果没有显示"保存的视点"窗口,可以在"视点"选项卡中的"保存、载入和回放"面板中单击"保存的视点"工具启动器,此时将打开"保存的视点"窗口,如图 11-2 所示。

"保存视点""新建文件夹"等大部分操作,都可以通过"保存的视点"窗口的右键菜单来实现，如图 11-3 所示。对于窗口中保存的各类视点及其他内容，也可以通过拖动操作来实现位置变换及归类等。如需对视点或其他元素进行重新命名，可以选中视点，然后单击视点名称，或者选中视点后按 F2 键来实现。

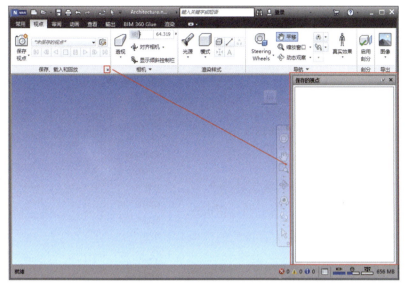
图 11-2

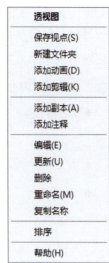
图 11-3

2. 保存视点

通过保存视点功能可以快速保存当前视图状态，以供查看模型时可以直接调用。

（1）通过导航工具，将视图调整至合适的位置。切换到"视点"选项卡，单击"保存视点"按钮，如图 11-4 所示。

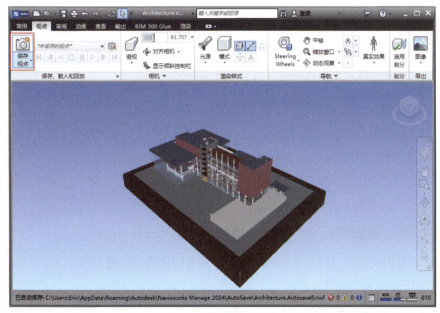
图 11-4

（2）此时，将会打开"保存的视点"窗口，并会添加新视点。在"保存的视点"窗口中为视点输入新名称，然后按"Enter"键确认，如图 11-5 所示。如果还需要添加其他视点，则重复以上操作。

图 11-5

3. "编辑视点"对话框

通过"编辑视点"对话框，可以对当前视点或已经保存的视点进行精确编辑。例如，相机所有的水平及高低位置、观察点位置、镜头挤压比等参数，都可以在其中进行调整，如图 11-6 所示。

- **位置**：输入 X、Y 和 Z 坐标值，可将相机移动到此位置。
- **观察点**：输入 X、Y 和 Z 坐标值，可更改相机的焦点。
- **垂直视野**：定义仅可在三维工作空间中通过相机查看的场景区域。可以调整垂直视角。值越大，视角的范围越广；值越小，视角的范围越窄，或更紧密聚焦。
- **水平视野**：定义仅可在三维工作空间中通过相机查看的场景区域。可以调整水平视角。值越大，视角的范围越广；值越小，视角的范围越窄，或更紧密聚焦。

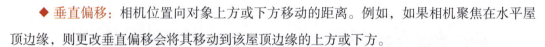

图 11-6

- **滚动**：围绕相机的前后轴旋转相机。如果为正值，将以逆时针方向旋转相机；如果为负值，则以顺时针方向旋转相机。
- **垂直偏移**：相机位置向对象上方或下方移动的距离。例如，如果相机聚焦在水平屋顶边缘，则更改垂直偏移会将其移动到该屋顶边缘的上方或下方。
- **水平偏移**：相机位置向对象左侧或右侧（前方或后方）移动的距离。例如，如果相机聚焦在立柱，则更改水平偏移会将其移动到该柱的前方或后方。
- **镜头挤压比**：相机的镜头水平压缩图像的比率。大多数相机不会压缩所录制的图像，因此其镜头挤压比为 1。
- **线速度**：在三维工作空间中视点沿直线运动的速度。其最小值为 0，最大值基于场景边界框的大小。
- **角速度**：在三维工作空间中相机旋转的速度。
- **隐藏项目/强制项目**：选中此复选框可将有关模型中对象的隐藏/强制标记信息与视点一起保存，再次使用视点时，会重新应用保存视点时设置的隐藏/强制标记。
- **替代外观**：选中此复选框可将材质替代信息与视点一起保存，再次使用视点时，会重新应用保存视点时设置的材质替换。

◆ 设置：单击"设置"按钮，将会打开"碰撞"对话框。该功能仅在三维工作空间中可用。

4. 更新视点状态

当模型更新或需要调整视点位置时，可以先对视点进行调整，然后将其最新状态更新到已保存的视点中。

（1）打开样例文件，切换到"视点"选项卡，单击"保存视点"按钮，将会打开"保存的视点"窗口，其中将会显示该视点，如图 11-7 所示。

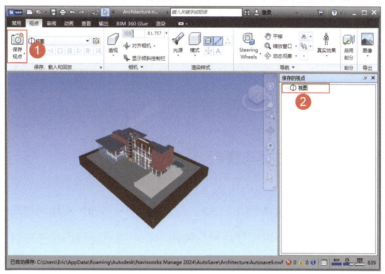

图 11-7

（2）在当前视点上右击，在弹出的快键菜单中选择"更新"命令，如图 11-8 所示。

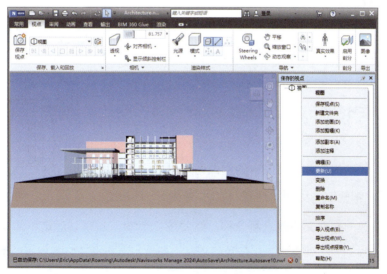

图 11-8

（3）此时，当再次单击保存的视点，便会显示更新以后的视点状态，如图11-9所示。

图 11-9

11.1.3 动手练：视点整理与查看

在项目文件中，保存着大量的视点。这些视点来源各不相同，其使用性质也不尽相同。我们可以将这些视点进行归类，以方便后期的使用。在对视点进行归类整理时，需要借助于Navisworks所提供的相关工具，来帮助我们更好地完成这项工作。系统地将视点进行归类整理后，也更利于我们后期查看视点。

1. 整理视点

根据需要可以将视点组织到各个文件夹中，以方便后期的查找与使用。同时，还可以将视点与视点所组成的视点动画进行分类放置。通过一系列归类整理工作后，项目中所有的视点都将变得井井有条，更具备条理性。

（1）保存任意视点，选中后，按住"Ctrl"键进行拖动，可以复制若干个视点，如图11-10所示。

（2）在"保存的视点"窗口中的空白区域中右击，然后在弹出的快捷菜单中选择"新建文件夹"命令，如图11-11所示。

图 11-10

（3）在新建的文件夹中输入新名称，然后按"Enter"键确认。选中需要放置在其中的所有视点，并拖动到文件夹中。当释放鼠标时，所有视点将自动归类到当前文件夹中，如图11-12所示。

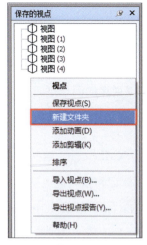
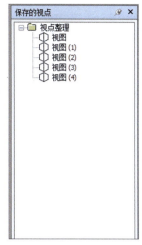

图 11-11　　　　　　　　图 11-12

2. 查看视点

在视点列表或"保存的视点"窗口中,选择任意视点便可以跳转到对应视点的位置,还可以恢复与视点关联的所有红线批注和注释。

(1)切换到"视点"选项卡,在"当前视点"下拉菜单中选择保存的视点,如图 11-13 所示。

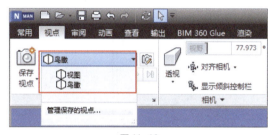

图 11-13

(2)此时,所选择的视点将显示在场景视图中,如图 11-14 所示。

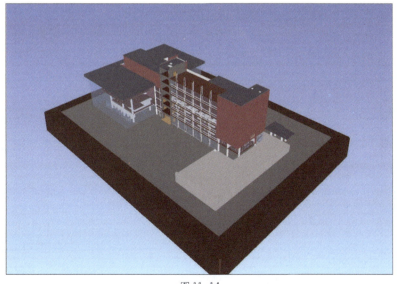

图 11-14

11.1.4 动手练：共享视点

将视点保存后，可以将其从 Navisworks 导出为 XML 文件，并与其他用户共享。在多人协同工作时，通过 XML 文件导出与导入，可以实现视点的同步更新工作。

1. 导出视点

导出视点时，可以将视点从 Navisworks 导出为 XML 文件。这些视点包含所有的关联数据，其中包括相机位置、剖面、红线批注、注释、标记和碰撞检查设置。将视点数据导出为这一基于文本的文件格式后，可以将其导入其他 Navisworks 任务中，或者可以在其他应用程序中对其进行访问和使用。

（1）在"保存的视点"窗口中的任意位置处右击，在弹出的快捷菜单中选择"导出视点"命令，如图 11-15 所示。

（2）在弹出的"导出"对话框中，输入新的文件名和位置，然后单击"保存"按钮，如图 11-16 所示。

图 11-15

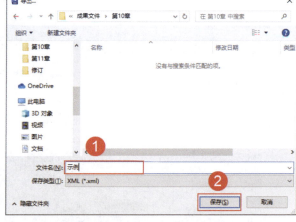

图 11-16

2. 导入视点

通过 XML 文件可以将视点导入 Navisworks 中，从而能够实现将视点从另一个模型文件导入当前场景中。

（1）在"保存的视点"窗口中的任意位置处右击，在弹出的快捷菜单中选择"导入视点"命令，如图 11-17 所示。

（2）在弹出的"导入"对话框中，找到所需视点的 XML 文件，单击"打开"按钮，如图 11-18 所示。

图 11-17

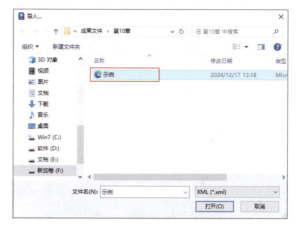

图 11-18

案例实战：保存空间视点

素材文件	素材文件 \ 第 11 章 \11-1.nwf
成果文件	成果文件 \ 第 11 章 \ 保存空间视点 .nwf
技术掌握	利用视点工具保存不同空间位置

在进行项目汇报时，通常需要切换不同的建筑视角来对不同内容进行表达。在这种情况下，就可以通过保存视点的方式，将项目的不同视角进行保存，在需要的时候可以直接调用。

（1）打开"素材文件 \ 第 11 章 \11-1.nwf"文件，然后切换到"视点"选项卡，单击"光源"按钮，在下拉菜单中选择"场景光源"，如图 11-19 所示。

图 11-19

（2）调整视图角度，然后使用鼠标滚轮放大视图到合适的程度。切换到"视点"选项卡，单击"保存视点"按钮，然后将视点重命名为"室外鸟瞰"，如图11-20所示。

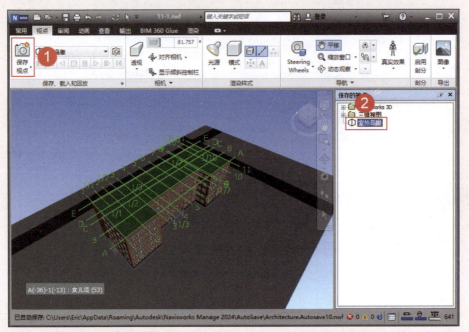

图11-20

（3）在导航栏工具中单击"漫游"下拉按钮，在下拉菜单中选择"重力"选项，如图11-21所示。

图11-21

（4）按住鼠标左键并移动鼠标开始进行漫游，漫游到门厅位置后停止，使用鼠标滚轮调整视角。单击"保存视点"按钮对视点进行保存，并将视点命名为"主入口"，如图11-22所示。

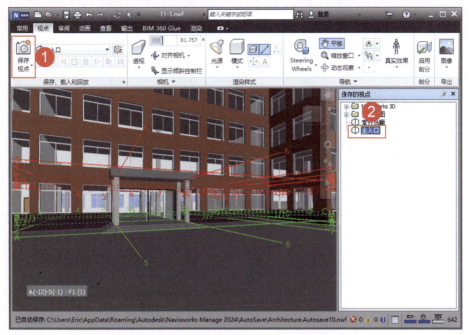

图 11-22

（5）单击"漫游"下拉按钮，在下拉菜单中取消选择"碰撞"选项，如图 11-23 所示。

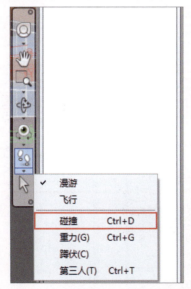

图 11-23

（6）从主入口漫游到室内区域，单击"保存视点"按钮保存视点，并将视点命名为"公共区"，如图 11-24 所示。

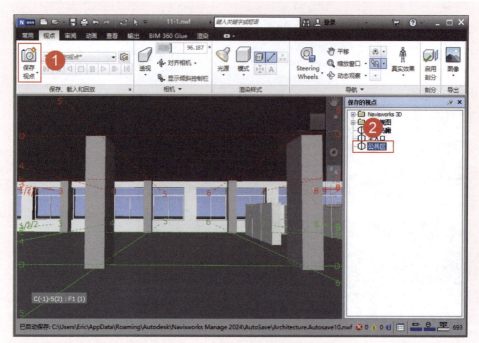

图 11-24

（7）在"保存的视点"窗口中的空白处右击，在弹出的快捷菜单中选择"新建文件夹"命令，如图 11-25 所示。

（8）将新建的文件夹命名为"空间视点"，并将之前保存的视点拖动到其中，如图 11-26 所示。

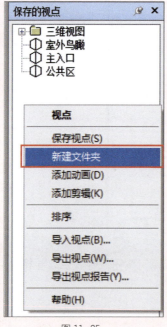

图 11-25

图 11-26

11.2 剖分工具

使用 Navisworks，可以在三维工作空间中为当前视点启用剖分工具，并创建模型的横截面。横截面是三维对象的切除视图，可用于查看项目模型的内部构造。剖分工具有两种剖切形式，一种是"平面"模式，另外一种是"框"模式。

11.2.1 动手练：启用和使用剖面

要查看模型的横剖面，可以启用最多 6 个剖面。剖面由一个浅蓝色线框表示。通过打开 / 关闭相应的小控件按钮，可以隐藏可视平面显示。

（1）切换到"视点"选项卡，单击"启用剖分"按钮，此时视图中将会出现剖切面，模型也会被剖切，如图 11-27 所示。

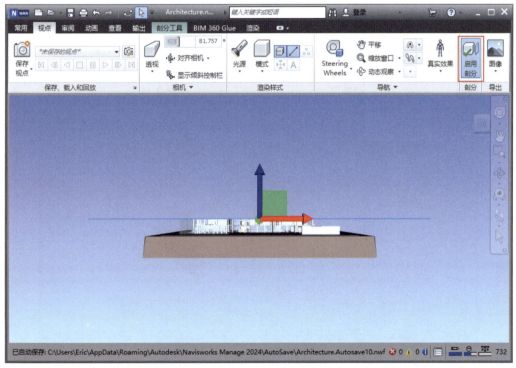

图 11-27

（2）通过视图角度，观察被剖切的模型。切换到"剖分工具"选项卡，在"当前平面"下拉菜单中依次单击各个平面前的小灯泡，观察模型的剖切状况，如图 11-28 所示。当小灯泡点亮时，表示当前平面已启用。反之，则表示未启用。

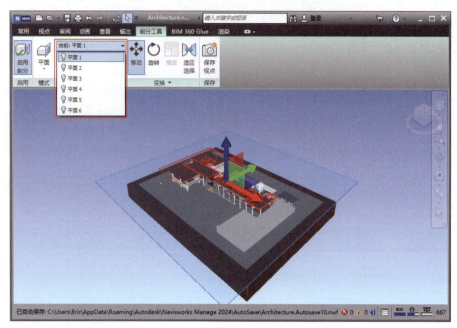

图 11-28

（3）在"当前平面"下拉菜单中选择任意平面，可以切换到其他剖面，如图 11-29 所示。

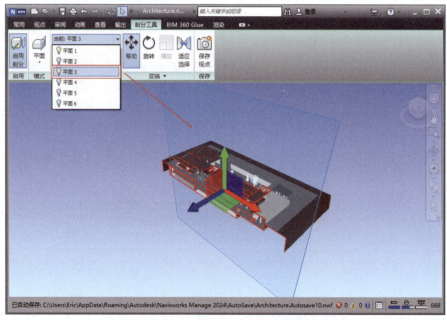

图 11-29

11.2.2 动手练：自定义剖面对齐

默认情况下，剖面将会映射到 6 个主要方向中。除了 6 个主要的方向，软件还提供了"与视图对齐""与曲面对齐""与线对齐"三种对齐方式,可以为当前剖面选择一种合适的对齐方式。

◆ 顶部:将当前平面与模型的顶部对齐。

◆ 底部:将当前平面与模型的底部对齐。

◆ 前面:将当前平面与模型的前面对齐。

◆ 后面:将当前平面与模型的后面对齐。

◆ 左侧:将当前平面与模型的左侧对齐。

◆ 右侧:将当前平面与模型的右侧对齐。

◆ 与视图对齐:将当前平面与当前视点相机对齐。

◆ 与曲面对齐:可以拾取一个曲面,并在该曲面上放置当前平面,其法线与所拾取的三角形的法线对齐。

◆ 与线对齐:可以拾取一条线,并在该线上所单击的点处放置一个平面,使该线与平面的法线垂直。

(1)切换到"剖分工具"选项卡,单击"当前平面"按钮,设置"平面1"为当前剖切面。然后单击"对齐"按钮,在下拉菜单中选择"顶部"选项,如图11-30所示。此时平面1将以顶部进行模型剖切。

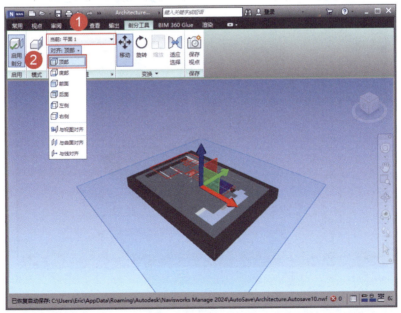

图 11-30

(2)设置"平面2"为当前剖切面。然后单击"对齐"按钮,在下拉菜单中选择"前面"选项,如图11-31所示。此时平面1将以前面进行模型剖切。

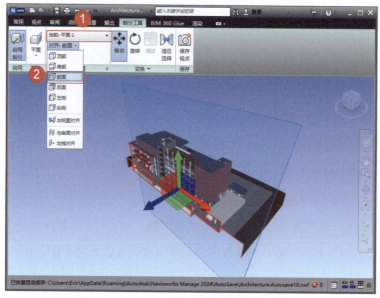

图 11-31

（3）此时，单击"当前平面"按钮，在下拉菜单中分别单击"平面 1 和平面 2"前面的小灯泡开启平面显示，会发现在视图中模型分别以顶部和前面两个方向同时发生了剖切，如图 11-32 所示。

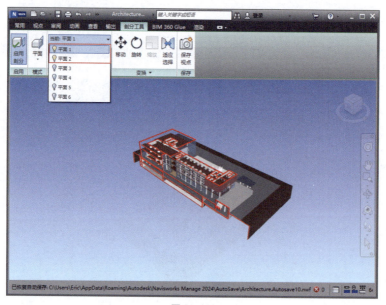

图 11-32

11.2.3 动手练：移动和旋转剖面

在对剖面进行操作时，可以使用剖分小控件进行操作，也可以通过数值精确控制操作。

对于剖面，可以移动和旋转，但无法进行缩放。

（1）切换到"剖分工具"选项卡，单击"移动"按钮，拖动移动控件 Z 轴方向，可以控制剖切面的高度，如图 11-33 所示。

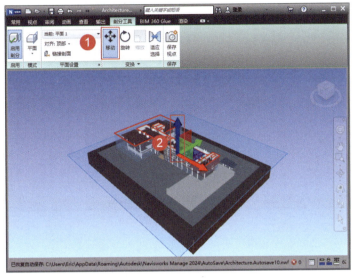

图 11-33

（2）单击"旋转"按钮，将鼠标指针放置在旋转控件需要旋转的扇形面上并拖动，可以实现剖切面的旋转，如图 11-34 所示。

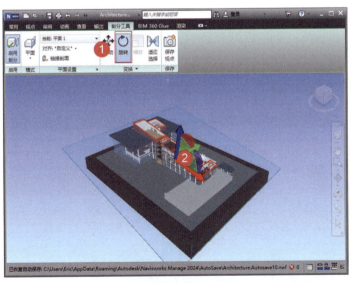

图 11-34

（3）如果对剖切效果不满意，还可以通过数值进行精确控制。在"剖分工具"选项卡中单击"变换"按钮，如图 11-35 所示。在滑出的"变换"面板中可再次进行调整。在旋转的 Y 轴方向，输入数值"45"，表示剖面沿 Y 轴旋转 45 度，如图 11-35 所示。如果需要调整剖面高度等参数，可以调整"位置"参数。

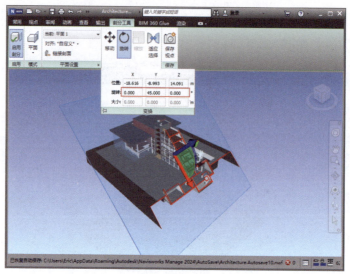

图 11-35

11.2.4 动手练：链接剖面

在 Navisworks 中，最多可同时启用 6 个平面进行模型剖分，但只有当前平面可以使用剖分小控件进行操作。将剖面链接到一起可以使它们作为一个整体移动，并能够实时快速切割模型。

（1）在"剖分工具"选项卡中的"平面设置"面板中，在"当前平面"下拉菜单中单击所有需要的平面前的灯泡图标，启用需要的平面。灯泡被照亮时，会启用相应的剖面，并穿过场景视图中的模型，如图 11-36 所示。

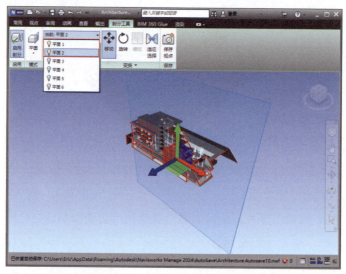

图 11-36

（2）单击"平面设置"面板中的"链接剖面"按钮，如图11-37所示。单击该按钮后，会将所有启用的平面链接到一个截面中。

图11-37

（3）单击"移动"按钮，可以向不同方向移动剖面，当前模型将会以顶部和前部两个方向同时进行剖分，如图11-38所示。

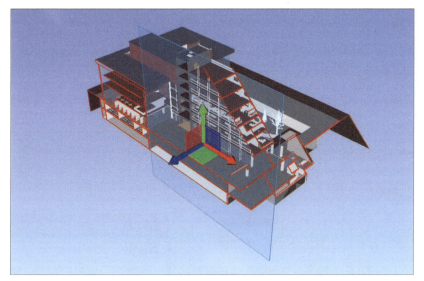

图11-38

11.3 审阅功能介绍

在实际工作中，经常需要对已经完成的模型进行校验和审查。这时就需要用到合适的工具，来更好地帮助我们完成工作。通过对审阅功能的学习，便可以灵活地使用Navisworks中提供的工具，来实现对模型进行测量、批注等工作。

11.3.1 动手练：测量工具

通过测量工具，可以在模型中项目上的两个点之间进行测量。所有测量都采用显示单位。

可从"审阅"选项卡中的"测量"面板中打开测量工具，如图11-39所示。

- 点到点：测量两点之间的距离。
- 点到多点：测量基准点和其他各种点之间的距离。
- 点直线：测量沿某条路线的多个点之间的总距离。
- 累加：计算多个点到点测量的总和。
- 角度：计算两条线之间的夹角。
- 面积：计算平面上的面积。
- 锁定：将测量线段约束在某个方向。
- 最短距离：测量两个选定对象之间的最短距离。
- 转换为红线批注：将端点标记、线和显示的任何测量值转换为红线批注。
- 清除：清除场景视图中的所有测量线。
- 变换选定对象：可用于移动或旋转对象。

图11-39

1. "测量工具"窗口

"测量工具"窗口可以显示我们所测量的数据结果。对于所有测量，变量下方的文本框中将显示"开始"和"结束"的X、Y和Z坐标，还显示差值和绝对距离。如果使用累加测量，如"点直线"或"累加"，则"距离"将显示在测量中记录的所有点的累加距离。

切换到"审阅"选项卡，单击"测量选项"工具启动器，可以打开"测量工具"窗口，如图11-40所示。

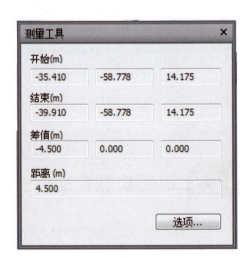

图11-40

2. 测量物体距离

（1）切换到"审阅"选项卡，单击"测量"下拉按钮，在其下拉菜单中选择"点到点"，如图11-41所示。

（2）捕捉第一个测量点，然后捕捉第二个测量点，此时在场景视图中将显示两个测量点之间的X、Y、Z三个方向的测量值，如图11-42所示。

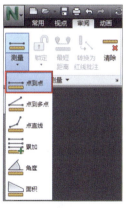 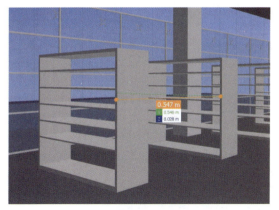

图 11-41　　　　　　　　　　　　　　图 11-42

> **提示**
>
> 使用测量工具捕捉物体时，可以捕捉到面，也可以捕捉到点。如果捕捉的是对象的面，光标显示为□。而如果捕捉的是对象的点，光标则显示为×。

（3）如果需要测量当前物体与其他物体多个方向的距离，可以切换到"点到多点"工具。先捕捉第一个测量点，再捕捉水平方向第二个测量点，场景视图中将显示水平方向距离，如图 11-43 所示。

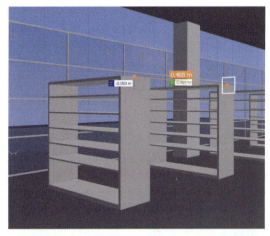

图 11-43

（4）再次捕捉垂直方向的测量点，此时将得到垂直方向的距离，如图 11-44 所示。

（5）除此以外，还可以使用"累加"工具，来计算多段不连续测量线段的总值。在"测量"的下拉菜单中选择"累加"，先捕捉书架，然后捕捉另一个书架，得到测量数据。按照同样的操作，测量书架顶部到书架底部的距离，最终将显示两次测量累加的数据，如图 11-45 所示。

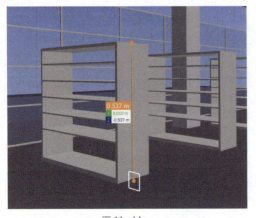
图 11-44

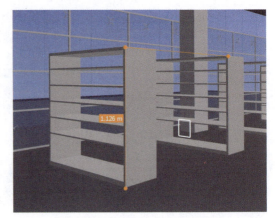
图 11-45

3. 测量房间周长与面积

通过保存视点功能可以快速将当前视图状态进行保存，以供查看模型时直接调用。

（1）切换到"审阅"选项卡，单击"测量"下拉按钮，在下拉菜单中选择"点直线"，如图 11-46 所示。

（2）捕捉书架侧面左上角，再依次捕捉其他三个角点，最终形成完整的闭合状，此刻所显示的数值是书架侧板的周长，如图 11-47 所示。

（3）切换到"面积"工具，同样是捕捉书架侧面的四个角点，此刻将显示所围合区域的面积，如图 11-48 所示。

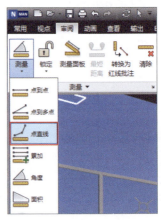
图 11-46

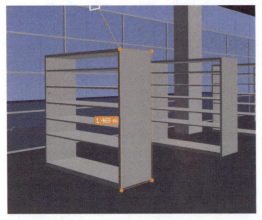
图 11-47

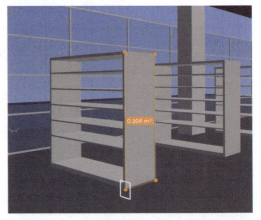
图 11-48

（4）最后切换到"角度"工具，捕捉书架侧面左下角，然后以顺时针方向捕捉其他两个角点，此刻将显示书架两条边之间的角度数据，如图 11-49 所示。

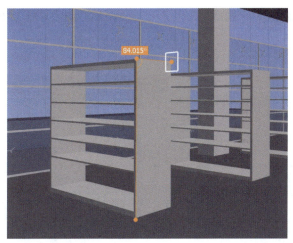

图 11-49

4. 使用测量工具移动对象

Navisworks 没有提供对齐工具,但可以通过测量工具精确移动物体来达到同样的目的,并且还可以自动计算出两个物体之间的最短距离。

(1)选择"点到点"测量工具,在"审阅"选项卡中单击"锁定"下拉按钮,在下拉菜单中选择"X轴",如图 11-50 所示。将测量方向锁定至 X 轴后,可以捕装测量对象的任意点或面,最终只会得到两个测量点间的水平距离。

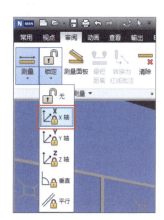

图 11-50

(2)捕捉两个书架顶部的角点,测量之间的距离,如图 11-51 所示。

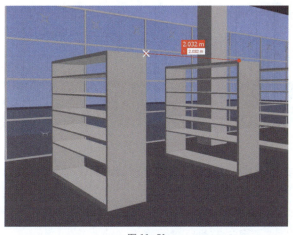

图 11-51

(3)使用选择工具选中书桌,然后切换到"审阅"选项卡,单击"测量"面板的下拉按钮,在扩展面板中选择"变换选定项目",如图 11-52 所示。

图 11-52

（4）此时选中的书架已被移动到前面书架的位置，移动距离为刚刚所测量得到的数值，如图 11-53 所示。

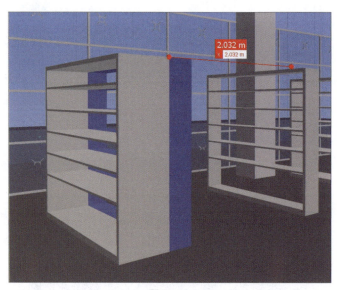

图 11-53

（5）如果不希望显示现有的测量数据，还可以单击"清除"按钮，如图 11-54 所示。

（6）保持书架的选中状态不变，然后按住"Ctrl"键选择另一个未移动的书架，最后单击"最短距离"按钮，如图 11-55 所示。

图 11-54

图 11-55

（7）此时将显示两个书架之间的最短距离，同时还会显示其他两个轴向的距离，如图 11-56 所示。

图 11-56

5. 锁定测量方向

使用"锁定"功能可以保持要测量的方向，防止移动或编辑测量线或测量区域。

（1）选择"点到点"测量工具，单击"锁定"下拉按钮，在下拉菜单中选择"Z 轴"，如图 11-57 所示。也可以使用快捷键"Z"，锁定至 Z 轴方向。

（2）拾取书架底部，然后拾取地面，测量书架顶距地面的高度，如图 11-58 所示。

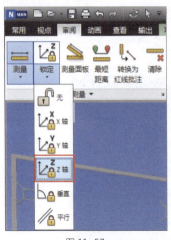
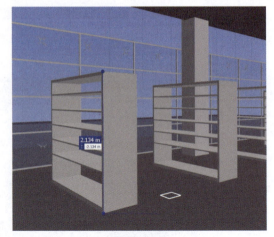

图 11-57　　　　　　　　　　　图 11-58

（3）如果需要保留数据供其他人查看。可以单击"转换为红线批注"按钮，此时测量数据将变成红线批注，并且系统会自动新建视点保留这些数据，如图 11-59 所示。

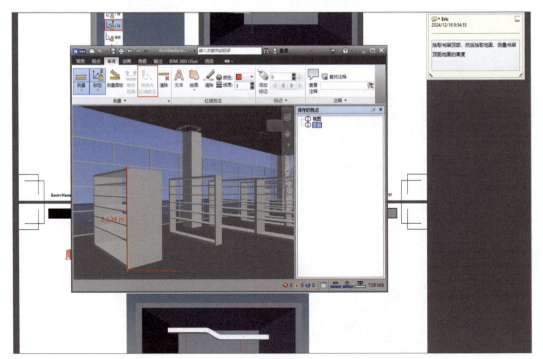

图 11-59

11.3.2　动手练：注释、红线批注和标记

对于视点、视点动画、选择集和搜索集、碰撞结果及"Timeliner"任务，可以添加注释、红线批注和标记，便于后续查看。当添加红线批注时或注释标记时，软件将自动创建视点。

可以通过视点查看相应的注释、红线批注和标记。

1. 红线批注、标记与注释工具

（1）在"审阅"选项卡中，使用"红线批注"面板中所提供的工具，可以对视点和碰撞结果进行红线批注，如图 11-60 所示。通过"线宽"和"颜色"控件可以修改红线批注设置。文字具有默认的大小和线宽，不能进行修改。

图 11-60

> **提示**
>
> 所有红线批注只能添加到已保存的视点或具有已保存视点的碰撞结果中。如果没有任何已保存的视点，则添加标记将自动创建视点并进行保存。

绘图工具介绍

使用绘图工具可以在场景中创建"云线""椭圆""箭头"等多种图形批注工具，具体包含以下工具。

- 云线：在视点中绘制云线。
- 椭圆：在视点中绘制椭圆。
- 自画线：在视点中徒手绘制。
- 线：在视点中绘制线。
- 线串：在视点中绘制线串。
- 箭头：在视点中绘制箭头。

（2）在"审阅"选项卡中，使用"标记"面板可添加和管理标记，如图 11-61 所示。标记工具类似于 Word 当中的批注工具一样，在浏览模型过程中，可以针对有问题的部分进行标记，并添加相关说明。当设计人员对问题进行修改后，可以将注释状态修改为"活动"，以表示当前问题已修改，便于重新查阅。当确认问题修改无误后，修改标记状态为"已核准"或"已解决"，整个流程结束。

图 11-61

（3）单击"注释"面板中的"查看注释"按钮，可以打开"注释"窗口，通过该窗口可以查看并管理注释，如图 11-62 所示。"注释"窗口可以显示每个注释的名称、时间和日期、作者、注释 ID、状态。选中任意注释并右击，将会弹快捷菜单，快捷命令如下。

- ◆ 添加注释：打开"添加注释"对话框。
- ◆ 编辑注释：为选定的项目打开"编辑注释"对话框。
- ◆ 删除注释：删除选定的注释。
- ◆ 帮助：启动联机帮助系统并显示有关注释的主题。

图 11-62

2. 添加标记

（1）切换到"审阅"选项卡，单击"添加标记"按钮，如图 11-63 所示。

图 11-63

（2）将鼠标指针放置在书架上单击，然后再次单击。这时会弹出"添加注释"对话框，在其中输入标记说明文字，最后单击"确定"按钮，如图 11-64 所示。

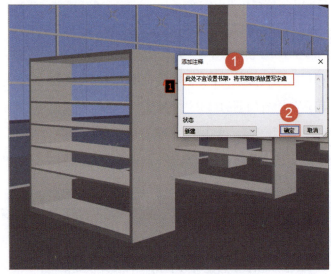

图 11-64

（3）如果想要查看刚刚添加的注释，可以单击"注释"面板中的"查看注释"按钮，如图 11-65 所示。这时将弹出"注释"窗口，在其中会显示当前项目的所有注释，如图 11-66 所示。通过场景视图中显示的 ID 数值，可以判定哪个注释是我们所需要的。

图 11-65

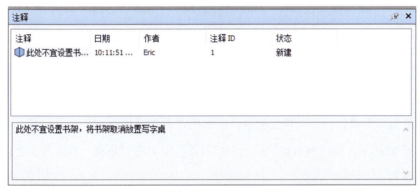

图 11-66

3. 查找注释

随着项目进程不断推进，注释内容会不断增多。为了更快地找到我们需要的注释内容，可以通过"查找注释"工具来实现快速过滤。

（1）切换到"审阅"选项卡，单击"查找注释"按钮，如图 11-67 所示。

图 11-67

（2）在"查找注释"窗口中，选择"注释"选项卡，输入"ID"值为"1"，如图 11-68 所示。也可以通过输入文本作为查找条件，但要求与注释文本完全相同，效率较低。

（3）再切换到"来源"选项卡，取消选中其他复选框，只选中"红线批注标记"复选框，如图 11-69 所示。

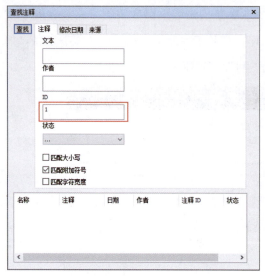

图 11-68　　　　　　　　　　　　　　图 11-69

（4）单击"查找"按钮，将自动查找匹配的注释并显示在窗口下部区域，如图 11-70 所示。单击查找结果，软件将自动切换到相应视图，同时在"注释"窗口将显示详细注释内容，如图 11-71 所示。

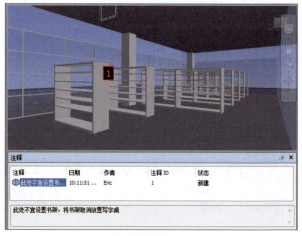

图 11-70　　　　　　　　　　　　　　图 11-71

在保存视点上右击，然后在弹出的快捷菜单中选择"添加注释"选项，便可实现对视点添加注释的操作。

案例实战：批注项目问题点

素材文件	素材文件\第 11 章\11-2.nwf
成果文件	成果文件\第 11 章\批注项目问题点.nwf
技术掌握	使用红线批注和文字进行问题点批注

审阅模型最基础的方式便是通过漫游工具进行阅览，在漫游的过程中若发现问题点，可以保存视点并通过红线批注工具进行记录。

（1）打开"素材文件\第 11 章\11-2.nwf"文件，然后在导航工具中单击"漫游"下拉按钮，选择"碰撞""重力""第三人"选项，如图 11-72 所示。

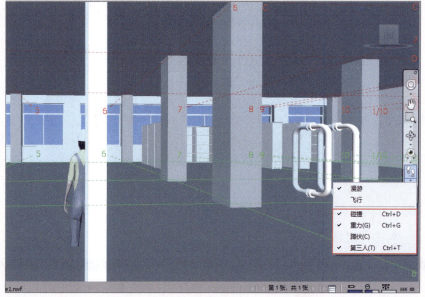

图 11-72

（2）使用平移工具将场景位置向下移动，保证第三人高于地面，如图 11-73 所示。

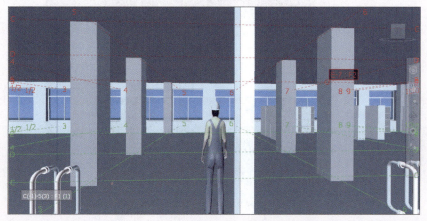

图 11-73

（3）单击"漫游"按钮向左侧走廊区域开始漫游，在楼梯间的位置发现玻璃幕墙出现问题。切换到"审阅"选项卡，单击"绘图"按钮，将问题点用云线进行围合，如图11-74所示。

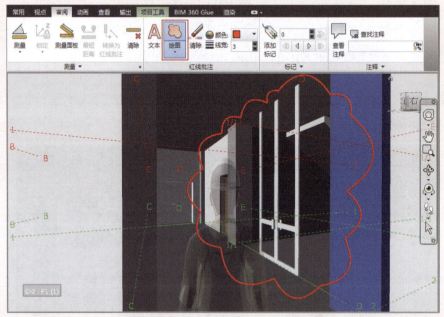

图 11-74

（4）为了使问题点表达更清晰，在"测量"面板中单击"文字"按钮。然后在问题点的位置单击，并输入相应文字说明，最后单击"确定"按钮，如图11-75所示。

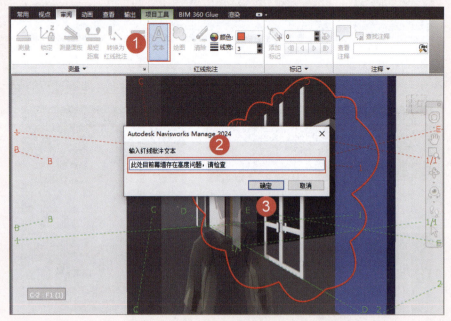

图 11-75

（5）此时将生成新的视图，并保存批注内容，如图11-76所示。

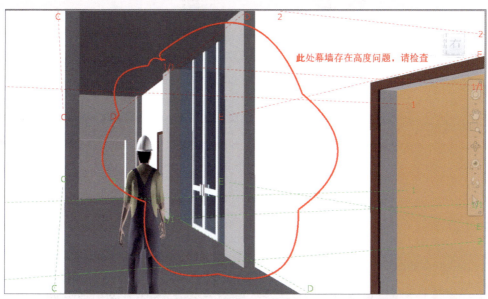

图11-76

（6）批注完成后可以继续漫游检查其他问题，漫游到公共区域后，使用红线批注工具将书柜进行围合，并使用文字工具进行问题描述，如图11-77所示。

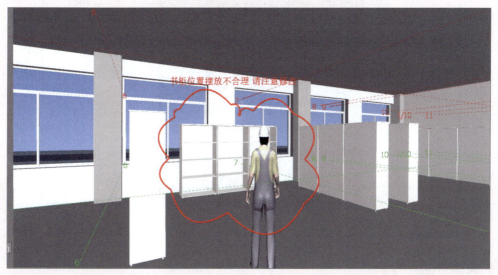

图11-77

（7）在"保存的视点"窗口中右击，在弹出的快捷菜单中选择"新建文件夹"命令，如图11-78所示。

（8）将新建的文件夹名称修改为"问题记录"，然后选中红线批注的视点拖动到新建的文件夹内，如图11-79所示。

图 11-78　　　　　图 11-79

（9）将视点进行重新命名，单击视点可以查看批注记录，如图 11-80 所示。

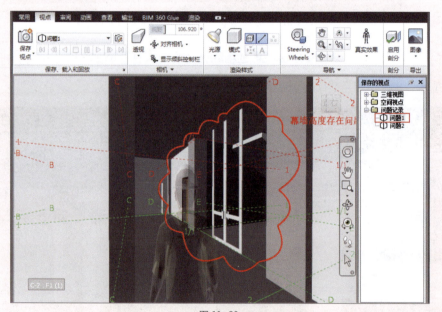

图 11-80

本章小结 ▶▶▶

本章主要学习了两部分内容。第一部分讲到了如何创建视点、查看视点，以及剖分工具的使用方法。第二部分讲到了测量工具、批注工具的使用方法。通过这两部分内容的学习，我们能够在项目中方便快捷地将发现的问题进行记录，并能够形成有效的反馈。对于后期审核工作有很大的帮助。

第12章 动画制作与编辑

本章我们将要学习动画工具的使用。在 Navisworks 中，动画大致分成三类，分别是对象动画、视点动画和交互动画。这三种不同类型的动画适用于不同的应用场景。对象动画主要用于制作物体运行的动画，例如，车辆行驶、货物吊装等。而视点动画主要用于制作场景浏览动画，如建筑漫游动画。交互动画则主要用于制作通过一定条件触发的动画，例如，当漫游经过大门时门会自动开启，按下键盘上某个按键，电梯会自动运行，等等。

学习要点

- 对象动画的创建
- 视点动画的创建
- 交互动画的创建
- 动画编辑与导出

效果展示

12.1 对象动画

对象动画是指对模型的旋转、缩放、移动等操作进行捕捉，将不同的操作捕捉为一个关键帧，并设置好相应的时间位置。最终将这些关键帧串联起来，形成一个完整的动画。

12.1.1 动手练：创建对象动画

对象动画主要是通过 Animator 工具进行制作。根据创建的动画的类型不同，其操作步骤也略有不同，但基本操作是相似的。下面将简单介绍通过 Animator 工具创建动画的基本步骤。

（1）切换到"动画"选项卡，单击"Animator"按钮，打开 Animator 工具窗口，如图 12-1 所示。

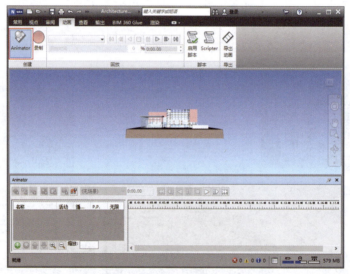

图 12-1

（2）新建动画场景，当动画场景较多时，可通过文件夹形式进行归类，如图 12-2 所示。

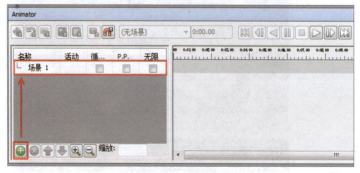

图 12-2

（3）在动画场景中，可以添加"相机"、"动画集"或"剖面"动画类型，只有在选择对象之后才会显示"添加动画集"或"更新动画集"等命令，如图12-3所示。

（4）根据选择的动画类型，添加关键帧制作具体内容，如图12-4所示。

图12-3

图12-4

通过以上描述，大致对整个对象动画的制作流程有了初步了解。为了更好地学习本章节内容，后续章节将对以上提及的各项工具及相关命令进行详细讲解。

12.1.2 Animator 工具概述

Navisworks 软件中的 Animator 工具用于创建和编辑对象动画。日常工作中经常遇到的场景漫游动画、建筑动画等，都可以通过 Animator 工具来完成。

切换到"动画"选项卡，单击"Animator"按钮，可以打开"Animator"窗口，如图12-5所示。通过下面的内容，将进一步了解关于"Animator"窗口中各项工具的用途及使用方法。

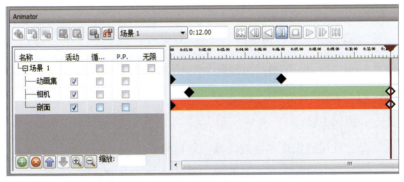

图12-5

1. Animator 工具栏

Animator 工具栏位于"Animator"窗口的上方。使用此工具栏可以创建、编辑和播放动画，如图12-6所示。

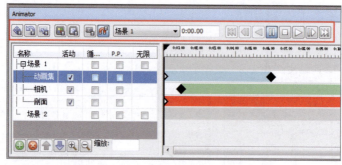

图 12-6

◆ 平移动画集：“平移”小控件会显示在场景视图中，并使你能够修改几何图形对象的位置。

◆ 旋转动画集：“旋转”小控件会显示在场景视图中，并使你能够修改几何图形对象的旋转。

◆ 缩放动画集：“缩放”小控件会显示在场景视图中，并使你能够修改几何图形对象的大小。

◆ 更改动画集颜色：手动输入栏中显示一个调色板，通过它可以修改几何图形对象的颜色。

◆ 更改动画集透明度：手动输入栏中显示一个透明度滑块，通过它可以修改几何图形对象的透明度。

◆ 捕装关键帧：为当前对模型所做的更改创建快照，并将其作为时间轴视图中的新关键帧。

◆ 打开/关闭捕捉：启用/禁用捕捉，仅通过拖动场景视图中的小控件来移动对象时，捕捉才会产生效果。

◆ 场景选择器 场景1：选择活动场景。

◆ 时间位置 0:10.00：控制时间轴视图中时间滑块的当前位置。

◆ 回放：将动画倒回到开头。

◆ 上一帧：倒回 1 秒。

◆ 反相播放：从尾到头反向播放动画，然后停止。

◆ 暂停：暂停播放动画。要继续播放，可再次单击"播放"按钮。

◆ 停止：停止动画，并将动画倒回到开头。

◆ 播放：从头到尾正向播放动画。

◆ 下一帧：正向播放动画 1 秒。

◆ 至结尾：使动画快进到结尾。

2. Animator 树视图

Animator 树视图在分层的列表视图中列出所有场景和场景组件,如图 12-7 所示。使用它可以创建并管理动画场景。

(1)分层列表:分层列表可以使用 Animator 树视图创建并管理动画场景。场景树以分层结构显示场景组件,如动画集、相机和剖面。

单击要复制或移动的项目,按住鼠标右键并将该项目拖动到所需的位置。当鼠标指针变为箭头时,释放鼠标右键会显示快捷菜单,可以根据需要选择"在此处复制"或"在此处移动",以快速复制或移动这些项目,如图 12-8 所示。

图 12-7

图 12-8

(2)关联菜单:对于树中的任何项目,可以通过在项目上右击来显示关联菜单(快捷菜单),如图 12-9 所示。下列命令只要使用,就会显示在关联菜单上。

◆ 添加场景:将新场景添加到树视图中。

◆ 添加相机:将新相机添加到树视图中。

◆ 添加动画集:将动画集添加到树视图中。

◆ 更新动画集:更新选定的动画集。

◆ 添加剖面:将新剖面添加到树视图中。

◆ 添加文件夹:将文件夹添加到树视图中。文件夹可以存放场景组件和其他文件夹。

图 12-9

◆ 添加场景文件夹:将场景文件夹添加到树视图中。场景文件夹可以存放场景和其他场景文件夹。

◆ 活动:启用或禁用场景组件。

◆ 循环播放:为场景和场景动画选择循环播放模式。动画正向播放到结尾,再次从开头开始播放,即无限循环播放。

◆ 往复播放：为场景和场景动画选择往复播放模式。动画正向播放到结尾，然后反向播放到开头。除非还选择了循环播放模式，否则往复播放将只发生一次。

◆ 无限：它仅适用于场景，并将使场景无限期播放（直到单击"停止"按钮 后才会停止播放）。

◆ 剪切：将树中的选定项目剪切到剪贴板。

◆ 复制：将树中的选定项目复制到剪贴板。

◆ 粘贴：从剪贴板将项目粘贴到新位置。

◆ 删除：从树中删除选定项目。

（3）图标：在树视图下方显示了不同的图标，以供我们进行不同的操作时使用，如图 12-10 所示。

◆ 添加：打开一个快捷菜单，使用该快捷菜单可以向树视图中添加新项目，如"添加场景""添加相机"等。

◆ 删除：删除在树视图中当前选定的项目。

◆ 上移：在树视图中上移当前选定的场景。

◆ 下移：在树视图中下移当前选定的场景。

◆ 放大：将时间刻度条进行放大，实际值显示在右侧的"缩放"框中。

◆ 缩小：将时间刻度条进行缩小，实际值显示在右侧的"缩放"框中。

图 12-10

◆ 缩放：时间刻度条的缩放比例，可以直接输入数值。

3. Animator 时间轴视图

时间轴视图显示了包含场景中动画集、相机和剖面的关键帧的时间轴，如图 12-11 所示。使用它可以显示和编辑动画。

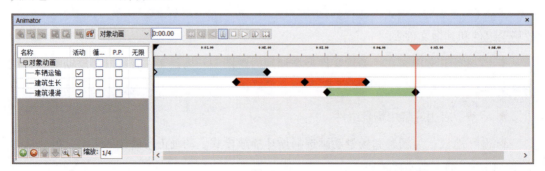

图 12-11

（1）时间刻度条：时间轴视图的顶部是以秒为单位表示的时间刻度条，如图 12-12 所示，所有时间轴均从 0 开始。

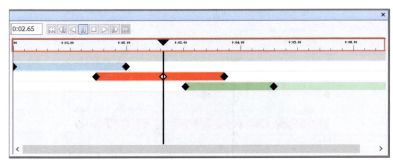

图 12-12

（2）关键帧：关键帧在时间轴中显示为黑色的菱形。在时间轴视图中，可以通过向左或向右拖动黑色菱形来更改关键帧出现的时间。随着关键帧的拖动，其颜色会从黑色变为浅灰色。在关键帧上单击会将时间滑块移动到该位置，如图 12-13 所示。

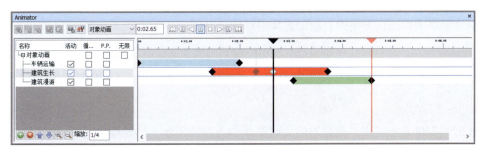

图 12-13

如果在关键帧上右击，可以在弹出的快捷菜单中选择相应的命令，实现对关键帧进行编辑、复制、剪切、删除、粘贴等功能。

（3）动画条：彩色动画条用于在时间轴中显示关键帧，并且无法编辑。每个动画类型都用不同颜色显示，场景动画条为灰色，动画集动画条为天蓝色，相机动画条为红色，剖面动画条为绿色。通常情况下，最后一个关键帧以动画条结尾。如果动画条在最后一个关键帧之后逐渐褪色，则表示动画将无限期播放，如图 12-14 所示。

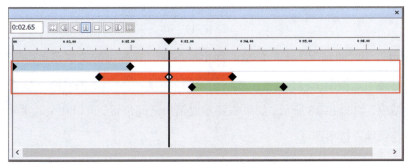

图 12-14

（4）滑块：在时间轴视图中可以使用两个滑块，分别是时间滑块与结束滑块，如图 12-15 所示。

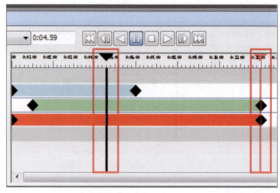

图 12-15

◆ 时间滑块：显示为黑色垂直线，表示当前动画播放的时间位置，可以通过鼠标进行左右拖动。也可以将其选中，使用键盘上的左右箭头键进行移动。通过手动移动时间滑块可以自由地观察动画，以方便检查动画过程中存在的问题。

◆ 结束滑块：显示为红色垂直线，表示当前动画结束的位置。如果当前动画的状态是"无限播放"，则不会出现结束滑块。可以通过更改结束滑块的位置，来延长动画结尾的停留时间。

在时间刻度条上右击，在弹出的关联菜单中选择"手动定位终端"选项，如图 12-16 所示。此时便可以手动控制结束滑块的位置。

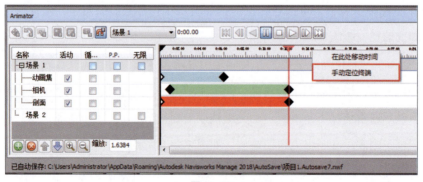

图 12-16

将光标定位于时间刻度条上的任意时间上并右击，在弹出的关联菜单中选择"在此处移动场景端"选项，如图 12-17 所示。此时结束滑块将移动至指定的时间点位置，播放的动画将在此处结束，如图 12-18 所示。如果需要重置结束时间位置，可以在关联菜单中选择"将终端重置为场景端"选项即可。

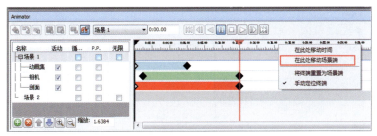

图 12-17

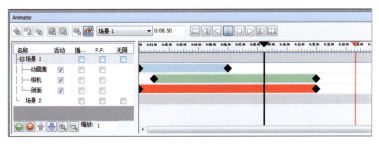

图 12-18

4. 手动输入栏

手动输入栏位于"Animator"窗口的底部，可以在该栏中输入数字值而不必使用场景视图中的小控件来处理几何图形对象。在窗口中单击不同的按钮，手动输入栏中的内容会有所变化。

（1）平移。

◆ X, Y, Z：输入 X、Y、Z 坐标值，可定位选择对象，如图 12-19 所示。

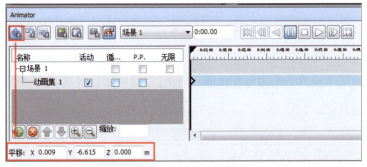

图 12-19

（2）旋转。

◆ X, Y, Z：输入围绕 X、Y 和 Z 轴的旋转角度，可将选定对象移动到此位置，如图 12-20 所示。

◆ cX, cY, cZ：输入 X、Y 和 Z 坐标值，可将旋转的原点（或中心点）移动到此位置。

◆ oX, oY, oZ：输入围绕 X、Y 和 Z 轴的旋转角度，可修改旋转的方向。

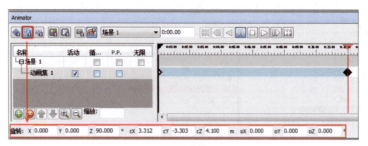

图 12-20

（3）缩放。

◆ X, Y, Z：输入围绕 X、Y 和 Z 轴的缩放系数，如图 12-21 所示。1 为当前大小，0.5 为一半，2 为两倍，以此类推。

◆ cX, cY, cZ：输入 X、Y 和 Z 坐标值，可将缩放的原点（或中心点）移动到此位置。

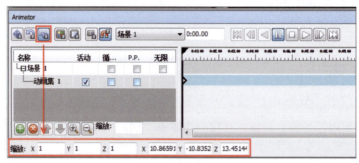

图 12-21

（4）颜色。

◆ "颜色"复选框：选中此复选框，将记录关键帧中的颜色更改。取消选中此复选框会将颜色重置回其原始状态，如图 12-22 所示。

◆ R, G, B：输入新颜色的 RGB 值。

◆ ![按钮]：如果不希望手动输入红色值、绿色值和蓝色值，可单击此按钮，然后在颜色面板中选择所需的颜色。

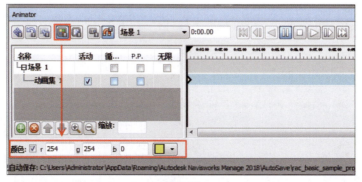

图 12-22

(5)透明度。

◆ 透明度：选中复选框，单击"捕捉关键帧"按钮 时将记录关键帧中的透明度更改。取消选中此复选框会将透明度重置回其原始状态，如图 12-23 所示。

◆ %：输入值可调整透明度级别（0 ~ 100%）。值越高，元素越透明；值越低，元素越不透明。

◆ ：如果不希望手动输入透明度值，可使用此滑块调整透明度级别。

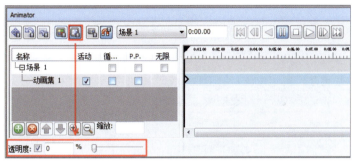

图 12-23

12.1.3 动手练：编辑动画场景

场景可以充当对象动画的容器，每个场景都可以包含多个组件，如一个或多个动画集、相机动画、剖面集动画。对于这些场景和场景组件，可以将其分组到文件夹中。分组不但可以轻松打开或关闭文件夹中的内容来节省时间，而且对播放不会产生任何影响。

1. 添加动画场景

（1）切换到"动画"选项卡，单击"Animator"按钮，如图 12-24 所示。

图 12-24

（2）在"Animator"树视图中右击，然后在弹出的快捷菜单中选择"添加场景"命令，如图 12-25 所示。

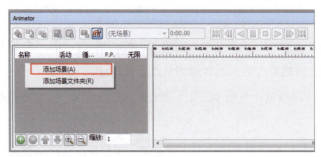

图 12-25

（3）新添加的场景将使用默认名称，单击默认场景名称，可以进行重命名，如图 12-26 所示。

图 12-26

> **提示**
>
> 场景名称目前不支持直接输入中文，只能输入英文或汉语拼音。如果需要输入文字的话，可以在其他文本编辑软件中进行输入，然后复制粘贴到此位置。

2. 将场景组织到场景文件夹中

当场景较多时，可以将场景分类归纳到场景文件夹中。

（1）在 Animator 树视图中右击，然后在关联菜单中选择"添加场景文件夹"命令选项，如图 12-27 所示。添加新场景后，单击默认文件夹名称，可以输入新名称。

图 12-27

（2）选择要添加到新文件夹的场景，按住鼠标左键，将其拖动到文件夹中。当鼠标指针变为箭头时，释放鼠标，即可将场景拖动到该文件夹中，如图 12-28 所示。

图 12-28

3. 将场景组件组织到文件夹中

"文件夹"的功能不同于"场景文件夹"的功能，"文件夹"主要用于存储场景当中所制作的动画内容。例如，在同一个场景中制作了若干动画，此时如果需要将这些动画进行归纳整理，则只能通过新建文件夹的形式。

（1）要将子文件夹添加到场景中，可在该场景中右击，然后在关联菜单中选择"添加文件夹"命令选项，如图 12-29 所示。

（2）可以将现有的场景组件放置于文件夹中，也可以新建场景组件。在新建的文件夹上右击，在弹出的快捷菜单中选择相应的命令即可创建新的场景组件，如图 12-30 所示。

图 12-29

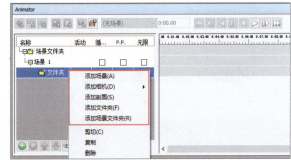

图 12-30

12.1.4 动手练：添加基于当前选择的动画集

动画集是用于存储需要创建动画的模型的集合。场景则具有更大的灵活性，它可以包含所需数量的动画集。此外，在同一场景的不同动画集中，还可以重复使用相同的几何图形对象。场景中的动画集的顺序很重要，当在多个动画集中使用同一对象时，可以使用顺序控制最终对象的位置。

（1）切换到"动画"选项卡，单击"Animator"按钮，如图12-31所示。

图12-31

（2）在场景视图中或从"选择树"中选择所需的几何图形对象，如图12-32所示。

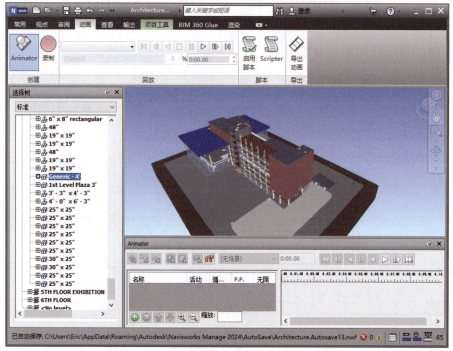

图12-32

（3）在场景名称上右击，然后在弹出的快捷菜单中选择"添加动画集"→"从当前选择"命令，如图12-33所示。

图12-33

（4）可以对添加的动画集重新命名，然后按"Enter"键确认，如图12-34所示。

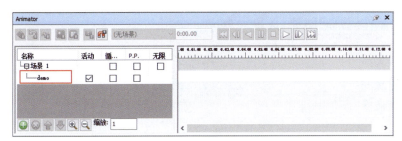

图 12-34

12.1.5 动手练：捕捉关键帧

关键帧用于指定在动画中对模型所进行更改的具体位置和特性，它们标志着动画中必须经过的关键点。通过定义关键帧，系统会自动生成各个关键帧之间的过渡状态，从而形式一段连续的动画。

（1）切换到"动画"选项卡，在"创建"面板中单击"Animator"按钮，如图 12-35 所示。

图 12-35

（2）新建空白场景，然后选中对象，并新建动画集。在时间刻度条上输入时间，然后单击"捕捉关键帧"按钮，如图 12-36 所示。此时关键帧就已经在时间轴视图中生成了。

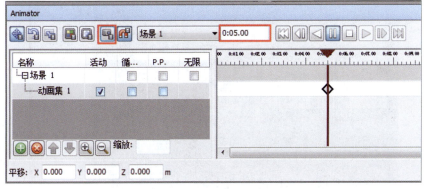

图 12-36

案例实战：制作门开启动画

素材文件	素材文件\第 12 章\12-1.nwf
成果文件	成果文件\第 12 章\制作门开启动画.nwf
技术掌握	旋转动画集的使用方法

（1）打开"素材文件\第 12 章\12-1.nwf"文件，并选择"主入口"视点，如图 12-37 所示。

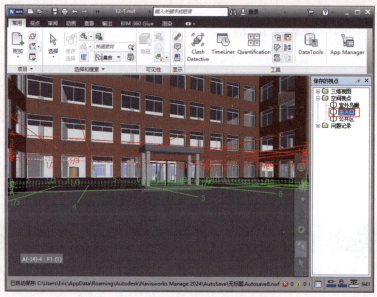

图 12-37

（2）切换到"查看"选项卡，单击"显示轴网"按钮将轴网隐藏，如图 12-38 所示。

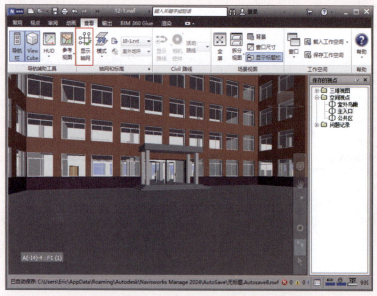

图 12-38

(3)切换到"动画"选项卡,单击"Animator"按钮打开"Animator"窗口,如图 12-39 所示。

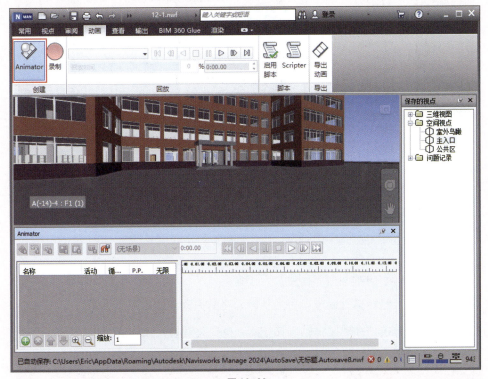

图 12-39

(4)然后在 Animator 树视图空白区域右击或单击"添加"按钮,在弹出的关联菜单中选择"添加场景"命令选项,如图 12-40 所示。

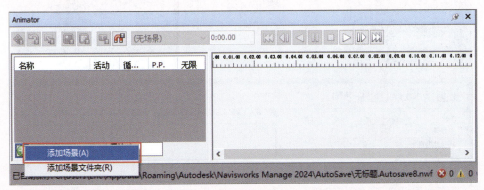

图 12-40

(5)在场景视图中选中左侧的门扇及拉手,右击"场景1",然后在弹出的快捷菜单中选择"添加动画集"→"从当前选择",如图 12-41 所示。

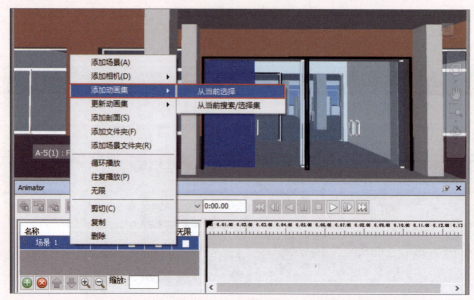

图 12-41

（6）选中添加的动画集，然后单击"旋转动画集"按钮，将光标放置于小控件交叉位置的小圆球上。当鼠标指针变成小手形状时，将其拖动至门扇的左下角位置，作为旋转动作的中心点。最后单击"捕捉关键帧"按钮，捕捉关键帧，如图 12-42 所示。

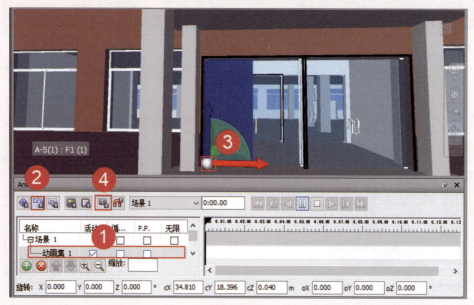

图 12-42

（7）在时间位置处输入"5"，调整视图角度，然后将光标放置于 X 轴和 Y 轴交叉位置的扇形控件上，按住鼠标左键向上移动鼠标，此时门扇将跟随旋转控件一起旋转，当旋转至合适的角度时释放鼠标左键，单击"捕捉关键帧"按钮，捕捉关键帧，如图 12-43 所示。

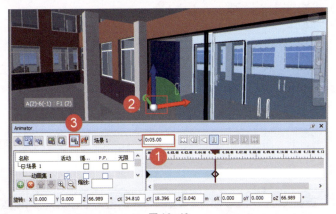

图 12-43

（8）选中另一扇门，在当前场景中添加新的动画集，并按照相同的方法制作动画，如图 12-44 所示。

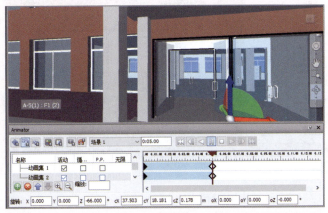

图 12-44

（9）动画制作完成后，选中"场景 1"，然后单击"播放"按钮，可以浏览制作好的动画，如图 12-45 所示。

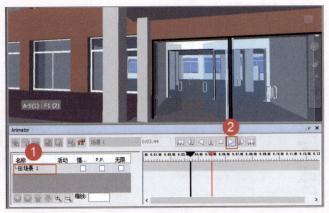

图 12-45

案例实战：制作结构柱生长动画

素材文件	素材文件\第 12 章\12-2.nwf
成果文件	成果文件\第 12 章\制作结构柱生长动画.nwf
技术掌握	缩放动画集的使用方法

（1）打开"素材文件\第 12 章\12-2.nwf"文件，单击"选择树"按钮，在打开的"选择树"窗口中选择类别为"集合"，如图 12-46 所示。

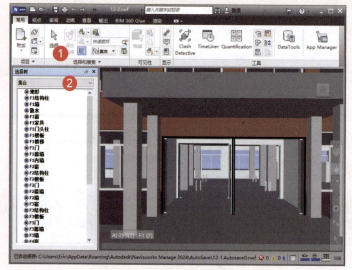

图 12-46

（2）在"选择树"窗口中选择"F1 结构柱"选择集，然后单击"隐藏未选定项目"按钮，将其余构件进行隐藏，如图 12-47 所示。

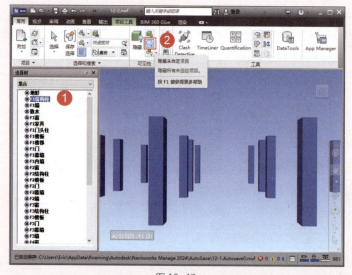

图 12-47

(3)切换到"动画"选项卡,单击"Animator"按钮,打开"Animator"窗口,并添加新的动画场景,如图12-48所示。

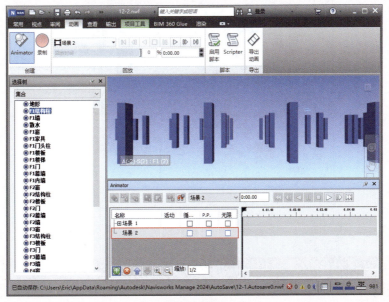

图 12-48

(4)在"场景2"位置右击,然后在弹出的快捷菜单中选择"添加动画集"→"从当前选择"命令,如图12-49所示。

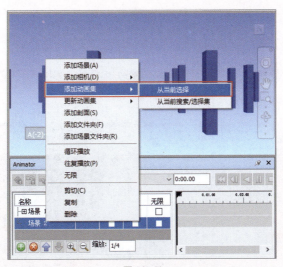

图 12-49

(5)选中刚刚添加的动画集,然后单击"缩放动画集"按钮，接着将光标放置于坐标轴相交的小圆球上,按住"Ctrl"键,然后移动鼠标左键将坐标轴移动至结构柱底部,最后单击"捕捉关键帧"按钮，如图12-50所示。

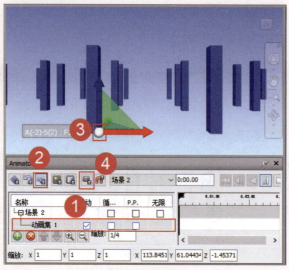

图 12-50

> **疑难解答：移动缩放动画集控件时为什么需要按住"Ctrl"键，而其他动画集则不需要？**

因为缩放动画集除了可以沿着三个坐标轴方向进行缩放，还可以通过坐标轴交叉的小圆点进行等比例缩放。如果直接拖动坐标轴交叉的小圆点，默认动作为等比缩放而非移动控件的操作。

（6）在"缩放"参数一栏中找到 Z 轴控制参数并输入"0.01"，然后单击"捕捉关键帧"按钮，如图 12-51 所示。

（7）在时间位置处输入"5"，然后在"缩放"参数一栏中找到 Z 轴控制参数，并输入"1"，然后单击"捕捉关键帧"按钮，如图 12-52 所示。

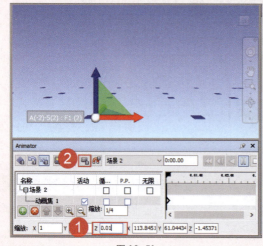

图 12-51

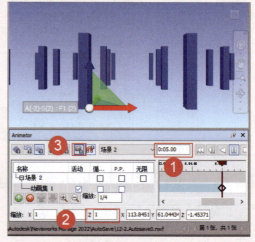

图 12-52

(8)动画制作完成后,选择"场景 2"并切换视图角度,然后单击"播放"按钮浏览结构柱生长动画,如图 12-53 所示。

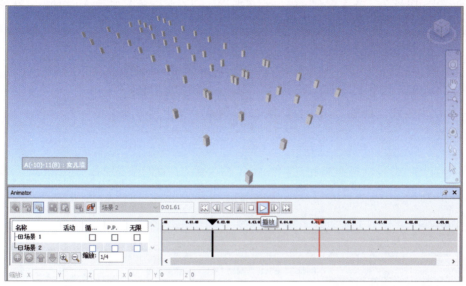

图 12-53

12.1.6 动手练:编辑相机动画

在不同的时间段可以捕捉不同的视点,每一个视点都代表着一个关键帧,最终这些视点会组成一段完整的相机动画。

1. 添加空白动画

(1)在现有动画场景上右击,然后在弹出的快捷菜单中选择"添加相机"→"空白相机"命令,如图 12-54 所示。

(2)这时便可以调整视图角度,以及通过捕捉关键帧来制作相机动画了,如图 12-55 所示。

图 12-54

图 12-55

2. 添加现有视点动画

添加现有视点动画主要是为了方便编辑视点动画的关键帧。例如，某些视点需要缩短过渡的时间，而另外一些视点则需要延长过渡的时间，这些修改通过 Animator 工具很容易实现。

（1）在现有动画场景上右击，然后在弹出的快捷菜单中选择"添加相机"→"从当前视点动画"命令，如图 12-56 所示。

图 12-56

（2）此时视点动画将添加到"Animator"窗口当中，我们可以对各个关键帧进行编辑，如图 12-57 所示。

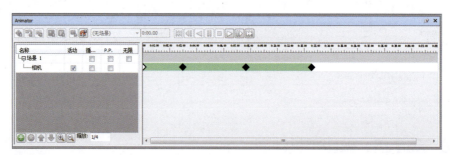

图 12-57

12.1.7 剖面动画

剖面动画功能需要配合剖分工具来共同使用，可以将对象剖切的过程以动画的形式进行体现，这种动画方式可以适用于多种工作场景。但每个场景中只支持添加一个剖面，所以当需要对多个方向的剖面动画进行展示时，只能新建多个场景。

案例实战：制作建筑生长动画

素材文件	素材文件\第 12 章\12-3.nwf
实例文件	成果文件\第 12 章\制作建筑生长动画 .nwf
技术掌握	剖面动画的制作方法

（1）打开"素材文件\第 12 章\12-3.nwf"文件，单击"取消隐藏所有对象"按钮，如图 12-58 所示。

图 12-58

(2)切换到"动画"选项卡,单击"Animator"按钮打开"Animator"窗口,并添加新的动画场景。然后在新的场景位置右击,在弹出的快捷菜单中选择"添加剖面"命令,如图 12-59 所示。

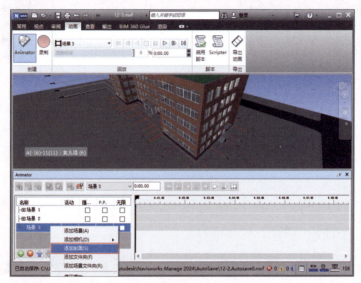

图 12-59

(3)切换到"视点"选项卡,单击"启用剖分"按钮,如图 12-60 所示。

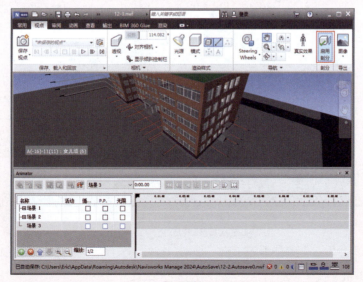

图 12-60

（4）切换到"剖分工具"选项卡，先设置剖面为"对齐：顶部"，然后单击"移动"按钮调整剖面的高度，最后单击"捕捉关键帧"按钮，如图12-61所示。

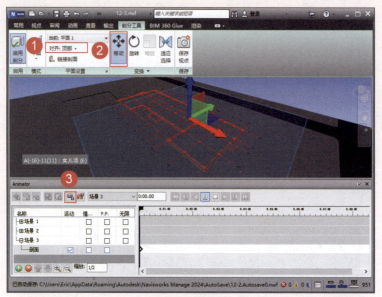

图12-61

（5）在时间位置处输入"5"，然后拖动剖分控件，待其超过建筑物顶部后，再次单击"捕捉关键帧"按钮，如图12-62所示。

图12-62

（6）在"剖分工具"选项卡中单击"移动"按钮，关闭移动控件。调整视图角度，单击"播放"按钮浏览建筑生长动画，如图12-63所示。

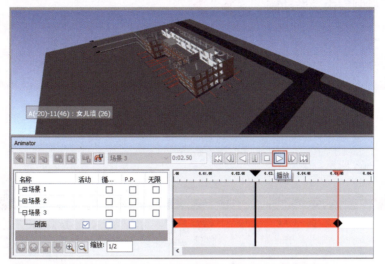

图 12-63

> **疑难解答：为什么有时候动画无法播放？**
>
> 当动画无法播放时，首先要检查树视图中是否选中了"活动"复选框。如果没有选中，则代表当前动画没有被激活，所以无法播放。要想正常播放动画，需要选中该复选框，如图 12-64 所示。

图 12-64

12.2 视点动画

在 Navisworks 中创建视点动画有两种方法，即通过录制方式和使用关键帧方式。通过录制方式可以简单地录制实时漫游动画，使用关键帧方式可以将视图组织到一起形成动画文件。

12.2.1 实时创建视点动画

通过录制方式创建的视点动画，具有一定的优势，同样也存在着一些缺点。例如，录制视点动画时，可以精确地控制动画的路径及漫游速度，这对于动画流畅性非常有帮助，但缺点是录制方式生成动画的关键帧会非常多。如果需要对其进行后期编辑，则会比较困难。

案例实战：录制室内漫游动画

素材文件	素材文件\第 12 章\12-4.nwf
成果文件	成果文件\第 12 章\录制室内漫游动画.nwf
技术掌握	通过录制工具制作动画的方法

（1）打开"素材文件\第12章\12-4.nwf"文件，在"保存的视点"窗口中单击"主入口"视点，如图 12-65 所示。

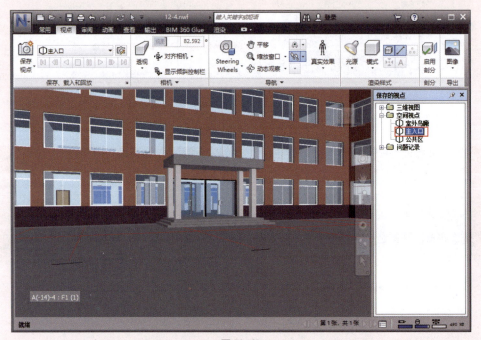

图 12-65

（2）单击"漫游"下拉按钮，在下拉菜单中取消选择"碰撞"选项，如图 12-66 所示。

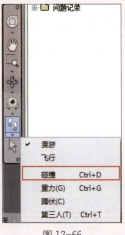

图 12-66

(3)切换到"动画"选项卡,单击"录制"按钮,如图12-67所示。

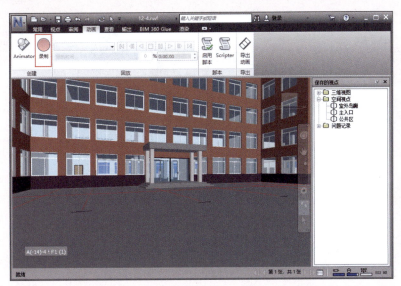

图 12-67

(4)使用漫游工具将镜头匀速移动到室内公共区的位置,然后单击"停止"按钮,如图12-68所示。如果在漫游过程中需要转场,或者需要暂时停止录制,稍后继续录制,可以单击"暂停"按钮,这时录制会暂时中断。当下一次单击"暂停"按钮时,将会接着上一次录制的位置,继续开始录制,最终形成一段完整的动画。

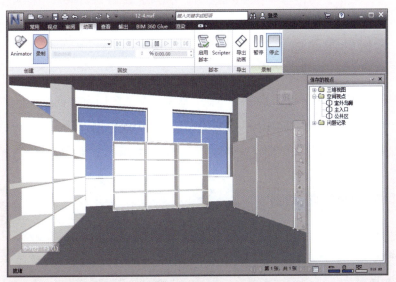

图 12-68

(5)等待一段时间后,漫游动画已经生成。单击"播放"按钮,就可以浏览刚刚录制的动画了,如图12-69所示。

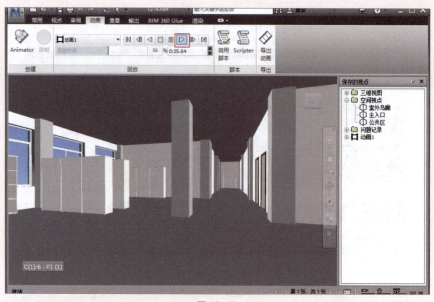

图 12-69

在使用录制工具制作动画时，建议不要录制过长时间。因为在停止录制时，会耗费大量的时间。同时采用录制制作的动画，会形成大量的关键帧，对电脑性能也要求较高。

12.2.2 逐帧创建动画

使用关键帧创建动画的过程非常简单，只需要保存几个固定的视点，将其进行组合便可生成一段完整的视点动画。但在动画转场时，过渡的不是特别自然。这种情况下，可以通过添加更多的关键帧，来补充中间过渡的阶段。这样创建出的动画，便会自然流畅得多。

案例实战：制作建筑环视动画

素材文件	素材文件 \ 第 12 章 \12-5.nwf
成果文件	成果文件 \ 第 12 章 \ 制作建筑环视动画 .nwf
技术掌握	视点动画的制作方法

（1）打开"素材文件 \ 第 12 章 \12-5.nwf"文件，打开"保存的视点"窗口。调整视图角度分别保存视点并按照序号命名，如图 12-70 ~ 图 12-74 所示。

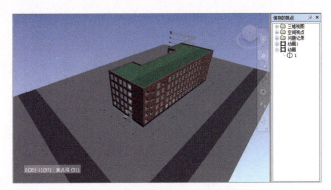

图 12-70

图 12-71

图 12-72

图 12-73

图 12-74

（2）在"保存的视点"窗口中的空白区域右击，在弹出的快捷菜单中选择"添加动画"命令以新建一个动画，如图 12-75 所示。

（3）选中全部视点，按住"Shift"键将其拖动至新建的动画中，如图 12-76 所示。

提 示

因为保存的视点作为动画的关键帧，所以视点的前后顺序非常重要，软件会根据两个视点自动创建中间的过渡动画。同时在处理转角的时候，为了能让动画效果更流畅，建议添加几个视点来保证最终动画的完成质量。

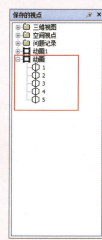

图 12-75　　　　图 12-76

（4）选中制作好的动画，然后单击"播放"按钮浏览动画，如图 12-77 所示。

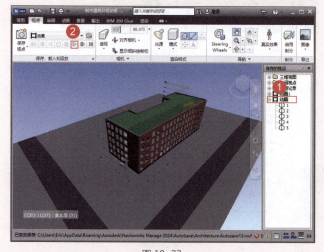

图 12-77

12.2.3 编辑视点动画

编辑视点动画，可以修改视点动画的总时长和运动轨迹的过渡方式，还可以对现有视点动画进行添加、删除、移动视点等操作。此外，通过添加剪辑的方式，可以使得整体动画效果更符合我们的心理预期。

案例实战：动画剪辑

素材文件	素材文件 \ 第 12 章 \12-6.nwf
成果文件	成果文件 \ 第 12 章 \ 动画剪辑 .nwf
技术掌握	编辑动画时间添加关键帧的方法

（1）打开"素材文件 \ 第 12 章 \12-6.nwf"文件，在"保存的视点"窗口中选择"动画"，可以看到之前制作的视点动画时长达到了 42 秒，如图 12-78 所示。接下来我们要缩短动画时长，并且要添加镜头切换效果。

（2）选中"动画"后并右击，在弹出的快捷菜单中选择"编辑"命令，如图 12-79 所示。

图 12-78

图 12-79

（3）在打开的"编辑动画：动画"对话框中，可以发现现在动画总时长为 42.3 秒，如图 12-80 所示。我们需要将其时间改为 30 秒，可直接在"持续时间"处输入"30"，然后单击"确定"按钮，如图 12-81 所示。

图 12-80　　　　　　　　　　图 12-81

（4）再次播放动画，可以发现时间能够满足我们的需求，但是我们希望将最后两个镜头直接做切换处理，不进行过渡。这时可以在"保存的视点"窗口中展开动画，在视点 5 的位置右击，然后在弹出的快捷菜单中选择"添加剪辑"命令，如图 12-82 所示。

（5）这时会发现在视点 5 与视点 4 之间新增了一个"剪切"图示，如图 12-83 所示。

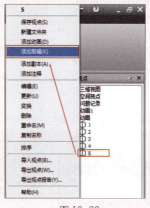

图 12-82　　　　　　　　　　图 12-83

（6）再次播放动画，可以发现最后两个视点之间的转换过渡动画消失了，变为了直接跳转的方式，如图 12-84 所示。

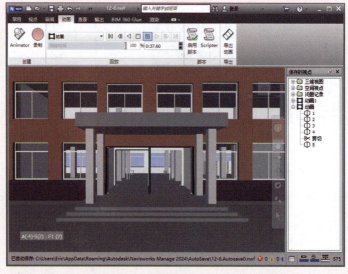

图 12-84

> **提示**
>
> 剪切的效果在 Animator 动画工具中同样存在，要想取消剪切效果，只需要编辑关键帧，在"编辑关键帧"对话框中取消选中"插值"复选框，单击"确定"按钮，如图 12-85 所示。关闭对话框后可以发现两个关键帧之间的动画条也随之消失，如图 12-86 所示。

图 12-85

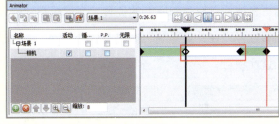

图 12-86

12.3 交互动画

通过创建脚本并启用脚本，软件可以在设置好的条件下执行相应的操作。例如，当漫游到门前触发脚本时，可以执行播放门开启动画的动作。

12.3.1 Scripter 窗口

"Scripter"窗口是一个浮动窗口，通过该窗口可以给模型中的对象动画添加交互性。

切换到"动画"选项卡，单击"Scripter"按钮，可以打开"Scripter"窗口。"Scripter"窗口包含下列组件：树视图、事件视图、操作视图和特性视图，如图 12-87 所示。

图 12-87

1. Scripter 树视图

Scripter 树视图以分层列表视图的形式显示，包含 Navisworks 文件中可用的所有脚本，如图 12-88 所示。使用树视图可以创建并管理动画脚本。

（1）分层列表。

树视图以分层列表显示，便于创建和管理脚本。选择要复制或移动的项目，按住鼠标右键即可将该项目拖动到所需的位置。当鼠标指针变为箭头时，释放鼠标可显示关联菜单。根据需要选择"在此处复制"或"在此处移动"命令选项，如图 12-89 所示，可以快速复制或移动这些项目。

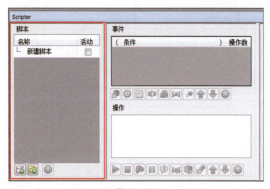

图 12-88　　　　　　　　　图 12-89

（2）关联菜单。

对于树中的任何项目，都可以通过在项目上右击来显示关联菜单，如图 12-90 所示。下列命令只要使用，就会显示在关联菜单上。

◆ 添加新脚本：将新脚本添加到树视图中。

◆ 添加新文件夹：将文件夹添加到树视图中。文件夹可以存放脚本和其他文件夹。

◆ 重命名项目：用于重命名在树视图中当前选定的项目。

◆ 删除项目：删除在树视图中当前选定的项目。

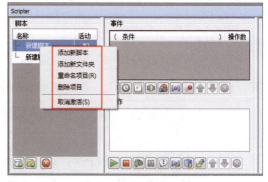

图 12-90

◆ 激活：对树视图中当前选定的项目选中"活动"复选框。

◆ 取消激活：对树视图中当前选定的项目取消选中"活动"复选框。

◆ （3）图标。

◆ 添加新脚本：将新脚本添加到树视图中。

◆ 添加新文件夹：将新文件夹添加到树视图中。
◆ 删除项目：删除在树视图中当前选定的项目。
（4）复选框。
◆ 活动：选中此复选框可指定要使用哪些脚本，仅执行活动脚本。如果将脚本组织到文件夹中，可以使用顶层文件夹旁边的"活动"复选框快速打开和关闭脚本。

2. 事件视图

"事件"视图用于显示与当前选定脚本关联的所有事件。使用"事件"视图可以定义、管理和测试事件，如图 12-91 所示。

（1）图标。

◆ 启动时触发：添加开始事件。
◆ 计时器触发：添加计时器事件。
◆ 按键触发：添加按键事件。
◆ 碰撞触发：添加碰撞事件。
◆ 热点触发：添加热点事件。
◆ 变量触发：添加变量事件。
◆ 动画触发：添加动画事件。

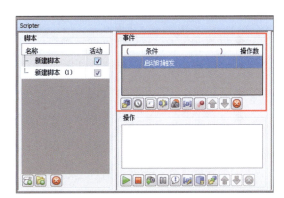

图 12-91

◆ 上移：在"事件"视图中上移当前选定的事件。
◆ 下移：在"事件"视图中下移当前选定的事件。
◆ 删除事件：在"事件"视图中删除当前选定的事件。

（2）关联菜单。

在"事件"视图中右击，将显示关联菜单，如图 12-92 所示。下列命令只要使用，就会显示在关联菜单中。

◆ 添加事件：用于选择要添加的事件。
◆ 删除事件：删除当前选定的事件。
◆ 上移：上移当前选定的事件。
◆ 下移：下移当前选定的事件。
◆ 括号：用于选择括号。选项包括"（"、"）"和"无"。
◆ 逻辑：用于选择逻辑运算符。选项包括"AND"和"OR"。
◆ 测试逻辑：测试事件条件的有效性。

图 12-92

3. 操作视图

"操作"视图显示与当前选定脚本关联的动作，如图 12-93 所示。使用"操作"视图可以定义、管理和测试动作。

（1）图标。

- ◆ 播放动画▶：执行播放动画操作。
- ◆ 停止动画■：执行停止动画操作。
- ◆ 显示视点：执行显示视点操作。
- ◆ 暂停‖：执行暂停操作。
- ◆ 发送消息：执行发送消息操作。
- ◆ 设置变量：执行设置变量操作。
- ◆ 存储特性：执行存储特性操作。
- ◆ 载入模型：执行载入模型操作。
- ◆ 上移：在"操作"视图中上移当前选定的操作。
- ◆ 下移：在"操作"视图中下移当前选定的操作。
- ◆ 删除操作：删除当前选定的操作。

图 12-93

（2）关联菜单。

在"操作"视图中右击将显示关联菜单，如图 12-94 所示。下列命令只要使用，就会显示在关联菜单中。

- ◆ 添加操作：用于选择要添加的操作。
- ◆ 删除操作：删除当前选定的操作。
- ◆ 测试操作：执行当前选定的操作。
- ◆ 停止操作：（在执行"测试操作"时）停止执行当前选定的操作。
- ◆ 上移：在"操作"视图中上移当前选定的操作。
- ◆ 下移：在"操作"视图中下移当前选定的操作。

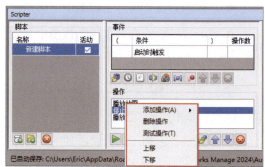

图 12-94

4. 特性视图

"特性"视图显示当前选定的事件或动作的特性，如图 12-95 所示。使用"特性"视图可以配置脚本中的事件和动作的行为。

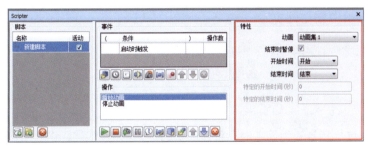

图 12-95

12.3.2 动手练：使用动画脚本

脚本是在满足特定事件条件时发生的动作的集合。要给模型添加交互性，至少需要创建一个动画脚本。每个脚本都可以包含事件和动作。

1. 添加脚本

（1）切换到"动画"选项卡，单击"Scripter"按钮，如图 12-96 所示。

图 12-96

（2）在"脚本"视图中右击，然后在弹出的快捷菜单中选择"添加新脚本"命令，如图 12-97 所示。

（3）对于新添加的脚本，单击默认的脚本名称可以重命名，如图 12-98 所示。

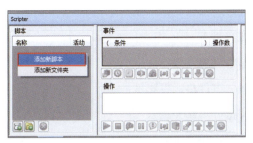

图 12-97

图 12-98

> **提示**
>
> 与 Animator 动画工具一样，在 Scripter 工具中同样不支持直接输入中文。

2. 将脚本组织到文件夹

（1）在"脚本"视图中右击，然后在弹出的快捷菜单中选择"添加新文件夹"命令，如图 12-99 所示。

（2）添加新文件夹后，选择要添加到新文件夹的脚本。按住鼠标左键，然后将脚本拖动到文件夹。当鼠标指针变为箭头时，释放鼠标即可，结果如图 12-100 所示。

图 12-99

图 12-100

12.3.3 动手练：使用事件

事件是指发生的操作或情况（如单击、按键或碰撞），可确定脚本是否运行。脚本可包含多个事件，因此在脚本中组合所有事件条件的方式变得非常重要。既需要确保布尔逻辑有意义，也需要使括号正确匹配成对。

（1）事件类型。

在 Navisworks 中，提供以下事件类型。

◆ **启用开始**：只要启用脚本，事件就会触发脚本。如果在载入文件后启用了脚本，则将立即触发文件中的所有开始事件。

◆ **启用计时器**：在预定义的时间间隔，事件将触发脚本。

◆ **启用按键**：事件通过键盘上的特定按钮触发脚本。

◆ **启用碰撞**：当相机与特定对象碰撞时，事件将触发脚本。

◆ **启用热点**：当相机位于热点的特定范围时，事件将触发脚本。

◆ **启用变量**：当变量满足预定义的条件时，事件将触发脚本。

◆ **启用动画**：当特定动画开始或停止时，事件将触发脚本。

（2）事件条件。

事件条件可以使用一个简单的布尔逻辑组合。要创建事件条件，可以使用括号和 AND/OR 运算符的组合，如图 12-101 所示。

通过在事件上右击并从弹出的快捷菜单中选择相应的命令，可以添加括号和逻辑运算符。也可以单击"事件"视图中的相应字段,并使用下拉列表来选择所需的选项。

图 12-101

1. 添加事件

(1)切换到"动画"选项卡,在"脚本"面板中单击"Scripter"按钮,如图 12-102 所示。

图 12-102

(2)在树视图中选择所需的脚本,然后单击"事件"视图底部所需的事件图标。例如,单击 可以创建一个"热点触发"事件,如图 12-103 所示。

(3)在"特性"视图中查看事件特性,如图 12-104 所示。

图 12-103

图 12-104

2. 测试事件逻辑

(1)在树视图中选择所需的脚本,在"事件"视图上右击,然后在关联菜单中选择"测试逻辑"命令选项,如图 12-105 所示。

(2)Navisworks 会检查脚本中的事件条件,并会报告检测错误,如图 12-106 所示。

图 12-105

图 12-106

12.3.4 动手练：使用操作

动作是一个操作行为（如播放或停止动画，显示视点等），当脚本由一个事件或一组事件触发时会执行它。脚本可包含多个动作。动作将会逐个执行，因此要确保动作的顺序正确。但要注意的是，Navisworks 不等当前动画完成，便会开始下一个动作。

在 Navisworks 中，动作提供以下操作类型。

◆ **播放动画**：指定要在触发脚本时播放哪个动画的动作。

◆ **停止动画**：指定要在触发脚本时停止动画播放的动作。

◆ **显示视点**：指定要在触发脚本时使用哪个视点的动作。

◆ **暂停**：在下一个动作运行之前，使脚本停止指定时间长度的动作。

◆ **发送消息**：在触发脚本时向文本文件中写入消息的动作。

◆ **设置变量**：在触发脚本时指定、增大或减小变量值的动作。

◆ **存储特性**：在触发脚本时将对象特性存储在变量中的动作。如果需要根据嵌入的对象特性或链接数据库中的实时数据触发事件，则该特性会很有用。

◆ **载入模型**：在触发脚本时打开指定文件的动作。如果要显示不同模型文件中包含的一组选定的动画场景，则该特性会很有用。

1. 添加操作

（1）切换到"动画"选项卡，单击"Scripter"按钮，如图 12-107 所示。

图 12-107

（2）在树视图中选择所需的脚本，单击"操作"视图底部所需的动作图标。例如，单击可以添加"播放动画"动作，如图 12-108 所示。

（3）在"特性"视图中可以查看动作特性，并可以根据需要调整这些特性，如图 12-109 所示。

图 12-108

图 12-109

2. 测试操作

（1）在树视图中选择所需的脚本，在"操作"视图上右击，然后在关联菜单中选择"测试操作"命令选项。Navisworks 会执行选定的操作，如图 12-110 所示。

（2）如果想要停止测试，再次右击，在关联菜单中选择"停止操作"命令选项，如图 12-111 所示。

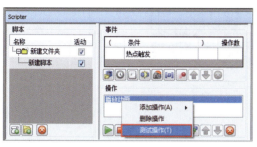 

图 12-110　　　　　　　　　　　　　　图 12-111

12.3.5　动手练：启用脚本

要想在文件中启用动画脚本，需要切换到"动画"选项卡，单击"启用脚本"按钮，如图 12-112 所示。现在可以与模型进行交互，但启用脚本后，将无法在"Scripter"窗口中创建或编辑脚本。而要想禁用脚本，需要在"动画"选项卡中再次单击"启用脚本"按钮。

图 12-112

案例实战：制作热点交互动画

素材文件	素材文件 \ 第 12 章 \12-7.nwf
成果文件	成果文件 \ 第 12 章 \ 制作热点交互动画 .nwf
技术掌握	使用脚本控制播放特定动画的方法

（1）打开"素材文件\第 12 章\12-7.nwf"文件，切换到"动画"选项卡，单击"Scripter"按钮，打开"Scripter"窗口，如图 12-113 所示。

图 12-113

（2）在"脚本"视图中右击，然后在关联菜单中选择"添加新脚本"命令选项以新建一个脚本，如图 12-114 所示。

图 12-114

（3）在树视图中选择新建好的脚本，然后单击"事件"视图底部的"热点触发"按钮。接着在特性视图中，设置热点类型为"球体"，设置半径为 3m，最后单击"拾取"按钮，在场景视图拾取门厅左侧的玻璃门作为热点，如图 12-115 所示。当视点进入所设定的热点半径范围，将会触发这个事件。

图 12-115

(4)单击"操作"视图底部的"播放动画"按钮▶,然后在"特性"视图中选择已经制作好的"场景1"动画,如图12-116所示。

图12-116

(5)关闭"Scripter"窗口,然后在"动画"选项卡中单击"启用脚本"按钮,如图12-117所示。此时,所设定的脚本已经开始生效了。

图12-117

(6)为了方便观察效果,使用漫游工具并选择"碰撞""重力""第三人"选项,如图12-118所示。

图12-118

（7）按住鼠标左键并移动鼠标，向大门方向开始漫游，当进入热点半径内时将触发门开启动画，大门将自动打开，如图12-119所示。

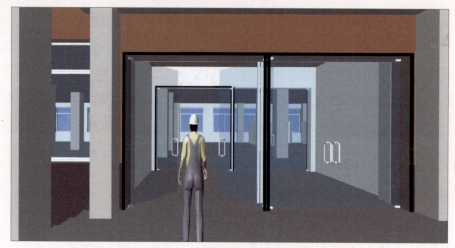

图 12-119

12.4 动画导出

通过前面的学习，我们成功掌握了创建不同类型动画的操作。同时还可以设定不同的触发条件，来实现动画交互目的。接下来我们主要学习如何将完成的动画导出为不同的文件格式，以满足不同平台播放或后期处理的需要。

12.4.1 动手练：导出动画

切换到"动画"选项卡，单击"导出动画"按钮，如图 12-120 所示。或切换到"输出"选项卡，单击"动画"按钮，如图 12-121 所示。这两种方式都可以打开"导出动画"对话框，如图 12-122 所示。使用此对话框可将动画导出为 AVI 文件或图像文件序列。

图 12-120

图 12-121

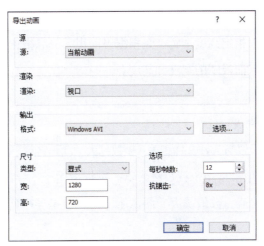

图 12-122

12.4.2 导出动画参数介绍

（1）源：选择从中导出动画的源。

◆ 当前 Animator 场景：当前选定的对象动画。

◆ TimeLiner 模拟：当前选定的 TimeLiner 序列。

◆ 当前动画：当前选定的视点动画。

（2）渲染：选择动画渲染器。

◆ 视口：快速渲染动画；此选项还适合于预览动画。

◆ Autodesk：使用此选项可导出动画，使其具有当前选定渲染样式如"茶歇时间渲染"。

（3）格式：选择输出格式。

◆ JPEG：导出静态图像（从动画中的单个帧提取）的序列。使用"选项"按钮可选择"压缩"和"平滑"级别。

◆ PNG：导出静态图像（从动画中的单个帧提取）的序列。使用"选项"按钮可选择"隔行扫描"和"压缩"级别。

◆ Windows AVI：将动画导出为通常可读的 AVI 文件。使用"选项"按钮可从弹出的对话框中选择视频压缩程序，并调整输出设置。

◆ Windows 位图：导出静态图像（从动画中的单个帧提取）的序列。对于此格式，没有"选项"按钮。

（4）选项：可以配置选定输出格式的选项。

（5）类型：使用该下拉列表可指定如何设置已导出动画的尺寸。

◆ 显式：可以控制宽度和高度（尺寸以像素为单位）。

◆ 使用纵横比：可以指定高度。宽度是根据当前视图的纵横比自动计算的。

◆ 使用视图：使用当前视图的宽度和高度。

（6）宽：输入像素宽度。

（7）高：输入像素高度。

（8）每秒帧数：此设置与 AVI 文件相关，帧数越大，动画将越平滑。通常设置为 10～15。

（9）抗锯齿：该选项仅适用于视口渲染器。抗锯齿用于使导出图像的边缘变平滑，可从下拉列表中选择相应的值。数值越大，图像越平滑，但是导出所用的时间就越长，"4x" 适用于大多数情况。

案例实战：导出视频文件

素材文件	素材文件\第 12 章\12-8.nwf
成果文件	成果文件\第 12 章\导出视频文件.nwf
技术掌握	将动画导出为视频文件的方法

（1）打开"素材文件\第 12 章\12-8.nwf"文件，切换到"动画"选项卡，单击"启用脚本"按钮关闭脚本，如图 12-123 所示。

图 12-123

（2）选择之前制作好的建筑环视动画，然后单击"导出动画"按钮，如图 12-124 所示。

图 12-124

（3）在弹出的"导出动画"对话框中，分别设置"源"为"当前动画"，渲染为"视口"，格式为"Windows AVI"，如图 12-125 所示。

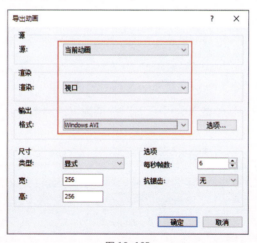

图 12-125

如果当前文件的动画是由 Animator 工具制作的，应该选择"当前 Animator 场景"选项。如果是通过视点制作的视点动画，则应该选择"当前动画"选项。

（4）接着单击"选项"按钮，在弹出的"视频压缩"对话框中，设置压缩程序为"Intel IYUV 编码解码器"，如图 12-126 所示。最后单击"确定"按钮，关闭当前对话框。

图 12-126

压缩程序建议使用"Intel IYUV 编码解码器"，使用此编码器生成的视频色彩及速度，相对比较令人满意。不建议使用"全帧（非压缩的）"选项，这样导出后的视频会非常大，而且很多播放器在解码时会出现错误。

（5）返回到"导出动画"对话框，继续设置"类型"为"显式"，并设置"宽"和"高"分别为"1280""720"，"每秒帧数"为"12"，"抗锯齿"为"4x"，最后单击"确定"按钮，如图 12-127 所示。

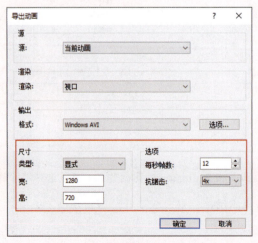

图 12-127

（6）在弹出的"另存为"对话框中，设置文件的存放位置，输入文件名称，最后单击"保存"按钮，开始进行视频导出，如图 12-128 所示。

图 12-128

（7）视频导出时，将弹出"正在处理..."提示框，显示当前视频导出的进度，如图 12-129 所示。

图 12-129

（8）视频导出完成后，将其打开进行播放，可以观看最终效果，如图 12-130 所示。

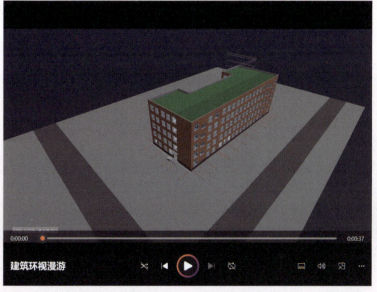

图 12-130

本章小结

本章主要学习了动画工具的应用，包括对象动画的制作、视点动画的制作、交互动画的制作，以及如何将制作好的动画进行导出。在日常项目中，动画也是一种非常直观的展示手段，根据项目展示的内容不同，我们可以选择不同的动画制作工具来完成动画制作。

第13章 碰撞检测与施工模拟

本章我们将要学习碰撞检测与施工模拟这两个工具。碰撞检测工具可以帮助我们有效地识别出模型当中各类碰撞点，有效地减少设计失误，降低项目风险。而施工模拟工具则可以帮助我们将施工任务计划以动画的形式进行展示，更加直观地看到施工整体进度，进而可以有效地发现问题、解决问题。

学习要点

- 碰撞检测工具的应用
- 碰撞结果的审阅与输出
- 4D 模拟的基本流程
- 进度计划的链接与导入
- 计划任务与动画结合

效果展示

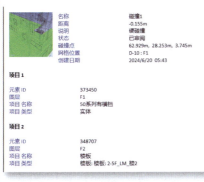
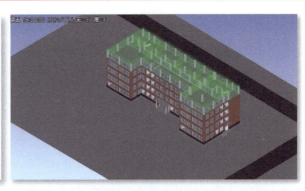
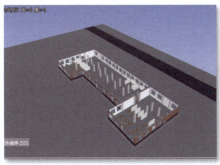

13.1 碰撞检测工具的概述

使用碰撞检测工具可以有效地识别、检验和报告三维项目模型中的碰撞效果。有助于降低模型检验过程中出现人为错误的风险。Clash Detective 是 Navisworks 软件中的一个重要功能模块，不仅可以在完成设计工作时进行最终检查，也可以用作项目的持续监控工具，帮助设计团队不断优化和改进设计方案。此外，使用 Clash Detective 工具还可以在三维模型与激光扫描点云之间执行碰撞检测，以判定现场的情况是否与设计模型保持一致。或是在老建筑改造项目中，检查新增设计与原有建筑之间是否存在冲突。

不过，Clash Detective 只是一项辅助审查工具，最终还需要根据我们的专业知识与经验去进行判定。同时也建议大家，在执行碰撞检测之前，先使用漫游工具进行模型浏览，通过肉眼观察模型中所存在的问题，然后进行修改。最后再使用 Clash Detective 工具来进行检测，补充未经人工核查出的碰撞点。

13.2 使用碰撞检测工具

本节我们将学习如何使用 Clash Detective 工具的整体流程，以及使用过程中的条件设置与注意事项。对于多人协作的工作方式，将介绍如何进行导入与导出来进行协同工作。

13.2.1 动手练：碰撞检测流程

在 Navisworks 中，使用碰撞检测工具的基本流程如下。

（1）选择先前运行的碰撞检测，或者使用"Clash Detective"窗口底部的"添加检测"按钮来启动新测试。

（2）设置测试的规则。

（3）选择要在测试中包括的所需项目，然后设置测试类型选项。

（4）查看结果并将问题分配给相关负责方。

（5）生成有关已确定问题的报告，并分发下去以进行查看和解决。

1. 运行碰撞检测

（1）切换到"常用"选项卡，单击"Clash Detective"按钮，如图 13-1 所示。

图 13-1

（2）在打开的"Clash Detective"窗口中单击"测试"面板展开按钮，若要在"测试"面板中运行所有测试，可单击"全部更新"按钮，如图13-2所示。

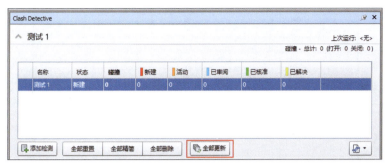

图 13-2

（3）如果要运行单个测试，可在"测试"面板中选择该测试并右击，然后在弹出的快捷菜单中选择"运行"命令，如图13-3所示。或者选择"选择"选项卡，然后单击"运行检测"按钮。

图 13-3

2. 管理碰撞检测

单击"测试"面板的展开按钮，单击"添加检测"可添加新的测试，如图13-4所示。"选择"选项卡会自动显示，方便用户设置测试条件。如果需要对现有碰撞检测进行管理，可以通过"全部重置"、"全部精简"和"全部删除"等按钮，对现有碰撞检测进行更新或删除。

图 13-4

3. 导出碰撞检测

在进行碰撞检测时,可以设置多个测试,并将其导出以供其他 Navisworks 用户使用,或者供自己在其他项目中使用。

(1)单击"测试"面板中的展开按钮,然后单击"导入/导出碰撞检测"按钮,在下拉选项中选择"导出碰撞检测",如图 13-5 所示。

图 13-5

(2)在弹出的"导出"对话框中,设置文件保存的位置和文件名称,最后单击"保存"按钮,如图 13-6 所示。

第 13 章　碰撞检测与施工模拟

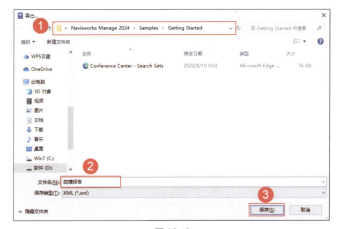

图 13-6

4. 导入碰撞检测

可以将碰撞检测导入 Navisworks 中，并将其用于设置预定义的一般碰撞检测。

（1）在"Clash Detective"窗口中，单击"测试"面板中的展开按钮，再单击"导入/导出碰撞检测"按钮，然后在下拉选项中选择"导入碰撞检测"，如图 13-7 所示。

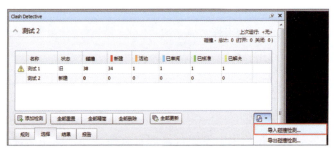

图 13-7

（2）在弹出的"导入"对话框中，选择需要导入的碰撞检测文件，然后单击"打开"按钮，如图 13-8 所示。

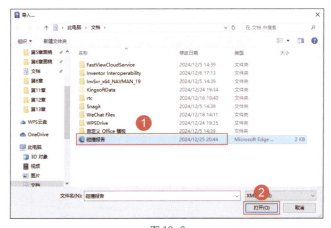

图 13-8

417

13.2.2 动手练：查看碰撞结果

1. 设置碰撞规则

选择忽略碰撞检测的规则可以忽略碰撞项目的某些组合，从而减少碰撞结果数。Clash Detective 工具同时包括默认碰撞规则和可用于创建自定义碰撞规则的模板。

对于 Clash Detective 工具，系统内置了一些可选择忽略的碰撞规则，如图 13-9 所示。

图 13-9

◆ 同一图层中的项目：在结果中不报告被发现有碰撞且处于同一层的任何项目。例如，如果希望忽略 Revit 文件（2024 或更高版本）中位于相同级别上的碰撞，此选项非常有用。在"选择树"中，图层或级别由 图标表示。

◆ 同一个组/块/单元中的项目：在结果中不报告发现有碰撞且处于同一个组（或插入的块或单元）中的任何项目，如 AutoCAD 中的块定义或 MicroStation 中的单元定义。在"选择树"中，组、块和单元由 图标表示。

◆ 同一文件中的项目：在结果中不报告发现有碰撞且处于同一文件（外部参考文件或附加文件）中的任何项目。如果模型中包含多个 CAD 文件，使用此选项可以仅搜索不同文件之间的碰撞。

◆ 捕捉点重合的项目：在结果中不报告发现有碰撞且捕捉点重合的任何项目，例如具有相同捕捉点的管道和管件。Navisworks 会将一个圆柱体绘制为一系列三角形，以提高性能（尝试使用"隐藏线"模式，以查看如何绘制）。根据圆柱体的镶嵌面系数，部分三角形可能会相互碰撞，即使管道或管件配合良好（如果绘制成全圆形）。

除了以上默认的规则，还可以基于模板创建新的碰撞规则，由于篇幅有限，这里不做介绍。如果对这部分内容感兴趣，可以查阅帮助文件。

接下来将学习如何设置各种参数进行碰撞测试，以及如何选择碰撞对象。

2. 选择碰撞检测对象

（1）切换到"常用"选项卡，单击"Clash Detective"按钮 ，如图 13-10 所示。

第 13 章　碰撞检测与施工模拟

图 13-10

（2）打开"Clash Detective"窗口，单击"测试"面板的展开按钮，选择要配置的测试。然后在"选择 A"和"选择 B" 两个栏目中，分别选择参与碰撞检测的对象，如图 13-11 所示。

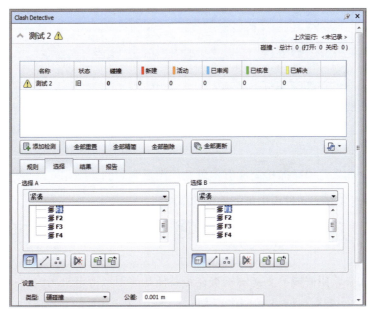

图 13-11

（3）还可以通过常用方式在场景视图或选择树中选择项目，然后单击"使用当前选择"按钮，选择的对象将在窗格中高亮显示，如图 13-12 所示。

图 13-12

3. 选择碰撞检测类型

在"Clash Detective"窗口中可以设置碰撞检测类型，碰撞检测类型有四种，如图 13-13 所示。

图 13-13

◆ **硬碰撞**：如果希望碰撞检测能够检测几何图形之间的实际相交，可选择该选项。而软碰撞是指两个对象在运动过程中可能发生的碰撞。

◆ **硬碰撞（保守）**：此选项执行与"硬碰撞"相同的碰撞检测，但是它还应用了"保守"相交策略。

◆ **间隙**：如果希望碰撞检测能够检查在距其他几何图形特定距离内的几何图形，可选择此选项。例如，当管道周围需要有安装空间时，可以使用该类型的碰撞。

◆ **重复项**：如果希望碰撞检测能够检测重复的几何图形，可选择该选项。例如，可以使用该类型的碰撞检测针对模型自身进行检查，以确保同一部分未绘制或参考两次。

4. 运行单个碰撞检测

（1）在"Clash Detective"窗口中单击"测试"面板中的展开按钮，并选择要运行的测试，如图 13-14 所示。

图 13-14

（2）选择"选择"选项卡，并设置所需的测试选项，如图 13-15 所示。

第 13 章 碰撞检测与施工模拟

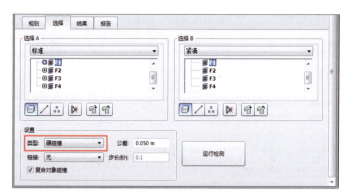

图 13-15

（3）选择"选择 A"和"选择 B"栏目中的项目并定义碰撞类型和公差，然后单击"运行检测"按钮，如图 13-16 所示。

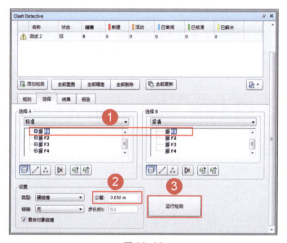

图 13-16

> **提示**
>
> 进度栏将显示 Clash Detective 的测试进度。如果想随时停止测试，可单击"取消"按钮。此时系统将会报告在中断之前发现的所有碰撞结果，并且将使用"部分"状态保存测试。测试完成后，"结果"选项卡将被打开，如果发现任何碰撞，该选项卡会显示测试的结果。

13.2.3 动手练：管理碰撞结果

本小节我们将学习如何与碰撞检测结果进行交互。测试的所有碰撞都将显示在"结果"选项卡中的列表中。可以单击任一列标题，以使用该列的数据对该表格进行排序。该排序可以按字母、数字、相关日期进行；或者对于"状态"列，可以按工作流顺序进行排序，如"新建"、"活动"、"已审阅"、"已核准"和"已解决",如图 13-17 所示。

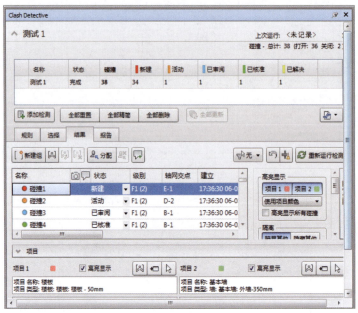

图 13-17

用户可以分别管理各个碰撞结果,还可以创建和管理碰撞组。如果具有涉及特定项目的多个碰撞或者某个区域包含的多个碰撞可以视为一个问题,则可以使用此功能,也可以将碰撞和碰撞组分配给个人或同事,以便可以指定由谁来负责解决碰撞。

1. 重命名碰撞

在"结果"选项卡中的碰撞上右击,在弹出的快捷菜单中选择"重命名"命令,或直接双击碰撞的名称,可进入编辑状态。然后输入新名称,按"Enter"键确认,如图 13-18 所示。

图 13-18

2. 创建碰撞组

单击"结果"选项卡下的"新建组"按钮,一个名为"新建组"的新组将被添加到当前选定的碰撞之上。为该组键入一个新名称,然后按"Enter"键,如图 13-19 所示。

图 13-19

（1）在"结果"选项卡中，选择要分组在一起的所有碰撞，然后单击"分组"按钮，如图 13-20 所示。

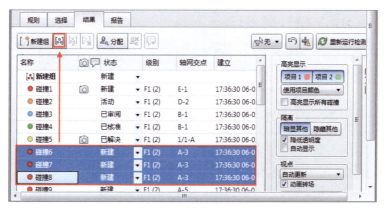

图 13-20

（2）为新建的分组输入一个新名称，然后按"Enter"键，如图 13-21 所示。

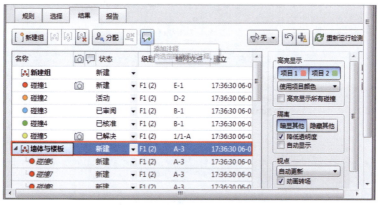

图 13-21

3. 从组中删除碰撞

在"结果"选项卡中展开所需的碰撞组。选择要删除的所有碰撞，然后单击"从组中删除"按钮，如图 13-22 所示。

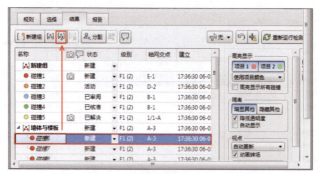

图 13-22

4. 分配碰撞

（1）在"结果"选项卡中，选择一个碰撞、碰撞组或多个碰撞，然后右击，在弹出的快捷菜单中选择"分配"命令，如图 13-23 所示。

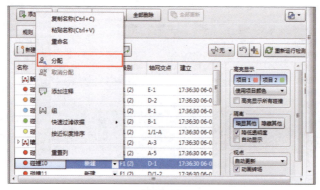

图 13-23

（2）在打开的对话框中输入要将所选内容分配给人员的名称，同时可以在注释中添加对应说明，最后单击"确定"按钮，如图 13-24 所示。

图 13-24

5. 添加或删除列

（1）在"Clash Detective"窗口的"结果"选项卡中，在列标题上右击，然后在弹出的快捷菜单中选择"选择列"命令，如图 13-25 所示。

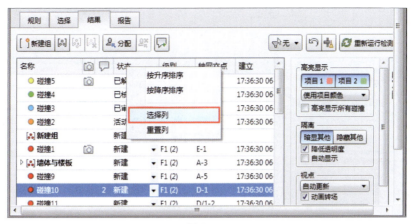

图 13-25

（2）在"选择列"对话框中，选择或取消选择要显示/隐藏的列，然后单击"确定"按钮，如图 13-26 所示。

图 13-26

13.2.4 动手练：审阅碰撞结果

Navisworks 2024 提供了向碰撞结果添加注释和进行红线批注的工具。如果多个碰撞与单个设计问题相关联，可以手动将它们分为一组。

1. 自定义高亮显示碰撞项目

（1）在"Clash Detective"窗口中选择"结果"选项卡，在窗口右侧的"高亮显示"面板中单击"使用项目颜色"按钮，如图 13-27 所示。

（2）在"高亮显示"面板中单击"项目1"和/或"项目2"按钮，如图13-28所示。以在场景视图中替代碰撞项目的颜色，如图13-29所示，也可以选择使用选定碰撞的状态颜色。

图13-27

图13-28

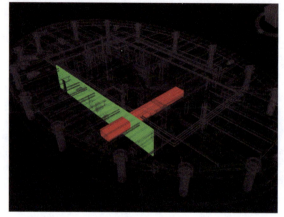

图13-29

2. 在场景视图中高亮显示所有碰撞

（1）在"Clash Detective"窗口中选择"结果"选项卡，在右侧面板中的"高亮显示"组中选中"高亮显示所有碰撞"复选框，如图13-30所示。

图13-30

（2）选中"高亮显示所有碰撞"复选框后，将在场景视图中显示全部的碰撞结果，如图 13-31 所示。

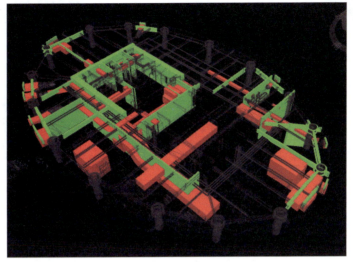

图 13-31

3. 在场景视图中隔离碰撞结果

（1）要在场景视图中隐藏所有妨碍查看碰撞项目的项目，需要在面板中的"隔离"组中选中"自动显示"复选框，如图 13-32 所示。

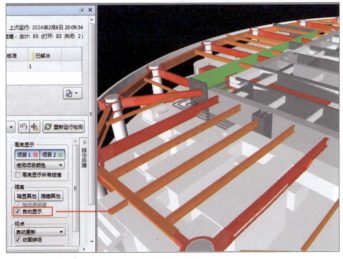

图 13-32

（2）单击一个碰撞结果时，可以看到该碰撞会自行放大，而无须移动位置。在不选中"自动显示"复选框的情况下查看碰撞项目，如图 13-33 所示。

（3）若要隐藏碰撞中未涉及的所有项目，可以单击"隐藏其他"按钮，这样就可以更好地关注场景视图中的碰撞项目，如图 13-34 所示。

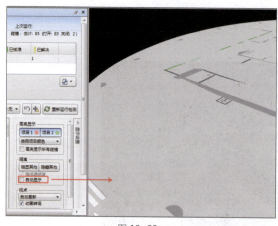
图 13-33

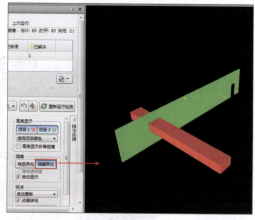
图 13-34

（4）若要使碰撞中未涉及的所有项目暗显，可以单击"暗显其他"按钮。单击碰撞结果时，Navisworks 会使碰撞中所有未涉及的项目变灰，如图 13-35 所示。

（5）若要降低碰撞中所有未涉及项目的透明度，可以选中"降低透明度"复选框。该选项只能与"暗显其他"按钮一起使用，并将碰撞中所有未涉及的项目渲染为透明及变灰，如图 13-36 所示。默认情况下，使用 85% 的透明度。

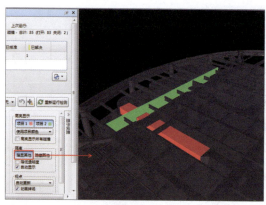
图 13-35

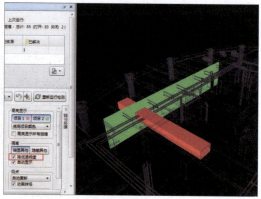
图 13-36

4. 将视点与碰撞结果一起保存

（1）在场景中将模型调整至合适的角度，如有必要可添加红线批注，如图 13-37 所示。

（2）在"结果"选项卡中选择相应的碰撞，在右侧面板中的"视点"组中选择"手动"选项，然后在碰撞结果的视点列上右击，在弹出的快捷菜单中选择"保存视点"命令，如图 13-38 所示。场景视图中显示的位置将被保存为碰撞的视点。

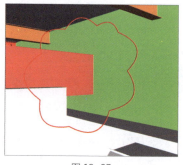
图 13-37

（3）如果希望自动保存视点，则在右侧面板"视点"组中单击"自动更新"按钮，选中任意的碰撞结果，然后调整视点，都将会自动更新至对应的碰撞结果中，如图13-39所示。

图13-38

图13-39

（4）如果对调整的视点不满意，还可以单击"关注碰撞"按钮，视点将恢复至默认状态，如图13-40所示。

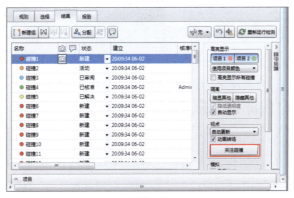
图13-40

5. 查看软碰撞结果

（1）在"Clash Detective"窗口中，设置并运行一个软碰撞检测。选择"结果"选项卡，在右侧面板中的"模拟"组中选中"显示模拟"复选框，如图13-41所示。

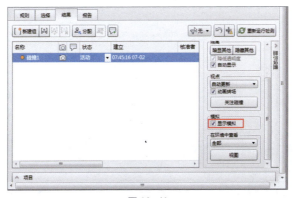
图13-41

（2）在"Clash Detective"窗口中选择"结果"选项卡，然后在列表中选择一个碰撞。

在界面上方选择"动画"选项卡,在"回放"面板中将"回放位置"滑块移动到碰撞发生的确切点,如图 13-42 所示。移动该滑块,以便调查碰撞之前和之后立即发生的事件。重复此过程,以查看找到的所有碰撞。

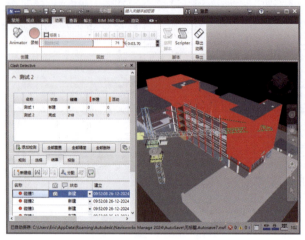

图 13-42

13.2.5 动手练:生成碰撞报告

使用 Clash Detective 碰撞检测工具,可以生成各种碰撞报告。例如,对于无法访问 Navisworks 的设计团队,通过报告可以知道有哪些问题需要协调。对于基于时间的碰撞,在报告中包含有关碰撞中每个静态碰撞点的其他信息。

(1)在"Clash Detective"窗口中,运行所需的测试。如果在"测试"面板中运行了所有的测试,选择要查看结果的测试,然后选择"报告"选项卡,如图 13-43 所示。

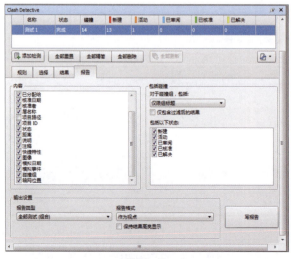

图 13-43

(2)在"内容"区域中,选中希望在碰撞结果报告中显示的内容。这可能包括与碰撞所涉及项目相关的快捷特性、几何图形的路径及是否应该包含图像或模拟信息等,如图13-44所示。

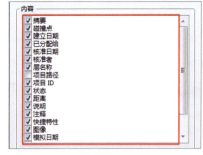

图13-44

(3)在"对于碰撞组,包括:"下拉列表中,选择如何在报告中显示碰撞组的选项,如图13-45所示。如果测试不包含任何碰撞组,则该组不可用。

(4)在"包括以下状态:"组中选择要报告的碰撞结果类型,如图13-46所示。

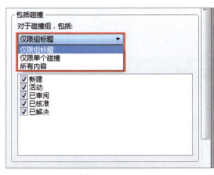

图13-45

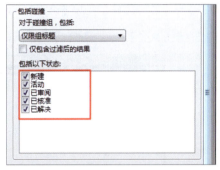

图13-46

(5)在"输出设置"下的"报告类型"中选择报告的类型,如图13-47所示,在"报告格式"中选择报告的格式,如图13-48所示。

图13-47

图13-48

(6)在"Clash Detective"窗口中单击"写报告"按钮,将碰撞报告文件导出。在弹出的"另存为"对话框中,选择存放路径,然后输入文件名,最后单击"保存"按钮,如图13-49所示。

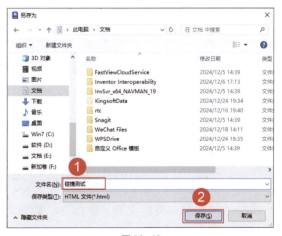

图13-49

 提示

在使用IE浏览器查看碰撞报告时,碰撞报告的文件名将不能为中文。因为导出碰撞时，视点图像存储在同样文件名称的文件夹内。而IE浏览器对中文路径支持不佳，可能会导致视点图像无法正常显示。如果使用其他浏览器，则没有此类问题。

案例实战：检测门窗碰撞

素材文件	素材文件\第13章\13-1.nwf
成果文件	成果文件\第13章\检测门窗碰撞.nwf
技术掌握	掌握硬碰撞的设置与使用的方法

（1）打开"素材文件\第13章\13-1.nwf"文件，然后选择"常用"选项卡，单击"Clash Detective"按钮，打开"Clash Detective"窗口，如图13-50所示。

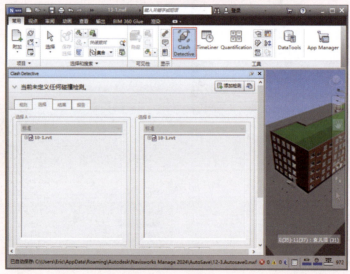

图13-50

（2）在"Clash Detective"窗口中，单击"测试"面板的展开按钮，并单击"添加检测"按钮以添加一个新的碰撞检测，如图13-51所示。

图13-51

（3）将添加的碰撞检测的名称修改为"门窗碰撞"，然后将"选择A"与"选择B"树视图的显示样式均修改为"集合"，如图13-52所示。在当前文件中预先做好集合，可方便后期选择碰撞对象。

（4）在"选择A"视图中，选择各层的门窗。在"选择B"视图中，选择各层的墙、楼板、结构柱。然后在"设置"下选择碰撞类型为"硬碰撞"，公差设置为"0.01m"，最后单击"运行检测"按钮，如图13-53所示。

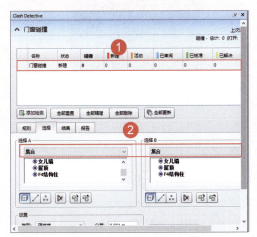
图13-52

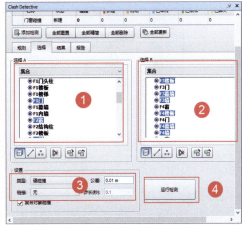
图13-53

（5）检测完成之后，"Clash Detective"窗口将自动跳转到"结果"选项卡，在列表中选择相应的碰撞，将在右侧的场景视图中显示对应的碰撞点内容，如图13-54所示。

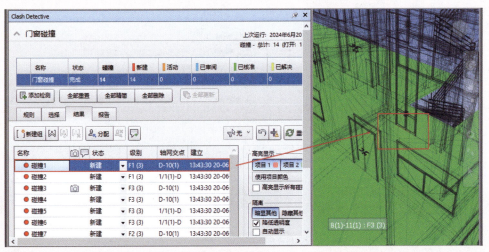
图13-54

（6）经过查验发现，绝大部分碰撞都是室内的幕墙玻璃门和楼板的碰撞，在之前的漫游审核中已经记录了此问题，审阅完成后修改碰撞状态为已审阅，如图13-55所示。

（7）为了方便其他人查看碰撞结果，需要将碰撞结果导出。在"Clash Detective"窗口中切换到"报告"选项卡，选中要导出的碰撞测试，然后设置报告类型为"当前测试"，报告格式为"HTML"，最后单击"写报告"按钮，如图13-56所示。

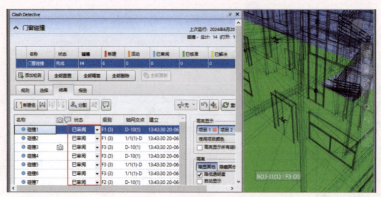

图 13-55

（8）在弹出的"另存为"对话框中选择报告要保存的位置，然后输入文件名称，最后单击"保存"按钮，如图 13-57 所示。

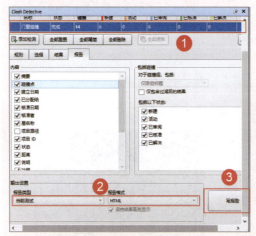

图 13-56

图 13-57

（9）打开导出的碰撞报告，可以看到上面清晰地记录着报告导出的位置、时间、碰撞信息等，如图 13-58 所示。

图 13-58

13.3 4D 模拟工作流程

本节将介绍如何制作 4D 模拟，也就是制作 4D 模拟的工作流程。了解整个流程之后，大家就可以将之前所学习的内容，较为完整地串连起来。

13.3.1 TimeLiner 工具概述

TimeLiner 是 Navisworks 产品的一个插件，可以与 Clash Detective 链接在一起，对项目进行基于时间的碰撞检查，可以向 Navisworks 软件中添加 4D 进度模拟的功能。TimeLiner 能从各种来源导入进度数据，并将这些数据与 Navisworks 中的三维模型进行关联，接着可以使用模型中的对象，链接进度中的任务以创建 4D 模拟。通过 TimeLiner，用户能够看到进度在模型上的效果，并将计划日期与实际日期相比较，从而更好地理解和管理进度项目。TimeLiner 还能够基于模拟的结果导出图像和动画。如果模型或进度改变，TimeLiner 将自动更新模拟。

13.3.2 动手练：制作 4D 模拟流程

（1）将模型载入 Navisworks 中，然后切换到"常用"选项卡，单击"TimeLiner"按钮，如图 13-59 所示。

图 13-59

（2）在打开的"TimeLiner"窗口中可以创建一些任务，其中的每个任务都有名称、开始日期、结束日期及任务类型。可以手动添加任务，也可以单击"任务"选项卡中的"自动添加任务"按钮，或者在"任务"区域中右击，然后在弹出的快捷菜单中选择基于图层、项目或选择集名称创建一个初始任务集，如图 13-60 所示。TimeLiner 定义了一些默认的任务类型（如"建造"、"拆除"和"临时"），也可以在"配置"选项卡中定义自己的任务类型。

图 13-60

（3）使用"数据源"选项卡可以导入外部源（如 Microsoft Project）中的任务，如图 13-61 所示。可以选择外部进度中的某个字段来定义导入任务的类型，也可以手动设置导入任务的类型。

图 13-61

（4）可以手动将模型附着到任务，也可以通过特定的规则实现自动附着。软件默认提供 3 种规则，也可以自己新建规则，以实现模型自动附着到任务的操作，如图 13-62 所示。

图 13-62

（5）当计划任务与模型成功关联后，可以进入"模拟"选项卡，观察施工模拟效果，如图13-63所示。

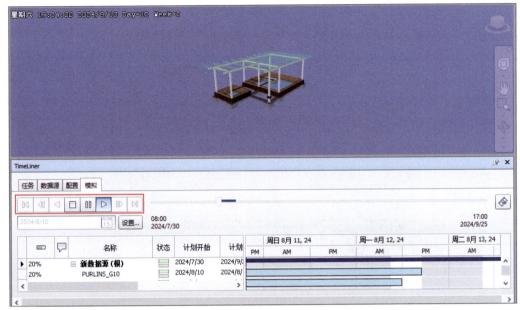

图13-63

（6）在"配置"选项卡中，可以创建新的任务类型和编辑旧的任务类型，如图13-64所示。任务类型定义了该类型的每个任务在开始和结束时发生的情况。可以隐藏附加对象、更改其外观或将其重置为模型中指定的外观。

图13-64

（7）如果希望在其他设备上播放4D模拟效果，可以导出4D模拟效果。导出的格式可以为图像或动画，如图13-65所示。

（8）实际工程的施工过程总是千变万化的，随时都有可能调整之前所制订的计划，这时就需要刷新导入的进度计划，并且以同步或新建任务层次的方式与现有任务之间进行同步，来验证新计划的合理性，如图13-66所示。

图 13-65

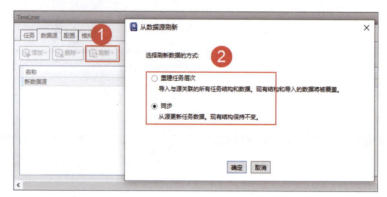

图 13-66

13.4 TimeLiner 任务

制作 4D 模拟效果，首先需要创建任务，然后编辑相应的信息。通过"任务"选项卡，可以创建和编辑任务，将任务附加到几何图形项目，验证项目进度，调整任务视图，还可以向默认列表集中添加新用户列。

13.4.1 动手练：创建任务

在 TimeLiner 中，可以通过下列方式之一创建任务。

（1）采用手动方式一次创建一个任务。

（2）基于"选择树"或者选择集和搜索集中的对象结构自动创建任务。

（3）基于添加到 TimeLiner 中的数据源自动创建任务。

1. 手动添加任务

（1）载入模型，切换到"常用"选项卡，单击"TimeLiner"按钮，如图 13-67 所示。

图 13-67

（2）在打开的"TimeLiner"窗口中选择"任务"选项卡，然后单击"添加任务"按钮，如图 13-68 所示。

图 13-68

（3）对新添加的任务输入任务名称，然后按"Enter"键，此时即可将该任务添加到进度中，如图 13-69 所示。

图 13-69

> **提示**
>
> 新建一个任务之后，如果需要继续创建任务，可以按键盘上的"Enter"键，快速添加新任务。

2. 自动添加任务

（1）在"TimeLiner"窗口中选择"任务"选项卡，然后单击"自动添加任务"按钮，如图13-70所示。

图13-70

（2）如果要创建与"选择树"中的每个最顶部图层同名的任务，可在"自动添加任务"的下拉列表中选择"针对每个最上面的图层"。如果要创建与"选择树"中的每个最顶部项目同名的任务，可在"自动添加任务"的下拉列表中选择"针对每个最上面的项目"。如果要与创建"集合"中与各个集合同名的任务，可在"自动添加任务"的下拉列表中选择"针对每个集合"，如图13-71所示。

图13-71

（3）当选择"针对每个最上面的项目"选项时，系统会根据"选择树"列表中的项目自动创建任务，如图13-72所示。

图13-72

13.4.2 动手练：编辑任务

通过手动或自动方式创建的任务，都需要对任务信息做出修改。例如，修改任务的名称，修改任务的开始时间、结束时间、任务类型等。只有将这些信息修改准确之后，才能够正常进行 4D 模拟。如果通过外部数据源导入创建的任务，可以直接修改参数。但是，在下次刷新所导入任务的相应数据源时，将覆盖对这些任务所做的更改。

（1）在"TimeLiner"窗口的"任务"选项卡中，选中要修改的任务行，然后单击其名称。为该任务输入一个新名称，然后按"Enter"键确认，如图 13-73 所示。

（2）单击"计划开始"和"计划结束"字段中的下拉按钮将打开日历，从中可以设置计划的开始日期和结束日期，如图 13-74 所示。

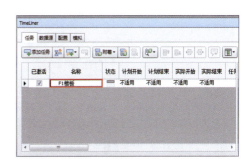

图 13-73

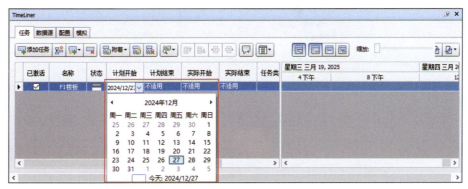

图 13-74

（3）要更改计划的开始时间或结束时间，可单击要修改的时间单元（小时、分或秒），然后输入值，如图 13-75 所示。也可以使用左箭头和右箭头在日历中选择时间。

图 13-75

> **提示**
>
> 默认情况下,任务不显示时间。若要显示任务的时间,可单击"应用程序"按钮,在下拉菜单中单击"选项"按钮,打开"选项编辑器"对话框,在其中单击"工具"→"TimeLiner",然后选中"显示时间"复选框。

(4)单击任务的"任务类型"字段,根据当前任务的阶段,在预先设定好的任务类型中进行选择,如图 13-76 所示。

图 13-76

(5)如果当前项目存在多个任务,并且任务类型一致,则可以选择所需要的任务,在已设定好的任务类型上右击,然后在弹出的快捷菜单中选择"向下填充"命令,如图 13-77 所示。

图 13-77

(6)这时,所选择的任务将会被修改为一致的任务类型,而不需逐个手动修改,如图 13-78 所示。

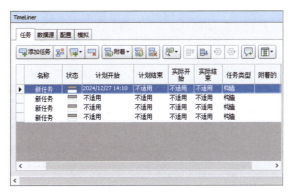

图 13-78

13.4.3 动手练：任务与模型链接

为了能执行模拟，必须将每个任务都附加到模型中的项目中。可以同时创建和附加任务，也可以先创建所有任务，然后单独或在规则定义的批处理中附加它们。

1. 手动附着任务

（1）在场景视图或"选择树"窗口中，选择所需的几何图形对象，如图 13-79 所示。

图 13-79

（2）在"TimeLiner"窗口的"任务"选项卡中，选择所需要的任务，如图 13-80 所示。

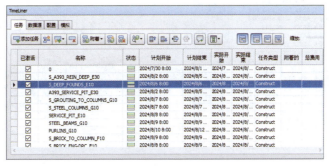

图 13-80

（3）在选择的任务上右击，然后在弹出的快捷菜单中选择"附着当前选择"命令。也可以单击"任务"选项卡上的"附着"按钮，在下拉菜单中选择"附着当前选择"，如图 13-81 所示。

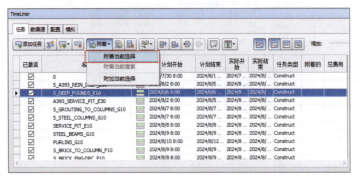

图 13-81

（4）任务附着之后，将会在"附着的"一列中显示附着对象。根据附着的方式不同，所显示的字样也不同，如图 13-82 所示。

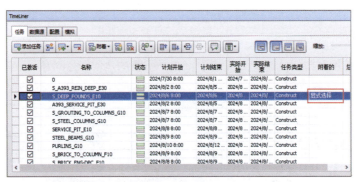

图 13-82

除了通过按钮或快捷菜单命令来附加任务，也可以通过拖曳的方式来附加任务。

（1）在场景视图或"选择树"窗口中，选择所需的几何图形对象，如图 13-83 所示。

图 13-83

> **提示**
>
> 在使用"选择"工具时按住空格键可将选择工具切换为"选择框"工具,通过该工具可以进行"成组"选择。释放空格键后,选择工具将返回到"选择"工具,同时保留已经做出的所有选择。

(2)将选定的项目拖曳到"TimeLiner"窗口中的"任务"选项卡中的所需任务,如图 13-84 所示。拖曳的项目将覆盖现有附加对象。如果在按住"Ctrl"键的同时放置项目,则项目将附加到当前附加对象。

图 13-84

2. 使用规则附着任务

手动附加任务可能需要很长时间,一个好方法是使用与"选择树"窗口中相对应的任务名称,或创建与这些任务名称相对应的选择集和搜索集。这种情况下,可以应用预定义规则和自定义规则以便将任务快速附加到模型中的对象上。

◆ 预定义规则。

◎ **名称与任务名相同的项目**:选择此规则会将模型中的每个几何图形项目附加到指定列中的每个同名任务,默认设置是使用"名称"列。

◎ **名称与任务名相同的选择集**:选择此规则会将模型中的每个选择集和搜索集附加到指定列中的每个同名任务,默认设置是使用"名称"列。

◎ **名称与任务名相同的层**:选择此规则会将模型中的每个层附加到指定列中的每个同名任务,默认设置是使用"名称"列。

◆ 添加自定义 TimeLiner 规则。

一般情况下,使用预定义的规则即可满足大部分需求,但在一些特殊情况下,则需要根据项目情况而自定义相关规则了。例如,在 Revit 当中已经将各任务名称录入模型构件中,这时则需要根据这些参数所在的位置自定义匹配规则，才能使模型与任务计划自动挂接。

（1）在"TimeLiner"窗口中的"任务"选项卡中，单击"使用规则自动附着"按钮，如图13-85所示。

图13-85

（2）在打开的"TimeLiner规则"对话框中，单击"新建"按钮，如图13-86所示，此时将显示"规则编辑器"对话框。在"规则名称"文本框中为规则输入一个新名称。如果选择不输入名称，则在选择规则模板时，将使用该模板的名称。在"规则模板"列表中，选择规则将基于的模板，如图13-87所示。在"规则描述"文本框中，单击每个带下划线的值以定义自定义规则。

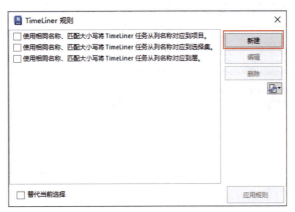

图13-86　　　　　　　　　　图13-87

◎ 将项目附着到任务：用于前面三个预定义的TimeLiner规则（"名称与任务名相同的项目"、"名称与任务名相同的选择集"和"名称与任务名相同的层"）的模板。

◎ 按类别/特性将项目附着到任务：可以在模型场景中指定特性。如果任务与模型中的指定特性值同名，则选择"按类别/特性将项目附着到任务"并单击"确定"按钮，所有具有该特性的项目将附加到该任务。

◎ 列名称：在"任务"选项卡中选择要将项目名称与之进行比较的列。

◎ 忽略：由于使用区分大小写，因此只匹配完全相同的名称，还可以选择"忽略"来忽略区分大小写。

◎ 类别/属性名称：使用界面中显示的类别或属性名称。

◎ <category>：从要定义的类别或特性所在的可用列表中进行选择。下拉列表中只显示场景中包含的类别。

◎ <property>：从可用列表中选择要定义的特性。同样，只有所选类别中的场景中的特性可用。

13.4.4 验证进度计划

不论是通过手动方式还是用规则将任务附加到模型，都有可能发生任务遗漏的情况，即某个项目可能由于多种原因而处于未附加状态。例如，项目进度文件中的某个任务被省略，或几何图形项目未包含在选择集或搜索集中。那么，如何来验证进度的有效性呢？

（1）当模型附加完成后，在"TimeLiner"窗口的"任务"选项卡中，单击"查找项目"按钮![icon]，在下拉菜单中选择一个可用选项，如图13-88所示。

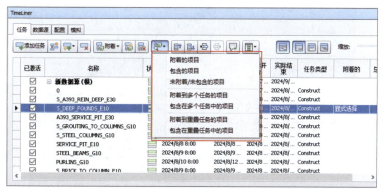

图 13-88

◎ 附着的项目：选择该选项会选择场景中直接附加到某个任务的所有项目。

◎ 包含的项目：选择该选项会选择场景中附加到任务或包含在已附加到任务中的选择集或搜索集。

◎ 未附着/未包含的项目：选择该选项会选择场景中未附加到任务的所有项目，或未包含在附加到任务中的选择集或搜索集。

◎ 附着到多个任务的项目：选择该选项会选择场景中直接附加到多个任务的所有项目。

◎ 包含在多个任务中的项目：选择该选项会选择场景中附加到或包含在已附加到多个任务中的选择集或搜索集。

◎ 附着到重叠任务的项目：选择该选项会选择场景中附加到多个任务（任务持续时间重叠）的所有项目。

◎ 包含在重叠任务中的项目：选择该选项会选择场景中附加到或包含在附加到多个任务（任务持续时间重叠）中的选择集或搜索集。

（2）检查结果将在"选择树"和场景视图中高亮显示。

案例实战：创建 4D 模拟动画

素材文件	素材文件 \ 第 13 章 \13-2.nwf
成果文件	成果文件 \ 第 13 章 \ 创建 4D 模拟动画 .nwf
技术掌握	施工模拟制作流程

（1）打开"素材文件 \ 第 13 章 \13-2.nwf"文件，切换到"视点"选项卡，单击"透视"按钮，在下拉菜单中选择"正视"，如图 13-89 所示。

图 13-89

（2）切换到"常用"选项卡，单击"TimeLiner"按钮，打开"TimeLiner"窗口，如图 13-90 所示。

图 13-90

（3）在"TimeLiner"窗口中切换到"数据源"选项卡，然后单击"添加"按钮，在下拉菜单中选择"CSV 导入"，如图 13-91 所示。

图 13-91

（4）进入"素材文件\第 13 章"文件夹，然后选择"施工进度计划"文件，最后单击"打开"按钮，如图 13-92 所示。

（5）在弹出的"字段选择器"对话框中，依次设置"外部字段名"与现有字段匹配，最后单击"确定"按钮，如图 13-93 所示。

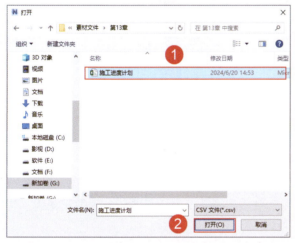

图 13-92

图 13-93

（6）文件导入后，在新数据源位置右击，然后在弹出的快捷菜单中选择"重建任务层次"命令，如图 13-94 所示。

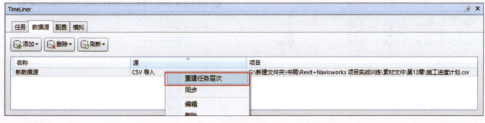

图 13-94

（7）切换到"任务"选项卡，会发现已经按照文件中的内容创建好了相应的任务。接着单击"使用规则自动附着"按钮，如图13-95所示。

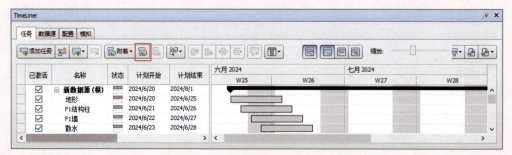

图13-95

（8）在此前的实战案例中我们已经创建好了选择集，所以在"TimeLiner规则"对话框中选中"使用相同名称、匹配大小写将TimeLiner任务从列名称对应到选择集"复选框，最后单击"应用规则"按钮，如图13-96所示。

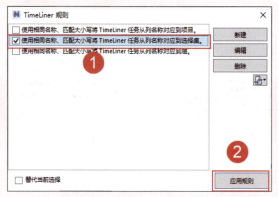

图13-96

（9）接着在任务计划面板中拖动滑杆至最后，将第一项任务的任务类型设置为"构造"，如图13-97所示。

图13-97

（10）按住"Shift"键选择第一项任务，然后选择最后一项任务，即可将全部任务选中。接着在设置好的任务类型上右击，在弹出的快捷菜单中选择"向下填充"命令，如图13-98所示。这时全部任务类型就批量设置好了。

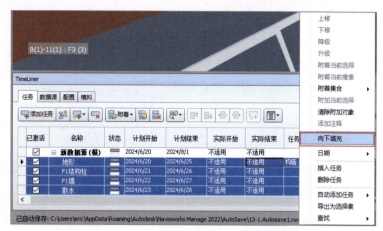

图 13-98

(11)切换到"模拟"选项卡,然后单击"播放"按钮即可查看制作好的施工模拟动画,如图 13-99 所示。

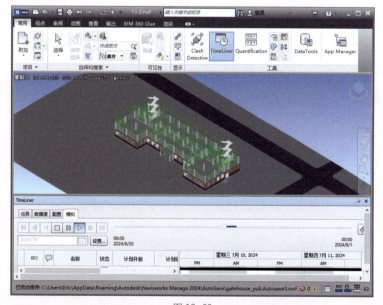

图 13-99

13.5 链接外部数据

TimeLiner 的一个最强大功能是它能够与项目进度安排软件实现集成。允许用户直接从项目文件中将任务列表及相关信息导入 TimeLiner 中,例如,每个任务对应的开始时间、结束时间及费用等。

13.5.1 支持多种进度安排软件

TimeLiner 工具支持多种进度安排软件，如图 13-100 所示。但有些进度计划文件，只有安装对应的进度安排软件才会起作用，否则将无法打开，也无法导入，如 Microsoft Project。

◆ **Microsoft Project 2007—2013**：此数据源要求已安装 Microsoft Project 2007 至 2013 版的软件。

◆ **Microsoft Project MPX**：TimeLiner 可以直接读取 Microsoft Project MPX 文件，而无须安装 Microsoft Project。Primavera SureTrak、Primavera Project Planner 和 Asta Power Project 都可以导出 MPX 文件。

图 13-100

◆ **Primavera P6（Web 服务）、Primavera P6 V7（Web 服务）、Primavera P6 V8.3（Web 服务）**：访问 Primavera P6 Web 服务功能可极大地缩短使 TimeLiner 进度和 Primavera 进度同步所花费的时间。此数据源要求设置 Primavera Web 服务器。

13.5.2 动手练：添加和管理数据源

在日常工作中，项目进度计划都是由专业的项目管理软件制作的。那么，如何将外部的进度计划数据导入 TimeLiner 制作 4D 模拟呢？接下来将学习如何创建、删除和编辑数据源。

1. 导入数据

由于部分数据源在导入计划时，需要安排对应的进度计划软件，这里我们将介绍通用的".CSV"格式的数据文件导入步骤。其导出过程与设置方法与其他数据源大致相同。如果使用其他项目管理软件，也可以按照相同的步骤操作。

（1）在 Navisworks 软件中选择"常用"选项卡，在"工具"面板中单击"TimeLiner"按钮，如图 13-101 所示。

图 13-101

（2）在打开的"TimeLiner"窗口中选择"数据源"选项卡，单击"添加"按钮，在下拉菜单中选择"CSV 导入"，如图 13-102 所示。

（3）在打开的对话框中选择样例文件夹中的"gatehouse"文件，单击"打开"按钮，如图 13-103 所示。

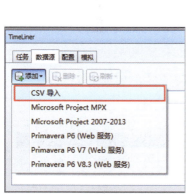
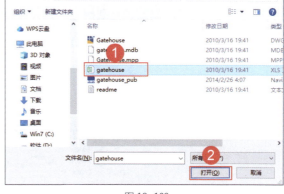

图 13-102　　　　　　　　　　　图 13-103

（4）在弹出的"字段选择器"对话框中，依次设置"外部字段名"的名称与"列"的名称相互匹配，如图 13-104 所示。完成之后，单击"确定"按钮关闭对话框。

（5）在新添加的数据源上右击，然后在弹出的快捷菜单中选择"重建任务层次"，如图 13-105 所示。

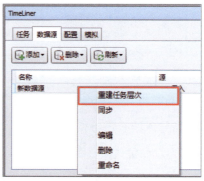

图 13-104　　　　　　　　　　　图 13-105

453

（6）切换到"任务"选项卡，查看任务是否已经成功创建，如图13-106所示。

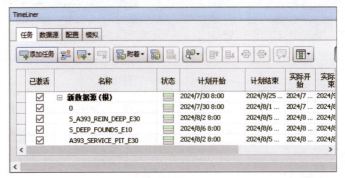

图13-106

2. 刷新及编辑数据

前面介绍了如何导入数据，并利用导入数据新建任务结构。这里将基于前面的内容，介绍当外部数据源修改之后，如何刷新数据源，并将其同步至TimeLiner任务中。

（1）在Navisworks软件中选择"常用"选项卡，在"工具"面板中单击"TimeLiner"按钮，如图13-107所示。

图13-107

（2）在打开的"TimeLiner"窗口中选择"数据源"选项卡，可以查看已添加数据文件所在路径位置，如图13-108所示。打开相应的数据文件，按照实际情况编辑后进行保存。

图13-108

（3）在新数据源上右击，在弹出的快捷菜单中如果选择"重建任务层次"命令，将从数据中重新导入所有任务和相关数据，然后选择"任务"选项卡重建任务层次结构，如图13-109所示。如果选择"同步"命令，则只会载入最新数据，而不会修改现有任务架构。

（4）切换到"任务"选项卡，查看任务架构的变化情况，如图13-110所示。

图 13-109

图 13-110

13.5.3 导出 TimeLiner 进度

通常情况下，都是由专业的项目管理或进度计划软件来制作项目进度计划表，然后再导入软件中建立任务。但在项目执行过程中，可能会在模拟时发现某项任务不合理，或需要增减现有任务。此时可以在 TimeLiner 中进行修改，修改完成后的数据需要与外部计划文件同步，因此需要导出修改后的计划。

当然，除了可以导出任务进度计划表，还可以将其导出为选择集，方便工作团队中其他成员使用。下面将简单介绍一下导出 TimeLiner 进度的步骤。

（1）在"TimeLiner"窗口的"任务"选项卡中，单击"导出进度"按钮，然后在下拉菜单中选择"导出 CSV"或"导出 MS Project XML"，如图 13-111 所示。

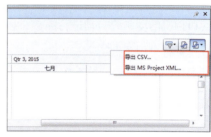
图 13-111

（2）在打开的"导出"对话框中，输入新的文件名和位置，然后单击"保存"按钮，如图 13-112 所示。

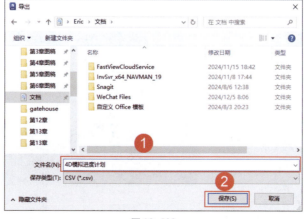
图 13-112

> **提示**
>
> 另外，选择"输出"选项卡，在"导出数据"面板中单击"TimeLiner CSV"按钮也可以导出 CSV 文件。

13.6 添加动画与脚本

我们可以将对象和视点动画与构建进度相链接，从而增强模拟的效果。例如，可以先使用一个显示整个项目概况的相机进行模拟，然后在模拟任务时放大特定区域，以获得模型的详细视图。

13.6.1 向整个进度中添加动画

在构建进度时，可以添加到整个进度中的动画只限于视点动画和相机动画。添加的视点和相机的动画将自动进行缩放，以便与播放持续时间匹配。向进度中添加动画后，就可以对其进行模拟了。

案例实战： 创建并添加旋转动画

素材文件	素材文件\第 13 章\13-3.nwf
成果文件	成果文件\第 13 章\创建并添加旋转动画.nwf
技术掌握	施工模拟关联视点动画的方法

（1）打开"素材文件\第13章\13-3.nwf"文件，将光标放置于 View Cube 工具上，并按住鼠标左键。接着按快捷键"Ctrl+↑"开启"录制"工具，然后向左匀速移动鼠标，如图 13-113 所示。使用模型旋转一周后，按快捷键"Ctrl+↓"结束录制。

（2）切换到"动画"选项卡，

图 13-113

选择刚刚录制的"动画2"为当前动画，如图13-114所示。

（3）打开"TimeLiner"窗口，并切换到模拟选项卡，然后单击"设置"按钮，如图13-115所示。

图 13-114

（4）在弹出的"模拟设置"对话框中，选择动画为"保存的视点动画"，如图13-116所示。最后单击"确定"按钮，关闭当前对话框。

图 13-115

图 13-116

（5）在"模拟"选项卡中单击"播放"按钮，观看4D施工模拟链接动画效果，如图13-117所示。

图 13-117

13.6.2 向任务中添加动画

在向 TimeLiner 中添加单个任务的动画时，只限于场景及场景中的动画集。默认情况下，添加的任何动画均会进行缩放，以匹配任务持续时间，还可以选择通过将动画的起始点或结束点与任务匹配，以正常速度（录制）播放动画。

案例实战： 添加对象动画模拟建筑生长

素材文件	素材文件 \ 第 13 章 \13-4.nwf
成果文件	成果文件 \ 第 13 章 \ 添加对象动画模拟建筑生长动画 .nwf
技术掌握	施工任务关联对象动画的方法

（1）打开"素材文件 \ 第 13 章 \13-4.nwf"文件，然后切换到"动画"选项卡，单击"Animator"按钮，打开"Animator"窗口，查看已制作完成的对象动画，如图 13-118 所示。

图 13-118

（2）接着切换到"常用"选项卡，单击"TimeLiner"按钮，打开"TimeLiner"窗口，在"任务"选项卡中单击"列"按钮，然后在下拉菜单中选择"选择列"，如图 13-119 所示。

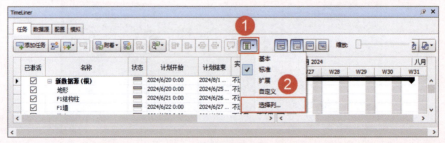

图 13-119

（3）在打开的"选择 TimeLiner 列"对话框中，选中"动画"复选框，然后单击"确定"按钮，如图 13-120 所示。

第13章 碰撞检测与施工模拟

图 13-120

（4）返回到"TimeLiner"窗口，在"F1结构柱"任务后找到"动画"一列，单击并在下拉菜单中选择"场景2\动画集1"，如图13-121所示。

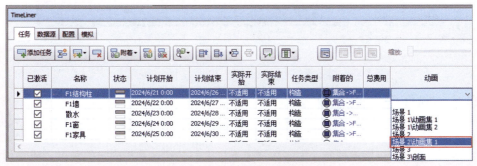

图 13-121

（5）为了使动画效果更加明显，需要切换到"配置"选项卡修改模拟外观。找到"构造"任务类型，单击"开始外观"列并在下拉列表中选择"模型外观"，如图13-122所示。

459

图 13-122

（6）最后切换到"模拟"选项卡，单击"播放"按钮，可以看到一层结构生长的效果，如图 13-123 所示。

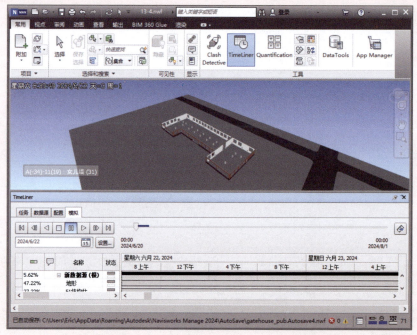

图 13-123

13.6.3 向任务中添加脚本

在进行 4D 施工进度模拟时，大多数情况下，人们是通过基于固定的视点，或是预先制作好的视点动画进行查看的。例如，室外幕墙与室内设备安装交叉施工时，室外的视角无法观察到室内的情况，可以使用脚本更改安装任务的相机视点来自动切换视点。需要注意的是，向任务中添加脚本时，系统会忽略脚本事件的条件判断，并且无论脚本事件如何，均会运行脚本动作。

（1）选择"常用"选项卡，在"工具"面板中单击"TimeLiner"按钮，如图13-124所示。

图 13-124

（2）在打开的"TimeLiner"窗口中，选择"任务"选项卡，单击要向其中添加脚本的任务，然后使用水平滚动条找到"脚本"列，如图13-125所示。

图 13-125

（3）单击"脚本"字段中的下拉按钮，然后在下拉列表中选择要与该任务一起运行的脚本，如图13-126所示。

图 13-126

13.7 配置模拟

为了能够使4D模拟效果显得直观，可以通过修改模拟外观与播放模拟设置来达到目的。通过模拟外观设置，可以添加或修改不同的任务类型，同时还可以对各任务类型设置其外观样式。在模拟播放过程中，可以设定整个4D模拟的播放总时长、文字信息内容及样式等。

13.7.1 动手练：模拟外观

每个任务都有一个与之相关的任务类型，任务类型指定了模拟过程中如何在任务的开头和结尾处理（和显示）附加到任务的项目，可用选项包括以下几种。

◆ **无**：附加到任务的项目将不会更改。

◆ **隐藏**：附加到任务的项目将被隐藏。

◆ **模型外观**：附加到任务的项目将按照它们在模型中的定义进行显示，这可能是原始模型颜色。如果在 Navisworks 中应用了颜色和透明度替换，也将显示它们。

◆ **外观定义**：用于从"外观定义"列表中进行选择，包括 10 个预定义的外观和已添加的任何自定义外观。

1. 添加任务类型定义

当制作机电安装工程或装饰工程的进度模拟时，是基于已完成的土建工程来进行的。而土建工程则没有对应的任务类型，这时需要添加新的任务类型，并修改其开始外观样式，以满足我们的需求。

（1）在"TimeLiner"窗口中，选择"配置"选项卡，然后单击"添加"按钮，将在列表底部新添加一个新的任务，如图 13-127 所示。

（2）双击"名称"列的现有名称，修改为"现有"或其他文字说明，如图 13-128 所示。

图 13-127

图 13-128

（3）选择任务的"开始外观"列，单击打开下拉列表，在下拉列表中选择"模型外观"，如图 13-129 所示。

2. 添加外观定义样式

（1）在"TimeLiner"窗口中选择"配置"选项卡，然后单击"外观定义"按钮，如图 13-130 所示。

图 13-129

图 13-130

（2）在打开的"外观定义"对话框中，单击"添加"按钮，将在列表中添加一个新的外观样式，如图 13-131 所示。

（3）依次修改新添加外观样式的"名称"、"颜色"和"透明度"参数，最后单击"确定"按钮，如图 13-132 所示。

图 13-131

图 13-132

（4）此时设置外观样式时，便会在下拉列表中出现新添加的外观样式，如图 13-133 所示。

图 13-133

13.7.2 模拟播放

默认情况下，无论任务的数量达到多少，在播放 4D 模拟动画时，总体时间都被控制在 20 秒。根据实际情况，可以调整 4D 模拟动画的时间，以及添加一些额外的展示内容。

案例实战： 调整模拟显示及播放效果

素材文件	素材文件 \ 第 13 章 \13-5.nwf
成果文件	成果文件 \ 第 13 章 \ 调整模拟显示及播放效果 .nwf
技术掌握	4D 模拟信息配置的方法

（1）打开"素材文件 \ 第 13 章 \13-5.nwf"文件，然后打开"TimeLiner"窗口，并切换到"模拟"选项卡，接着单击"设置"按钮，如图 13-134 所示。

（2）在打开的"模拟设置"对话框中，修改时间间隔为 1 天，回放持续时间为 30 秒，最后单击"编辑"按钮，如图 13-135 所示。

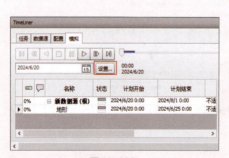

图 13-134　　　　　　图 13-135

（3）在打开的"覆盖文本"对话框中，将光标定位于文本框内容，并按"Ctrl+Enter"快捷键切换到下一行。然后单击"其他"按钮，在下拉列表中选择"当前活动任务"，如图 13-136 所示。

（4）继续按"Ctrl+Enter"快捷键切换到下一行。然后单击"其他"按钮，在下拉列表中选择"从开始的天数"，如图 13-137 所示。

图 13-136

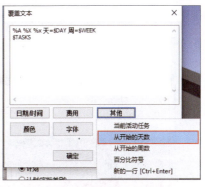

图 13-137

（5）为了使表达的内容更清晰，在文本框添加的第三行参数前，输入文本"累计用时（天）"，如图 13-138 所示。

（6）将光标定位于第一行参数后方，单击"颜色"按钮，然后在下拉列表中选择"红色"，如图 13-139 所示。

图 13-138

图 13-139

（7）最后单击"字体"按钮以更改字体与文字大小，如图 13-140 所示。在打开的"选择覆盖字体"对话框中，选择字体为"微软雅黑"，字形为"常规"，字体大小为"16"，如图 13-141 所示。

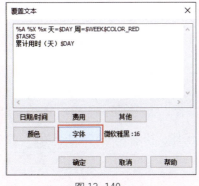

图 13-140

图 13-141

(8)最后依次单击"确定"按钮,关闭所有对话框。单击"播放"按钮,查看施工模拟左上方的文字效果,如图13-142所示。

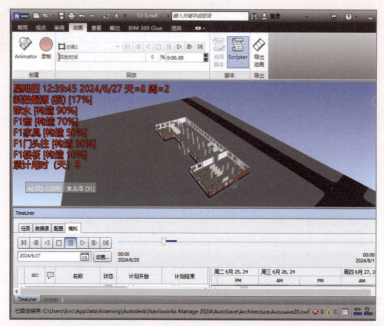

图 13-142

13.7.3 导出模拟

本小节的任务是将制作好的模拟进行导出,可以将模拟导出为图片或者动画,导出步骤与之前所学习过的动画导出相同。下面将通过实例简单地说明导出施工进度模拟的步骤。

案例实战:导出施工进度模拟动画

素材文件	素材文件\第 13 章\13-6.nwf
成果文件	成果文件\第 13 章\导出施工进度模拟动画 .nwf
技术掌握	掌握 4D 模拟导出流程及参数设定

(1)打开"素材文件\第13章\13-6.nwf"文件,然后打开"TimeLiner"窗口并切换到"模拟"选项卡,播放动画检查文件是否存在问题,接着单击"导出动画"按钮,如图 13-143 所示。

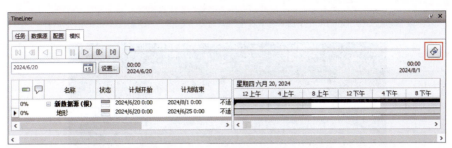

图 13-143

（2）在打开的"导出动画"对话框中，"源"选择为"Timeliner 模拟"。输出格式为"Windows AVI"，如图 13-144 所示。

（3）接着修改尺寸，"宽"为"1280"，"高"为"720"，"每秒帧数"为"12"，"抗锯齿"为"8x"，最后单击"确定"按钮，如图 13-145 所示。

图 13-144

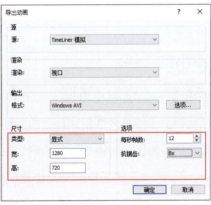
图 13-145

（4）在打开的"另存为"对话框中输入视频名称，然后单击"保存"按钮开始导出动画，如图 13-146 所示。

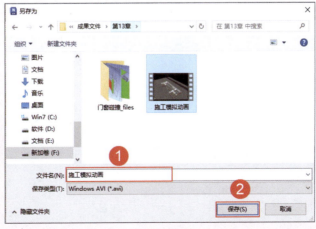
图 13-146

（5）施工模拟视频成功导出后，打开查看完成效果，如图 13-147 所示。

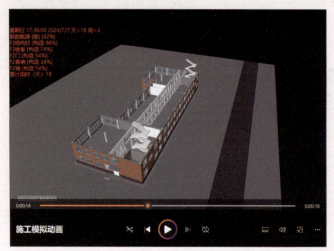

图 13-147

本章小结 ▶▶▶

本章重点讲解了如何使用 Navisworks 完成碰撞检测与 4D 施工模拟工作。在使用碰撞检测工具时，不能过分依赖软件，应当利用 Navisworks 漫游工具先进行肉眼检查，确定没有问题后，再使用碰撞检测工具进行进一步的检查，这样才能真正地提高工作效率，减少错误。同理，4D 施工模拟工具也是如此，我们将编辑好的施工任务计划与 BIM 模型结合形成一段直观的模拟动画，通过动画形式，我们能更直观地感受到施工任务的安排是否合理、各工序之间是否存在冲突。软件只是辅助工具，在项目中要结合实际情况灵活使用软件中提供的各类工具，不可生搬硬套。